JN418015

예비교사를 위한

해석학 입문

이병수 지음

불법복사는 지적재산을 훔치는 범죄행위입니다.

저작권법 제136조(권리의 침해죄)에 따라 위반자는 5년 이하의 징역 또는 5천만원 이하의 벌금에 처하거나 이를 병과할 수 있습니다.

KM 경문사

머리말

실수계(real number system)는 모든 수학적 체계(mathematical system) 중에서 가장 기본적이며 핵심적인 부분으로 실제로 모든 수학적 공간들의 근간이 되는 구조이다. 또한 실해석학(real analysis)은 고등학교와 대학교의 초급 수준에서 다루는 미분적분학의 연장선상에 있기 때문에 교사와 예비교사에게는 필수적인 내용이다. 실해석학을 학습함으로써 첫째, 연역적으로 수학적 사고를 하고 둘째, 수학적 상황을 분석하고 셋째, 수학적 개념을 새로운 차원과 내용으로 확장할 수 있는 능력을 키울 수 있기 때문에 순수수학 및 응용수학을 폭넓게 학습하기 위해서는 실해석학을 가장 먼저 철저히 학습해야 한다.

본서는 증명 기법을 기본적으로 다루면서 실수계와 실함수의 수학적 특성을 폭넓게 다루었다. 주요 내용으로는 명제함수와 증명, 수렴하는 수열 및 급수들의 공간, 연속함수 및 수렴하는 함수들의 공간, 함수열과 함수항급수와 그것들의 극한함수들이다. 특히 Bolzano-Weierstrass 정리 및 완비성 공리 등은 이 책의 백미이다.

본서는 임용고사를 준비하는 예비교사들이 효율적으로 시험 준비를 할 수 있게 쓰였고, 중·고등학교에서 교사들이 효율적으로 학습지도를 하는 데 도움이 되게 쓰였다. 특히 지난 몇 년 간의 임용문제가 풀이와 함께 수록되었으며, 증명이 까다로운 부분은 개괄적으로 설명을 하였다.

아무쪼록 이 책이 해석학의 학습과 지도에 한 알의 밀알이 되기를 바라면서 이 책이 나올 수 있도록 도움을 주신 여러 분들에게 감사의 마음을 표한다.

경문사의 끊임없는 발전을 기원하면서

이병수

차 례

제1장 기본적인 내용

제2장 실수계

제3장 수렴하는 수열들의 공간

제8장 함수열과 함수항급수

제9장 함수열과 함수항급수의 극한함수

예 비 교 사 를 위 한 **해 석 학 입 문**

제1장 기본적인 내용

◈ 학습 내용

이 장에서는 명제함수와 증명에 관한 내용을 중점적으로 다루어 해석학 분야에서의 정리와 그에 따른 증명을 이해하는 데 도움을 얻는다.

1.1 명제함수

방정식 $x^2-1=0$을 $P(x)$라 하면, $P(1)$은 참인 명제이고 $P(0)$은 거짓 명제이다.

정의 1.1 x의 값에 따라 참이거나 거짓인 문장 $P(x)$를 명제함수라 하고 명제함수의 정의역 X를 대상영역, $P(x)$가 참이 되는 X의 원소들의 집합 S를 해집합이라 한다.

명제함수 $P(x)$를 "모든" 또는 "임의의", "각각의"(for all, for any, for every, for each)를 의미하는 전칭기호(universal quantifier) $\forall$와 "어떤" 또는 "존재한다"(for some, exist)를 의미하는 존재기호(existential quantifier) $\exists$를 사용해서 $\forall x P(x)$와 $\exists x P(x)$로 나타내어 X의 원소 x에 따라서 참 또는 거짓을 다룬다.

정의 1.2 (i) 모든 (또는 임의의, 각각의) 원소 $x \in X$에 대해 $P(x)$가 성립한다(참 혹은 거짓 중에 하나)를 $\forall x P(x)$로 쓴다.

(ii) $P(x)$가 성립하는(참 혹은 거짓 중에 하나) 어떤 원소 $x \in X$가 존재한다를 $\exists x P(x)$로 쓴다.

정의 1.3 대상영역 X의 모든 원소 x에 대해 $P(x)$가 참일 때 "$\forall x P(x)$는 참"이라 하고, 만일 $P(x_0)$가 거짓인 $x_0 \in X$가 존재한다면 "$\forall x P(x)$는 거짓"이라고 한다.

예제 1 대상영역이 $\mathbb{R}$ 이고 명제 함수 $P(x)$가 $x^2 \geq 0$이면 "$\forall x P(x)$는 참"이다.

정의 1.4 명제함수 $P(x)$의 대상영역 X의 원소 중에 $P(x)$가 참이 되는 원소가 적어도 하나 존재하면 "$\exists x P(x)$는 참"이라고 하며 그렇지 않을 때는 "$\exists x P(x)$는 거짓"이라고 한다.

예제 2 대상영역이 $\mathbb{R}$ 이고 $P(x)$는 $x \geq 7$일 때 "$\exists x P(x)$는 참"이다. 대상영역이 $\mathbb{R}$ 이고 명제함수 $Q(x)$는 $x^2 < 0$일 때 "$\exists x Q(x)$는 거짓"이다.

정리 1.1

(i) $\forall x \in X \sim(\sim P(x)) \equiv P(x)$.

(ii) $\sim(\forall x P(x)) \equiv \exists x(\sim P(x))$.

(iii) $\sim(\forall x \sim P(x)) \equiv \exists x \sim\sim P(x) \equiv \exists x P(x)$.

$\therefore \sim \exists x P(x) \equiv \forall x \sim P(x)$

(iv) $\sim\sim(\forall x P(x)) \equiv \forall x P(x)$.

(v) $\sim(\forall x(P(x) \rightarrow Q(x))) \equiv \exists x(P(x) \wedge (\sim Q(x)))$.

(vi) $\sim(\exists x(P(x) \rightarrow Q(x))) \equiv \forall x(P(x) \wedge (\sim Q(x)))$

정의 1.5 공집합이 아닌 두 집합 X와 Y의 곱집합을 $X \times Y = \{(x, y) : x \in X, y \in Y\}$로 정의하고 원소 (x, y)를 순서를 가진 순서쌍(ordered pair)이라고 한다.

정리 1.2

X, Y가 집합이고 A, $C \subset X$, B, $D \subset Y$일 때

(1) $(A \times B) \cap (C \times D) = (A \cap C) \times (B \cap D)$,

(2) $(A \times B) \cup (C \times D) \subsetneq (A \cup C) \times (B \cup D)$

이 성립한다.

》증명 $X = Y = \mathbb{R}$, $A = \{1, 2, 3\}$, $B = \{4, 5, 6\}$, $C = \{2, 3, 4\}$, $D = \{6, 7, 8\}$라 할 때 $(4, 4) \in (A \cup C) \times (B \cup D) \setminus (A \times B) \cup (C \times D)$이다.

정의 1.6 명제함수 $P(x, y)$의 대상영역을 $X \times Y$라고 할 때 X의 임의의 원소 a와 Y의 임의의 원소 b에 대해 $P(a, b)$가 참일 때 "$\forall x \forall y P(x, y)$가 참"이라고 하며, 그렇지 않을 때 거짓이라고 한다.

즉, $\forall x \forall y P(x, y)$가 참이 아니라는 것은 $P(x_0, y_0)$가 거짓인 $x_0 \in X$와 $y_0 \in Y$가 존재함을 의미한다.

예제 3 $P(x,y)$를 $x + y = y + x$라 하고 대상영역을 $\mathbb{R} \times \mathbb{R}$이라 하면 임의의 실수 a와 b에 대해 $a + b = b + a$이다. 따라서 "$\forall x \forall y\, x + y = y + x$는 참"이다.

정의 1.7 명제함수 $P(x, y)$의 대상영역을 $X\times Y$라고 할 때 "X의 어떤 원소 a와 Y의 어떤 원소 b에 대해 $P(a, b)$가 참일 때 "$\exists x \exists y\, P(x, y)$는 참"이라고 하며, 그렇지 않을 때 거짓이라고 한다.

예제 4 (i) $P(x, y)$를 $x+3=2y$, 대상영역을 $\mathbb{Z}\times\mathbb{Z}$라 할 때 $x+3=2y$가 되는 정수 $x=3$, $y=3$ (혹은 $x=9$, $y=6$)을 정수들의 집합 $\mathbb{Z}$에서 구할 수 있다. 따라서 "$\exists x \exists y\, x+3=2y$는 참"이다.

(ii) $P(x, y)$를 $x/y=\sqrt{2}$, 대상영역을 $\mathbb{Q}\times\mathbb{Q}$라 할 때 $x/y=\sqrt{2}$가 성립하는 유리수 집합 $\mathbb{Q}$의 원소 x와 y는 존재하지 않으므로 "$\exists x \exists y\, x/y=\sqrt{2}$는 거짓"이다.

정의 1.8 명제함수 $P(x, y)$의 대상영역을 $X\times Y$라고 할 때 X의 임의 원소 a에 대해 "$\exists y\, P(a, y)$가 참"인 경우에 "$\forall x \exists y\, P(x,y)$는 참"이라고 하며, 그렇지 않을 때 거짓이라고 한다.

예제 5 (i) $P(x, y)$를 $x+y=0$라 하고 대상영역을 $X\times Y=\{-1, 0, 1\}\times\{-1, 0, 1\}$이라 하면 "$\forall x \exists y\, x+y=0$는 참"이다. 왜냐하면 $x=1$에 대해 "$\exists y\, 1+y=0$는 참"이다. 또 $x=-1$에 대해 "$\exists y\, (-1)+y=0$는 참"이다. 마지막으로 $x=0$에 대해 "$\exists y\, 0+y=0$는 참"이다.

(ii) $P(x, y)$를 $y<x$, 대상영역을 $X\times Y=\{0, 1, 2\}\times\{0, 1, 2\}$라 할 때 "$\forall x \exists y\, y<x$는 거짓"이다. 왜냐하면 $x=0$일 때 "$\exists y\, y<0$이 거짓"이다.

정의 1.9 $P(x, y)$를 명제함수, 이 명제함수의 대상영역을 $X\times Y$라 하자. "$\forall x\, P(x, b)$가 참"이 되는 Y의 원소인 b가 존재할 때 "$\exists y \forall x\, P(x, y)$는 참"이라 하고, 그렇지 않을 때 거짓이라고 한다.

"$\exists y \forall x\, P(x, y)$"가 거짓이라는 말은 임의 $x\in X$에 대해 $P(x, y)$가 참이 되는 $y\in Y$가 존재하지 않음을 의미한다.

예제 6 (i) $P(x, y)$를 $x+y=x$, 대상영역을 $\mathbb{R}\times\mathbb{R}$ 이라 하면 "$\exists y \forall x\, P(x, y)$는 참"이다. 왜냐하면, 모든 실수 x에 대해 $y+x=x$가 되는 $y=0$이 존재하므로, 즉 $\forall x\; x+0=x$가 참이므로 "$\exists y\; \forall x\; x+y=x$는 참"이다.

(ii) $P(x, y)$를 $y>x$, 대상영역을 $\{0, 1, 2\}\times\{0, 1, 2\}$라 할 때 "$\exists y \forall x$ $y>x$는 거짓"이다. 왜냐하면, $\{0, 1, 2\}$에 속하는 임의의 x에 대해 "$0>x$, $1>x$, $2>x$"는 전부 거짓이다. 즉 $\{0, 1, 2\}$에 속하는 임의의 x에 대해 $b>x$가 참이 되는 b가 $\{0, 1, 2\}$ 안에 존재하지 않는다.

정리 1.3

(i) $\forall x \forall y P(x, y) \equiv \forall y \forall x\, P(x, y)$

(ii) $\sim \forall x \forall y\, P(x, y) \equiv \exists x \exists y \sim P(x, y)$

(iii) $\sim \exists x \exists y\, P(x, y) \equiv \forall x \forall y \sim P(x, y)$

(iv) $\sim (\forall x \exists y\, p(x, y)) \equiv \exists x \forall y \sim p(x, y)$

(v) $\sim (\exists x \forall y\, p(x, y)) \equiv \forall x \exists y \sim p(x, y)$

연습문제

1. 대상영역이 $\mathbb{R}\times\mathbb{R}$ 일 때 $\forall x \exists y\; y>x$와 $\exists y \forall x\; y>x$를 비교해서 설명하고 참, 거짓 여부를 밝히시오.

2. 대상영역 $\mathbb{R}\times\mathbb{R}$ 에서

$$\sim (\exists y \forall x\; xy \le 2) \equiv \forall y \exists x\; xy > 2$$

가 성립함을 보이시오.

3. 대상영역 $\mathbb{R}\times\mathbb{R}\times\mathbb{R}$ 에서

$$\sim (\forall x \exists y \forall z\; xy = z) \equiv \exists x \forall y \exists z\; xy \ne z$$

임을 보이시오.

1.2 증명

가정명제 P와 결론명제 Q로 이루어진 합성명제 $P \to Q$의 증명 방법 중

(i) 직접증명법은,

P가 참임을 가정하고 Q가 참임을 이끌어내는 방법이다.

(ii) 간접증명법 중

첫째, 대우법은 Q를 부정하여 P의 부정을 도출하는 방법이고,

둘째, 모순법은 P를 참으로 인정하고 Q를 부정하여 모순명제를 이끌어내는 방법이다.

합성명제 "$P \to Q$가 참"임을 보이기 위해서는 조건명제 P가 참이라는 조건 아래 결론명제 Q가 참임을 보여야 한다.

다음의 논리적 공리는 참으로 인정되는 기본적인 추론 규칙이다.

(i) $[\forall x(P(x) \to Q(x))] \to [\forall x P(x) \to \forall x Q(x)]$

(ii) $\forall x P(x) \leftrightarrow$ 각각의 원소 $u \in X$에 대해 $P(u)$가 성립한다.

(iii) $\exists x P(x) \leftrightarrow$ 어떤 원소 $u \in X$에 대해 $P(u)$가 성립한다.

명제함수 $\forall x \in X\ P(x)$의 증명

"$\forall x \in X\ P(x)$가 참"임을 보이기 위해서는 $P(x)$의 대상영역 X의 원소 x 각각에 대해 $P(x)$가 참임을 보여주는 직접적인 증명법과 "$\forall x \in X\ P(x)$가 거짓"임을 가정하여 모순(contradiction)을 끌어내는 간접적인 증명법이 있다. 즉

$$\sim (\forall x \in X\ P(x)) \equiv \exists x_0 \in X \sim P(x_0)$$

가 참임을 가정하여 모순을 끌어낸다.

예제 7 2보다 큰 모든 자연수의 제곱은 4보다 크다 ($\mathbb{N}$은 자연수 집합).

풀이 대상영역인 $\mathbb{N} \setminus \{1, 2\}$의 모든 원소 n에 대해 "$n^2 > 4$"를 $P(n)$이라 하자.

$\sim(\forall n \in \mathbb{N} \setminus \{1, 2\} P(n))$가 참임을 가정하면 $\exists n_0 > 2 \sim P(n_0)$가 참이므로 $n_0 > 2$이고 $n_0^2 \le 4$가 된다. 따라서 모순이다.

명제함수 $\exists x \in X\ P(x)$의 증명

"$\exists x \in X\ P(x)$가 참"임을 보이는 것은 명제함수 $P(x)$의 대상영역 X에 $P(x_0)$가 참임을 만족하는 어떤 대상 x_0가 X에 존재하는 것을 보여주는 직접적인 증명법과 $\sim(\exists x \in X\ P(x)) \equiv \forall x \in X \sim P(x)$가 참임을 가정하여 모순을 끌어내는 간접적인 증명법이 있다.

예제 8 유계닫힌구간 $[0, 2]$에서 정의된 함수 중 연속이지만 미분 불가능한 함수가 존재한다.

풀이 대상영역을 $M = \{f : f : [0, 2] \to \mathbb{R}\ \text{함수}\}$이라 하고 "함수 f가 연속이지만 미분 불가능하다"를 $P(f)$라 하자. 예를 들면 함수 $f(x) = |x-1|$는 구간 $[0, 2]$에서 연속이지만 $x = 1$에서 미분 불가능하다. 따라서 "$\exists f \in M\ P(f)$는 참"이다.

다음 정리는 y의 존재성이 x에 독립적인 경우와 x에 종속적인 경우를 비교해서 그 관계성을 나타내고 있다. 독립적인 경우의 명제함수 $\exists y \forall x\ P(x, y)$가 종속적인 경우의 명제함수 $\forall x \exists y\ P(x, y)$를 암시하지만 그 역은 성립하지 않으므로 이변수 명제함수와 관련된 많은 정리들의 증명에 활용되고 있다.

정리 1.4

2변수 명제함수 "$\exists y \forall x\ P(x, y) \to \forall x \exists y\ P(x, y)$은 참"이다.

〉〉증명 $P(x, y)$의 대상영역을 $X \times Y$라 하자. 만일 "$\exists y \forall x\ P(x, y)$가 참"이면 Y의 어떤 원소 b에 대해 "$\forall x\ P(x, b)$는 참"이다. 그러므로 X의 임의의 원소 a에 대해 "$P(a, b)$는 참"이다. 따라서 "$\exists y\ P(a, y)$는 참"이다. 그러므로 "$\forall x \exists y\ P(x, y)$는 참"이다.

대상영역이 자연수 집합인 명제함수 $P(n)$과 관련된 증명 방법 중의 하나인 수학적 귀납법(mathematical induction)은 매우 유용하고 중요한 증명 방법으로 다음에 소개되는 자연수 집합 N의 정렬성(well-ordering property)를 그 기본으로 한다.

특성 1 N의 정렬성

N의 공집합이 아닌 부분집합은 최소원 m을 가진다. 즉 만일 $S \subset \mathrm{N}$이고 $S \neq \varnothing$이면 모든 원소 $s \in S$에 대해 $m \leq s$를 만족시키는 $m \in S$이 존재한다.

정리 1.5

수학적 귀납법의 원리

집합 S가 N의 부분집합으로 다음의 두 조건:

(i) $1 \in S$

(ii) 만일 $k \in S$이면 $k+1 \in S$

를 만족하면 $S = \mathrm{N}$이다.

》 **증명** N의 정렬성에 의해 증명이 된다.

정리 1.6

수학적 귀납법

명제함수 $P(n)$ $(n \in \mathrm{N})$에 대해 다음의 두 조건:

(i) $P(1)$은 참

(ii) 만일 $k \in \mathrm{N}$일 때, $P(k)$가 참이면 $P(k+1)$도 참이다$(k \in \mathrm{N})$.

를 만족하면 모든 자연수 n에 대해 $P(n)$은 참이다.

》 **증명** 수학적 귀납법의 원리가 이용된다.

예제 9 m과 n가 자연수이면 $m+n$도 자연수이다.

》 **증명** 위의 내용을 논리적 기호로 쓰면 "$m,\ n \in \mathrm{N} \rightarrow m+n \in \mathrm{N}$"이다.

$P(m)$을 "$\forall n \in \mathrm{N},\ m+n \in \mathrm{N}$"이라 두고 "$\forall m \in \mathrm{N},\ P(m)$이 참(T)"임을 보이면 된다.

① 임의의 자연수 n에 대해 $n+1$도 자연수이므로 $P(1)$은 참(T)이다.

② 임의의 자연수 n에 대해 $k+n$이 자연수이면 $(k+1)+n=k+(n+1)\in \mathbb{N}$ $P(k)$가 참이므로 $k+n\in \mathbb{N}$ 이므로 $k+n+1\in \mathbb{N}$ 도 자연수이다. 즉 $P(k)$가 참(T)이면 $P(k+1)$도 참이다.

그러므로 ①과 ②에 의해 "$\forall m\in \mathbb{N}$ $P(m)$은 참(T)"이다. 즉 m과 n가 자연수이면 $m+n$도 자연수이다.

정리 1.7

일반화된 수학적 귀납법

$P(n)$을 임의의 자연수 n에 대한 명제함수라 할 때

① 어떤 자연수 n_0에 대해 $P(n_0)$가 참(T)이고

② $k \geq n_0$라 하자. 만일 $P(k)$가 참(T)이면 $P(k+1)$도 참(T)일 때 "$\forall n \geq n_0$ $P(n)$은 참"이다.

예제 10 "$2n+1 < 2^n$"을 $P(n)$이라 하면, $n \geq 3$, $n\in \mathbb{N}$

① $P(3)$, 즉 "$2\times 3+1 < 2^3$"은 참(T)이다.

② 3이상의 임의 자연수 k에 대해 $P(k)$가 참(T)이면 (즉, $2k+1 < 2^k$),

$$\begin{aligned} 2(k+1)+1 &= (2k+1)+2 < 2^k+2 < 2^k+2^k \\ &= 2\times 2^k \\ &= 2^{k+1} \end{aligned}$$

이 성립한다. 따라서 $P(k+1)$는 참(T)이다.

그러므로 ①과 ②에 의해 "$\forall n \geq 3$ $P(n)$은 참(T)"이다.

$n_0=1$일 때 정리 1.7로부터 수학적 귀납법을 얻는다.

정리 1.8

제2의 수학적 귀납법

N의 임의의 원소 n에 대해 $P(n)$이 명제함수로써

① $P(1)$이 참(T)이고

② $P(2)$이 참(T)이고

⋮

③ $P(m)$이 참(T)이며

④ 만일 $P(i)$가 참이면$(m < i < k)$, $P(k+1)$은 참이다.

이면 "$\forall n \in \mathrm{N}$, $P(n)$은 참(T)"이다.

예제 11 $f(1)=3$,

$f(2)=\frac{3}{2}$,

$f(n)=\frac{f(n-1)+f(n-2)}{2}$, $n \geq 3$ 이면,

$\forall n \in \mathrm{N}$, $f(n)=2+\left(-\frac{1}{2}\right)^{n-1}$ 이다.

》증명 $P(n)$을 "$f(n)=2+\left(-\frac{1}{2}\right)^{n-1}$"

① $f(1)=3=2+1=2+\left(-\frac{1}{2}\right)^{0}=2+\left(-\frac{1}{2}\right)^{1-1}$

$\therefore$ $P(1)$은 참(T)이다.

② $f(2)=\frac{3}{2}=2+\left(-\frac{1}{2}\right)^{1}=2+\left(-\frac{1}{2}\right)^{2-1}$

$\therefore$ $P(2)$은 참(T)이다.

③ 2보다 큰 k에 대해 i가 k이하인 자연수일 때

$f(i)=2+\left(-\frac{1}{2}\right)^{i-1}$ 를 가정하면

$$\begin{aligned} f(k+1) &= \frac{f(k)+f(k-1)}{2} \\ &= \frac{1}{2}\left[2+\left(-\frac{1}{2}\right)^{k-1}+2+\left(-\frac{1}{2}\right)^{k-2}\right] \\ &= \frac{1}{2}\left[4+\frac{1}{2}\left(-\frac{1}{2}\right)^{k-2}\right] \end{aligned}$$

$$= 2 + \left(-\frac{1}{2}\right)^{k}$$

이 성립한다. 즉 2보다 큰 k에 대해 i가 k이하인 자연수일 때 $P(i)$가 참이면 $P(k+1)$도 참이다.

따라서 ①, ②, ③에 의해 "$\forall n \in \mathbb{N} \;\; f(n) = 2 + \left(-\frac{1}{2}\right)^{n-1}$"은 성립한다.

연습문제

1. 2변수 명제함수 "$\forall x \exists y\, P(x, y) \rightarrow \exists y \forall x\, P(x, y)$"은 거짓임을 보이시오.

2. **[2004학년도 임용문제]** 같은 종류의 물건 n개를 m명의 학생에게 나누어주는 경우의 수를 $f(n, m)$이라 할 때, 다음 물음에 답하시오.
모든 자연수 n에 대하여 다음 등식이 성립함을 수학적 귀납법을 이용하여 증명하시오.

$$f(1, m) + f(2, m) + \cdots + f(n, m) = f(n, m+1) - 1$$

3. x가 유리수이고 y가 무리수이면 $x+y$는 무리수임을 증명하되 전칭기호와 존재기호를 사용하여 명제함수를 설정한 후에 증명하시오.

4. 제2의 수학적 귀납법을 이용해서 다음을 증명하시오.
수열 $\langle a_n \rangle$에서 $a_1 = 0,\ a_2 = 1,\ a_n = \dfrac{a_{n-1} + a_{n-2}}{2}$ $(n \geq 3)$이면 임의의 자연수 n에 대해 $a_n = \dfrac{2}{3}\left[1 - \left(-\dfrac{1}{2}\right)^{n-1}\right]$이다.

5. (i) 자연수 집합의 정렬성을 이용하여 $0 < n < 1$을 만족하는 자연수 n 가 존재하지 않음을 보이고

(ii) (i)의 결과를 이용하여 동시에 짝수이고 홀수인 자연수는 존재하지 않음을 보이시오.

1.3 함수

20세기 초 수학교육의 근대화를 주도한 수학교육자 중의 한 사람인 독일의 클라인(Felix Klin)은 수학에서 함수개념의 역할을 중요시했다. 클라인은 수학교육을 포함한 모든 교육은 발생적 방법에 바탕을 두고 이루어져야 함을 강조했다. 그는 수학 그 자체뿐만 아니라 우리 모든 생활, 사고 등이 함수적 관점에서 이루어졌다고 보고 그런 관점에서 활용하는 함수적 사고가 수학적 사고(mathematical thought)의 핵심이며 함수적 사고를 훈련하는 것이 수학을 가르치는 목표가운데 가장 기본적인 것임을 주장하며 학교수학은 함수적 사고를 학습하고 지도하는 것을 중심적으로 이루어져야 한다고 강조했다.

자연현상, 사회현상, 심리현상 등은 모두 관계속에서 이루어지며 이러한 관계 자체가 바로 함수적 내용이다. 즉, 함수적 사고는 우리 삶의 전 부분에서 변화를 인식하고 변하는 대상들간의 관계를 이해하고, 기술하고, 분석하고, 예측할 수 있는 능력을 배양하는 지름길이다. 우리의 삶이 함수적이므로 수학적 사고는 함수적 사고의 바탕 위에서 이루어지는 것이 바람직하다. 학교수학에서의 학습과 지도는 이러한 사고의 바탕에서 이루어져야 하며 교사는 수학적 사고의 이해와 기술, 분석 그리고 활용에 중점을 둘 필요가 있다.

정의 1.10 두 집합 X와 Y에서 X의 각 원소에 Y의 원소 중 단 하나만을 대응시키는 규칙 f를 X에서 Y에로의 함수라 하고 $f: X \to Y$로 나타낸다. 정의역 X의 모든 원소들의 상의 집합 $\{f(x): x \in X\}$를 $f(X)$ 또는 $\mathrm{ran}(f)$로 나타내고 f의 치역(range)이라고 하며 정의역과 치역의 곱집합

$$gr(f) = X \times \mathrm{ran}(f) = X \times f(X) = \{(x,\ f(x)) : x \in X\} (\subset X \times Y)$$

를 함수 f의 그래프(graph)라 한다.

기호 $F(X, Y)$는 집합 X에서 집합 Y로의 함수들의 집합을 나타낸다.

정의 1.11 함수 $f \in F(X, Y)$에서 부분집합 $A \subset X$와 $B \subset Y$에 대해

$$f(A) = \{f(x) \in Y : x \in A\}$$

를 f에 의한 A의 상(image)이라 하고

$$f^{-1}(B) = \{x \in X : f(x) \in B\}$$

를 f에 의한 B의 역상(inverse image)이라고 한다.

정의 1.12 $X = Y = \mathbb{R}$일 때 $F(\mathbb{R}, \mathbb{R})$의 두 원소 f와 g가 임의 원소 $x \in \mathbb{R}$에 대해 $f(x) \geq g(x)$일 때 f가 g보다 크거나 같다고 하고 $f \geq g$로 표현한다.

정의 1.13 임의 두 함수 f, $g \in F(\mathbb{R}, \mathbb{R})$의 합을 임의 $x \in \mathbb{R}$에 대해

$$(f+g)(x) = f(x) + g(x)$$

로 정의한다.

정의 1.14 $X = Y$일 때 임의 원소 $x \in X$를 그 자신으로 보내는 함수를 X 위에서의 항등함수(identity function)라 하고 I_X로 쓴다. 즉 $I_X \in F(X, X)$이다.

정의 1.15 $f \in F(X, Y)$, $g \in F(Y, Z)$에 대해 임의 원소 $x \in X$에 대해 X에서 Z로의 함수 h를 $h(x) = g(f(x))$로 정의하면, h는 잘 정의된(well-defined) 함수이다. $h = g \circ f$로 표현하며 f와 g의 합성함수(composite function)라고 한다.

정의 1.16 함수 $f \in F(X, Y)$의 정의역 X에 속하는 서로 다른 임의의 두 원소 x_1과 x_2의 상이 서로 다를 때(즉 $x_1 \neq x_2$이면 $f(x_1) \neq f(x_2)$) f를 단사함수(injective function)라 한다. 한편 임의 원소 $y \in Y$에 대해 $f(x) = y$를 만족하는 $x \in X$가 존재할 때(즉 $f(X) = Y$)일 때 f를 전사함수(surjective function)라고 한다. 함수 $f \in F(X, Y)$가 전사이고 단사일 때 f를 전단사함수(bijective function or bijection) 또는 일대일대응함수(one-to-one correspondence)라 하고 X와 Y는 서로 일대일대응(one-to-one correspondent)한다고 한다.

정의 1.17 함수 $f \in F(X, Y)$가 전단사함수일 때 함수 $g \in F(Y, X)$를 임의 원소 $y \in Y$에 대해 $y = f(x)$를 만족하는 $x \in X$를 $g(y) = x$로 대응시키면, 그러한 x는 단 하나 존재하므로 g는 잘 정의된 함수이다. 이때 함수 g를 f의 역함수라 하고 $g = f^{-1}$로 표현한다.

정리 1.9

$f \in F(X, Y)$가 전단사함수이면 $y = f(x)(\in Y)$에 대해 $x = g(y)(\in X)$로 정의된 함수 $g \in F(Y, X)$도 전단사함수이다.

》 **증명** 임의 원소 $y \in Y$는 단 하나의 역상 $x = f^{-1}(\{y\}) \in X$를 가지므로 g는 단사함수이고 $f(X) = Y$이므로 $X = g(Y)$가 되어 g는 전사함수이다.

정리 1.10

$f \in F(X, Y)$가 전단사함수이면 함수 $f^{-1} \circ f \in F(X, X)$와 $f \circ f^{-1} \in F(Y, Y)$는 각각 X와 Y에서 정의된 항등함수이다.

》 **증명** 임의 원소 $x \in X$에 대해 $y = f(x)$이면 $x = f^{-1}(y)$이므로

$$(f^{-1} \circ f)(x) = f^{-1}(y) = x$$

이고 마찬가지로 임의 원소 $y \in Y$에 대해

$$(f \circ f^{-1})(y) = f(x) = y$$

이다.

정의 1.18 함수 $f \in F(X, Y)$와 부분집합 $A \subset X$에 대해 함수 $g \in F(A, Y)$를 A의 임의 원소 x에 대해 $g(x) = f(x)$로 정의하여 g를 f의 집합 A에로의 축소함수(restriction)라 하고 $g = f|_A$로 표현한다. 이때 역으로 f를 함수 $g \in F(A, Y)$의 확대함수(extension)라고 한다.

정의 1.19 자연수의 집합 $\mathbb{N}$에서 집합 X로의 함수 $f \in F(\mathbb{N}, X)$는 각 자연수 n에 X의 원소를 단 하나씩 대응시키므로 $f(n) = x_n$으로 표현하고, 함수 f를 X의 원소열

또는 점열이라 하고 치역 $f(\mathbb{N})$을 $\{x_n : n\in\mathbb{N}\}(\subset X)$ 또는 $\{x_n\}$으로 표현한다.

정의 1.20 주어진 집합 X의 곱집합 $X\times X$에서 X에로의 함수 $f\in F(X\times X,\ X)$를 X에서의 이항연산(binary operation)이라고 한다.

예제 12 집합 X의 모든 부분집합들의 족을 $\wp(X) := \{A : A\subset X\}$라 할 때 합집합 $\cup$은 $\wp(X)\times\wp(X)$에서 $\wp(X)$에로의 함수이다. 즉 $\wp(X)$에서 이항연산이다.

정의 1.21 $f\in F(X\times X,\ X)$이고 X의 임의 원소 $x_1,\ x_2$에 대해 $f(x_1,\ x_2)=f(x_2,\ x_1)$일 때 f는 교환적이라고 한다.

정의 1.22 $f\in F(X\times X, X)$이고, X의 임의 원소 $x_1,\ x_2,\ x_3$에 대해

$$f(x_1,\ f(x_2,\ x_3)) = f(f(x_1,\ x_2),\ x_3)$$

가 성립할 때 연산 f는 결합적이라고 한다.

예제 13 $\wp(X)$의 임의 원소 $A,\ B,\ C$에 대해

$$A\cap(B\cap C) = (A\cap B)\cap C$$

가 성립한다.

연 습 문 제

1. 두 함수 $f\in F(X,\ Y)$와 $g\in L(Y,\ Z)$가 전단사함수이면 $g\circ f\in F(X,\ Z)$도 전단사함수이다.

2. 함수 $f\in F(X,\ Y)$와 Y의 부분집합 $A,\ B$에 대해

(ⅰ) $f^{-1}(B^c) = (f^{-1}(B))^c$이다.

(ii) $f^{-1}(A\cup B)=f^{-1}(A)\cup f^{-1}(B)$

(iii) $f^{-1}(A\cap B)=f^{-1}(A)\cap f^{-1}(B)$

(iv) $f^{-1}(A\setminus B)=f^{-1}(A)\setminus f^{-1}(B)$

3. 주어진 함수 $f:\mathbb{R}\to[0,\infty)$는 단사함수가 아니지만 축소함수가 단사함수가 되는 원함수 f와 축소정의역의 예를 드시오.

1.4 무한집합

정의 1.23 집합 S가 공집합이거나 혹은 유한개의 원소를 가지고 있을 때 S는 유한집합(finite set), 그렇지 않을 때 무한집합(infinite set)이라고 한다.

원소의 개수가 n개인 유한집합 S와 집합 $\mathrm{N}_n:=\{1, 2, \cdots, n\}$는 서로 일대일대응한다. 즉 S에서 N_n 또는 N_n에서 S로의 전단사함수가 존재한다.

정리 1.11

집합 A의 원소의 개수가 m개, 집합 B의 원소의 개수가 n개이며 $A\cap B=\varnothing$일 때 합집합 $A\cup B$의 원소의 개수는 $m+n$개이다.

》**증명스케치** 전단사함수 $f:\mathrm{N}_m\to A$와 $g:\mathrm{N}_n\to B$에 대해

함수 $h:\mathrm{N}_{m+n}\to A\cup B$를

$$h(i)=\begin{cases} f(i), & i=1, 2, \cdots, m \\ g(i-m), & i=m+1, \cdots, m+n \end{cases}$$

으로 정의하면 h는 전단사함수이다.

정리 1.12

두 집합 S와 T가 $T \subset S$ 일 때, S가 유한집합이면 T도 유한집합이다. 따라서 T가 무한집합이면 S도 무한집합이다.

정의 1.24 무한집합 X가 자연수집합 $\mathbb{N}$과 일대일대응할 때 집합 X를 가산무한집합, 그렇지 않을 때 X를 비가산(무한)집합이라고 한다.

예제 14 홀수인 자연수들의 집합 O는 가산무한집합이다. 함수 $f: \mathbb{N} \rightarrow O$를 $f(n) = 2n-1$로 정의하면 f는 전단사함수이다.

정리 1.13

가산무한집합의 무한부분집합은 가산무한집합이다.

》증명 자연수 집합의 정렬성을 이용해서 증명한다.

정리 1.14

유리수 집합 $\mathbb{Q}$는 가산무한집합이다.

》증명 함수 $f: \mathbb{N} \times \mathbb{N} \rightarrow \mathbb{N}$을

$$f(p,q) = \frac{(p+q-1)(p+q-2)}{2} + p$$

로 정의하면

첫째, f는 잘 정의되었다.

둘째, 만일 $(p,\ q) \neq (r,\ s) \in \mathbb{N} \times \mathbb{N}$이면

(i) $p < r$이고 $q < s$인 경우

(ii) $p < r$이고 $q = s$인 경우

(iii) $p < r$이고 $q > s$인 경우

의 모두에 대해 $f(p,\ q) \neq f(r,\ s)$이다. 따라서 f는 단사이다.

셋째, $\dfrac{(p+q-1)(p+q-2)}{2}+p=k$라 하면

$$\frac{-1+\sqrt{1+4k}}{2} \le n \le \frac{1+\sqrt{1+4k}}{2}$$

$$p=k-\frac{n(n-1)}{2}$$

$$q=k+1-p$$

일 때, $f(p,\ q)=k$를 만족하는 자연수의 쌍 $(p,\ q)$가 존재한다. 따라서 f는 전사이다.

위의 증명은 다음의 그림과 상통한다.

$$\begin{array}{ccccccccc}
(1,1) & & (2,1) & & (3,1) & & (4,1) & & \cdots \\
\downarrow & \nearrow & & \nearrow & & \nearrow & & & \\
(1,2) & & (2,2) & & (3,2) & & (4,2) & & \cdots \\
 & \nearrow & & \nearrow & & & & & \\
(1,3) & & (2,3) & & (3,3) & & (4,3) & & \cdots \\
 & \nearrow & & & & & & & \\
(1,4) & & & & & & & & \\
\vdots & & \cdots & & \cdots & & & &
\end{array}$$

정리 1.15

다음은 서로 동치이다.

(i) S는 가산집합이다.

(ii) $\mathbb{N}$에서 S로의 전사함수가 존재한다.

(iii) S에서 $\mathbb{N}$로의 단사함수가 존재한다.

정리 1.16

서로소인 가산 무한개의 가산무한집합의 합집합은 가산무한집합이다.

집합 Λ의 각 원소 λ에 X의 부분집합을 단 하나 대응시켜 그 집합을 A_λ라고 하자. 이때

λ를 첨자(index), Λ를 첨자집합(index set), A_λ를 첨자가 붙은 집합(indexed set)이라 하며 첨자가 붙은 집합들의 족을 $\{A_\lambda : \lambda \in \Lambda\}$ 혹은 $\{A_\lambda\}_{\lambda \in \Lambda}$로 나타낸다. 첨자집합 Λ에 대응하는 부분집합족 $\{A_\lambda : \lambda \in \Lambda\}$의 합집합과 교집합을 다음과 같이 정의한다.

정의 1.25 X가 전체집합, Λ가 첨자집합일 때

$$\bigcup_{\lambda \in \Lambda} A_\lambda = \{x \in X : \text{최소한 하나의 첨자 } \lambda \in \Lambda \text{에 대해 } x \in A_\lambda\},$$

$$\bigcap_{\lambda \in \Lambda} A_\lambda = \{x \in X : \text{모든 첨자 } \lambda \in \Lambda \text{에 대해 } x \in A_\lambda\}$$
로 정의한다.

정리 1.17

전체집합 X의 부분집합족 $\{A_\lambda\}_{\lambda \in \Lambda}$에 대해

(i) $\left(\bigcup_{\lambda \in \Lambda} A_\lambda\right)^c = \bigcap_{\lambda \in \Lambda} A_\lambda^c$ (ii) $\left(\bigcap_{\lambda \in \Lambda} A_\lambda\right)^c = \bigcup_{\lambda \in \Lambda} A_\lambda^c$

이 성립한다.

》증명 (i) $x \notin \bigcup_{\lambda \in \Lambda} A_\lambda$와 $\forall \lambda \in \Lambda \ x \notin A_\lambda$은 동치임을 이용하고,
(ii) $x \notin \bigcap_{\lambda \in \Lambda} A_\lambda$와 $\exists \lambda \in \Lambda \ x \in A_\lambda^c$이 동치임을 이용한다.

연 습 문 제

1. 무리수 $\mathbb{Q}^c$는 비가산(무한)집합임을 보이시오.

2. 전체집합 X의 한 부분집합 A와 부분집합족 $\{A_\lambda : \lambda \in \Lambda\}$에 대해

(i) $A \setminus \left(\bigcup_{\lambda \in \Lambda} A_\lambda\right) = \bigcap_{\lambda \in \Lambda} (A \setminus A_\lambda)$

(ii) $A \setminus \left(\bigcap_{\lambda \in \Lambda} A_\lambda\right) = \bigcup_{\lambda \in \Lambda} (A \setminus A_\lambda)$

가 성립함을 보이시오.

3. 함수 $f \in F(X, Y)$와 Y의 부분집합 B_i $(i = 1, 2, \cdots)$에 대해 다음이 성립하는지 혹

은 성립하지 않는지를 밝히시오.

(i) $f^{-1}\left(\bigcup_{i=1}^{\infty} B_i\right) = \bigcup_{i=1}^{\infty} f^{-1}(B_i)$

(ii) $f^{-1}\left(\bigcap_{i=1}^{\infty} B_i\right) = \bigcap_{i=1}^{\infty} f^{-1}(B_i)$

4. **[임용예상문제]** 자연수의 집합 N의 모든 유한부분집합들의 족을 $F(\mathrm{N})$이라 할 때 $F(\mathrm{N})$이 가산집합임을 보이시오.

제2장 실수계

◈ 학습 내용

실수계의 대수성, 순서성, 완비성 그리고 위상성 등을 중점적으로 다룬다.

2.1 실수의 대수성

우리는 사전에 실수집합의 수학적 체계(mathematical system)에 대한 어떤 구체적이고 체계적인 학습도 없이 그냥 실수의 사용에 익숙해왔다. 예를 들면, 어떤 실수라도 0을 곱하면 0이고 1을 곱하면 자신이 되는 것을 알고 사용해왔다. 사실 이러한 실수들의 대수적 기능은 다음과 같은 실수계의 체의 공리가 바탕이 된 정리들이다.

〈체의 공리〉

(i) 실수들의 집합 $\mathbb{R}$은 덧셈 +과 곱셈 ·에 관해 닫혀 있다.

(ii) 실수의 집합 $\mathbb{R}$은 덧셈(+)에 관해 하나의 가환군(commutative group)을 이룬다.

(iii) 실수의 집합 $\mathbb{R}\setminus\{0\}$은 덧셈(·)에 관해 하나의 가환군(commutative group)을 이룬다.

(iv) 임의 실수 a, b, c ($\in\mathbb{R}$)에 대해 $a\cdot(b+c)=a\cdot b+a\cdot c$가 성립한다.

---

① $a\cdot b=ab$로 $a\cdot a=a^2$, $\overbrace{a\cdot\ \cdots\ \cdot a}^{n}=a^n$을 나타낸다.

② 임의 자연수 n에 대해 $a^{n+1}=(a^n)\cdot a$로 나타낸다.

③ $(a+b)+c=a+(b+c)$를 $a+b+c$로 $(a\cdot b)\cdot c=a\cdot(b\cdot c)$를 abc로 나타낸다.

④ $a+(-b)$를 $a-b$로 쓴다.

다음의 정리 2.1의 (a)와 (b)는 각각 영원과 단위원이 유일함을 보인다.

정리 2.1

(a) 실수 a, b가 $a+b=a$를 만족하면 $b=0$이다.

(b) 실수 b와 0이 아닌 실수 a가 $ab=a$를 만족하면 $b=1$이다.

(c) a가 실수일 때 $a\cdot 0=0$이다.

〉〉**증명** (a) $b=0+b=((-a)+a)+b$

$$= (-a) + (a+b)$$
$$= (-a) + a$$
$$= 0$$

(b) $a \neq 0$이고 $\frac{1}{a} = 0$이면 $1 = a \cdot \frac{1}{a} = a \cdot 0 = 0$가 되어 모순이다. 따라서, $\frac{1}{a} \neq 0$이다.

$$b = 1 \cdot b = \left(\frac{1}{a} \cdot a\right) \cdot b$$
$$= \frac{1}{a} \cdot (ab)$$
$$= \frac{1}{a} \cdot a$$
$$= 1$$

(c) $$a \cdot 0 = 0 + a \cdot 0$$
$$= ((-a) + a) + a \cdot 0$$
$$= (-a) + (a + a \cdot 0)$$
$$= (-a) + (a \cdot 1 + a \cdot 0)$$
$$= (-a) + (a(1+0))$$
$$= (-a) + a \cdot 1$$
$$= (-a) + a$$
$$= 0$$

다음의 정리 2.2의 (a)와 (b)는 각각 덧셈과 곱셈에 관하여 역원이 유일함을 보인다.

정리 2.2

(a) a가 실수이면 $-a = (-1) \cdot a$이다.

(b) a가 실수일 때 $a \cdot (-a) = -a^2$이다.

(c) $a \cdot b = 0$이면 $a = 0$ 혹은 $b = 0$이다.

〉〉 **증명** (a) $$a + (-1) \cdot a = 1 \cdot a + (-1) \cdot a$$
$$= (1 + (-1)) \cdot a$$
$$= 0 \cdot a$$
$$= 0$$

(b) $a^2 + a \cdot (-a) = a \cdot a + a \cdot (-a)$

$$= a \cdot (a + (-a))$$

$$= a \cdot 0$$

$$= 0$$

(c) $a \neq 0$라 하면,

$$\begin{aligned} b &= 1 \cdot b \\ &= \left(\frac{1}{a} \cdot a\right) \cdot b \\ &= \frac{1}{a} \cdot (ab) \\ &= \frac{1}{a} \cdot 0 \\ &= 0 \end{aligned}$$

정리 2.3

(a) a, b가 실수이면 방정식 $a + x = b$를 만족하는 해 $x = (-a) + b$가 유일하게 존재한다.

(b) a는 0이 아닌 실수이고 b가 실수이면 방정식 $ax = b$를 만족하는 해 $x = \frac{1}{a} \cdot b$가 유일하게 존재한다.

》**증명** (a) (해의 존재성)

$$\begin{aligned} a + ((-a) + b) &= (a + (-a)) + b \\ &= 0 + b \\ &= b \end{aligned}$$

이므로 $x = (-a) + b$이다.

(해의 유일성)

$a + x = b$이고 $a + y = b$라 하면

$$\begin{aligned} x = (-a) + b &= (-a) + (a + y) \\ &= ((-a) + a) + y \\ &= 0 + y \\ &= y \end{aligned}$$

이다.

(b) (해의 존재성)

$$a\cdot\left(\frac{1}{a}\cdot b\right)=\left(a\cdot\frac{1}{a}\right)\cdot b$$
$$=1\cdot b$$
$$=b$$

이므로 $x=\frac{1}{a}\cdot b$이다.

(해의 유일성)

$ax=b$이고 $ay=b$라 하면

$$x=\frac{1}{a}\cdot b=\frac{1}{a}\cdot(a\cdot y)$$
$$=\left(\frac{1}{a}\cdot a\right)\cdot y$$
$$=1\cdot y$$
$$=y$$

정리 2.4

(a) a가 실수이면 $a=-(-a)$이다.

(b) a가 0이 아닌 실수이면 $\frac{1}{\left(\frac{1}{a}\right)}=a$가 성립한다.

》증명 (a) 방정식 $(-a)+x=0$의 유일한 해는 $x=-(-a)$이고 $(-a)+a=0$이므로 $a=-(-a)$이다.

(b) 방정식 $\frac{1}{a}\cdot x=1$의 유일한 해는 $x=\frac{1}{\left(\frac{1}{a}\right)}$이고 $\frac{1}{a}\cdot a=1$이므로 $a=\frac{1}{\left(\frac{1}{a}\right)}$

이다.

연습문제

1. b와 d가 0이 아닌 실수이면

(i) $\left(\frac{a}{b}\right)\left(\frac{c}{d}\right)=\frac{ac}{bd}$이고 (ii) $\frac{a}{b}+\frac{c}{d}=\frac{ad+bc}{bd}$이다.

2. a, b가 실수일 때

(i) $ab \neq 0$이면 $a \neq 0$이고 $b \neq 0$이다.

또한 (ii) $(ab)^{-1}=b^{-1}a^{-1}$이다.

3. a, b, c가 실수일 때

(i) $a-(b+c)=(a-b)-c$

(ii) $a-(b-c)=a-b+c$

이다.

2.2 실수의 순서성

순서공리는 양수개념(notion of positivity) 및 대소관계와 관련이 있다. 따라서 이 순서공리를 바탕으로 순서적 특성과 부등식과 관련된 계산 등을 도출할 것이다.

〈순서공리〉

다음의 세 가지 특성을 가진 $\mathbb{R}$ 의 부분집합 $\mathbb{P}$ 가 존재한다.

(i) a, $b \in \mathbb{P}$ 이면 $a+b \in \mathbb{P}$

(ii) a, $b \in \mathbb{P}$ 이면 $ab \in \mathbb{P}$

(iii) $a \in \mathbb{R}$ 이면 $a \in \mathbb{P}$ 이거나 $a=0$이거나 혹은 $-a \in \mathbb{P}$ 중 단 하나만 성립한다.

집합 $\mathbb{P}$ 의 원소를 양의 실수(양수)라 하고 집합 $-\mathbb{P}=\{a \in \mathbb{R} : -a \in \mathbb{P}\}$의 원소를 음의 실수(음수)라고 한다.

정의 2.1 (a) 임의의 실수 a, b에 대해, $a-b\in\mathbb{P}$ 일 때, a가 b보다 크다 혹은 b가 a보다 작다고 하고 $a>b$ 혹은 $b<a$라 쓴다.

(b) 임의의 실수 a, b에 대해, $a-b\in\mathbb{P}\cup\{0\}$일 때, a가 b보다 크거나 혹은 같다라 하고 $a\geq b$ 혹은 $b\leq a$라 쓴다.

정리 2.5

$1>0$.

》 **증명** 곱셈에 관한 항등원과 1은 덧셈에 관한 항등원과 0이 아니다. 만일 $-1\in\mathbb{P}$ 라면, 순서공리 (ii)에 의해 $1=(-1)\cdot(-1)\in\mathbb{P}$ 이다. 따라서 (iii)에 모순이 되어 $1\in\mathbb{P}$ 이다.

정리 2.6

(a) $a>b$이고 $b>c$이면 $a>c$이다.

(b) $a>b$이고 c가 양수이면 $ac>bc$이다.

》 **증명** (a) $a-c=a-b+b-c\in\mathbb{P}$.

(b) $ac-bc=c(a-b)\in\mathbb{P}$.

정리 2.7

(a) $a\in\mathbb{R}\setminus\{0\}$이면 $a^2>0$이다.

(b) 지연수는 0보디 그디 (즉, $\forall n\in\mathbb{N}$, $n>0$).

》 **증명** (a) $a\neq 0$이므로 $a\in\mathbb{P}$ 이거나 혹은 $-a\in\mathbb{P}$ 이다. 따라서 $a^2=a\cdot a\in\mathbb{P}$ 혹은 $a^2=a\cdot a=a\cdot(-(-a))=a\cdot(-1)\cdot(-a)=(-1)\cdot a\cdot(-a)$ $=(-a)\cdot(-a)\in\mathbb{P}$ 이다. 따라서 $a^2>0$이다.

(b) "$n>0$"을 $P(n)$이라 하면 정리 2.5에 의해서 $P(1)$은 참이다. $P(k)$를 참이라 하면 $k\in\mathbb{P}$ 이고 정리 2.5에서 $1\in\mathbb{P}$ 이므로 $k+1\in\mathbb{P}$ 이다. 따라서 $P(k+1)$은 참이다. 고로 "$\forall nP(n)$은 참"이다.

정리 2.8

(a) 실수 a가 임의 양수 ε에 대해 $0 \le a < \varepsilon$을 만족하면 $a = 0$이다.

(b) 실수 a와 b가 임의 양수 ε에 대해 $a \le b + \varepsilon$을 만족하면 $a \le b$이다.

》증명 (a) 만일 $a > 0$이면 $\frac{1}{3}a > 0$이다. $\frac{1}{3}a < a$이므로 $0 \le a < \varepsilon$에 모순이다.

(b) $a > b$이면 $\frac{a-b}{2} > 0$이다. $a \le b + \frac{a-b}{2} = \frac{a+b}{2} < \frac{a+a}{2} = a$가 되어 모순이다.

정리 2.9

$ab > 0$이면

(a) $a > 0$이고 $b > 0$이거나,

(b) $a < 0$이고 $b < 0$이다.

》증명 $ab > 0$이면 $a \ne 0$이고 $b \ne 0$이다.

(a) $a > 0$이면 $\frac{1}{a} > 0$이므로 $b = 1 \cdot b = \left(\frac{1}{a} \cdot a\right)b = \frac{1}{a}(ab) > 0$.

(b) $a < 0$이면 $\frac{1}{a} < 0$이므로 $b = 1 \cdot b = \frac{1}{a} \cdot (ab) < 0$.

연습문제

1. (i) $a > 0$이면 $\frac{1}{a} > 0$이고 (ii) $a < 0$이면 $\frac{1}{a} < 0$이다.

2. $a > 0,\ b > 0$일 때 부등식 $a^2 > b^2$와 부등식 $a > b$, 부등식 $\sqrt{a} > \sqrt{b}$는 서로 동치이다.

3. 실수 a, b에 대해 $a^2 + b^2 = 0$일 필요충분조건은 $a = 0$이고 $b = 0$이다.

2.3 절댓값과 실선

정의 2.2 절댓값을 나타내는 기호 $|\cdot|$는 $\mathbb{R}$ 에서

$$a \in \mathbb{P} \cup \{0\} \text{이면 } |a| = a$$

$$a \notin \mathbb{P} \cup \{0\} \text{이면 } |a| = -a$$

로 정의된 함수이다.

정리 2.10

(a) a, b가 실수이면 $|ab| = |a||b|$이다.

(b) a가 실수이면 $|a|^2 = a^2$이다.

(c) $c \geq 0$이면 부등식 $|a| \leq c$와 $-c \leq a \leq c$는 서로 동치이다.

(d) a가 실수이면 $-|a| \leq a \leq |a|$이다.

》증명 (a) ① $a = 0$ 혹은 $b = 0$이면 $ab = 0$이다. 따라서 $|ab| = |0| = 0 = ab$

② $a > 0$이고 $b > 0$이면 공리에 의해 $ab > 0$이다. 따라서 $|ab| = ab = |a||b|$ 이다.

③ $a > 0$이고 $b < 0$이면 $ab < 0$이다. 따라서 $|ab| = -(ab) = a(-b) = |a||b|$ 이다.

$ab = ba$이므로 나머지 경우는 자명하다.

(b) $a^2 \geq 0$이므로 $a^2 = |a^2| = |a||a| = |a| \cdot |a| = |a|^2$이다.

(c) $|a| \leq c$이면 $a \leq c$이거나 $-a \leq c$이다. $c \geq 0$이므로 $-c \leq a \leq c$이다. 역으로 $-c \leq a \leq c$이므로 $a \leq c$이고 $-a \leq c$이다. 따라서 $|a| \leq c$이다.

(d) (c)에서 $c = |a|$일 때이다.

정리 2.11

a, b가 실수이면,

(a) $|a \pm b| \leq |a| + |b|$

(b) $\big||a| - |b|\big| \leq |a \pm b|$이다.

》증명스케치 (a) $-(|a|+|b|) \le a \pm b \le |a|+|b|$를 이용한다.

(b) $|a|-|b| \le |a-b|$를 이용한다.

연 습 문 제

1. $a < x < b$이고 $a < y < b$이면 $|x-y| < b-a$이다.

2. a, b, c가 실수이고 $x \le z$이면, $x \le y \le z$일 필요충분조건은 $|x-y|+|y-z| = |x-z|$이다.

3. a, b가 실수일 때 $|a+b|=|a|+|b|$가 성립할 필요충분조건을 구하고 증명하시오.

2.4 실수의 완비성

무리수 $\sqrt{2}$를 무한소수로 나타내면 대략 $1.4142135623730\cdots$이다. 따라서 $\sqrt{2}$를 다음과 같이 증가하는 유리수열로 나타낼 수 있다.

$$A=\left(1,\ \frac{14}{10},\ \frac{141}{10^2},\ \frac{1414}{10^3},\ \frac{14142}{10^4},\ \cdots\right).$$

유리수체계(rational number system)에서 집합 $A=\{x\in\mathbb{Q} : x^2 \le 2\}$는 최댓값과 최솟값을 가지지 않는다. 그러나 실수계에서 $B=\{x\in\mathbb{R} : x^2 \le 2\}$는 최댓값 $\sqrt{2}$와 최솟값 $-\sqrt{2}$를 가진다. 실수계에서 집합 $\{x\in\mathbb{R} : x^2 \le 2\}$와 집합 $\{x\in\mathbb{R} : x^2 < 2\}$는 각각 구간 $[-\sqrt{2}, \sqrt{2}]$와 $(-\sqrt{2}, \sqrt{2})$로 표현되지만 유리수계에서는 집합 $C=\{x\in\mathbb{Q} : x^2 \le 2\}=\mathbb{Q}\cap A$와 $D=\{x\in\mathbb{Q} : x^2 < 2\}=\mathbb{Q}\cap B$는 구간이 아니다.

한편, 집합

$$E=\left\{1,\ \frac{14}{10},\ \frac{141}{10^2},\ \frac{1414}{10^3},\ \frac{14142}{10^4},\ \cdots\right\}$$

의 모든 항은 $\frac{15}{10}=\frac{3}{2}$보다 작으므로 $\frac{3}{2}$이나 $\frac{142}{10^2}$, $\frac{1415}{10^3}$, $\frac{14143}{10^4}$, … 등은 상계이다. 이러한 수많은 상계(上界) 중에서 가장 작은 수는 무엇인가? 즉, 유리수 체계에서 그 값이 존재하는가? 존재한다면 무엇인가?하고 의문을 가진다. 이 과에서는 이와 같이 상한(上限)의 존재성을 밝히고 그것에 대한 기본적인 공리를 제시하려 한다.

유리수 체계 $\mathbb{Q}$는 실수계 $\mathbb{R}$과 마찬가지로 대수적 성질과 순서적 성질을 가지고 있다. 그러나 $\mathbb{Q}$는 $\mathbb{R}$이 가지고 있는 완비적 성질은 가지고 있지 않다. 앞에서 다룬 수열 A는 증가하는 유리수열로 그 극한은 무리수 $\sqrt{2}$이며 집합 B의 최댓값은 $\mathbb{Q}$에서 존재하지 않는다. A의 극한이 다루어지고 B의 최댓값을 논할 수 있는 $\mathbb{Q}$보다 좀 더 큰 집합이 필요한 이유가 생긴 것이다. 이 과에서는 최댓값의 일반적인 개념인 상한과 최솟값의 일반적인 개념이 하한(下限)을 다루기 위해 실수계 $\mathbb{R}$이 가지고 있는 또 하나의 중요한 성질인 완비성(完備性, completeness)를 다룬다.

정의 2.3 S가 $\mathbb{R}$의 공집합이 아닌 부분집합이라고 하자.

(a) 어떤 실수 u가 존재해서 S의 모든 원소 s에 대해 $s \le u$를 만족하면, 집합 S는 u에 의해 위로 유계(bounded above)라 하고 이 u를 집합 S의 상계(upper bound)라 한다.

(b) (a)에서 $s \le u$ 대신에 $s \ge u$이면 집합 S가 아래로 유계(bounded below)라 하고 이 u를 집합 S의 하계(lower bound)라 한다.

(c) 집합 S가 동시에 위로 유계이고 아래로 유계이면 S는 유계(bounded)라 하고 그렇지 않을 때는 S는 비유계(unbounded)라 한다.

정의 2.4 집합 S가 $\mathbb{R}$의 공집합이 아닌 부분집합이라고 하자.

(a) S가 위로 유계라 하자. 만일 실수 u가

(1) S의 상계이고 (즉, $s \le u$, $\forall s \in S$)

(2) S의 모든 상계 중에서 제일 작을 때 (즉, 만일 $s \le v$, $v \in \mathbb{R}$, $\forall s \in S$ 이면 $u \le v$이다)

이 u를 집합 S의 최소상계(the least upper bound, supremum) 또는 상한

이라 하고 $u = \sup S$ 또는 $u = \text{lub}S$라 쓴다.

(b) 집합 S가 아래로 유계라 하자. 만일 실수 $u \in S$가

(1) S의 하계이고 (즉, $s \geq u$, $\forall s \in S$)

(2) S의 모든 하계 중에서 제일 클 때 (즉, 만일 $s \geq v$, $s \in S$이면 $u \geq v$ 이다)

이 u를 집합 S의 최대하계(the greatest lower bound, infimum) 또는 하한이라 하고 $u = \inf S$ 또는 $u = \text{glb}S$라 쓴다.

다음의 Archimedean 특성은 $\mathbb{N}$이 유계가 아님을 의미한다.

정리 2.12

Archimedean 특성

만일 x가 실수이면 $x < n_x$를 만족하는 자연수 n_x가 존재한다.

〉〉**증명스케치** (모순법) 모든 자연수 n에 대해 $n \leq x$라 하면 $x \geq \sup N$이다. 이것은 모순이다.

예제 1 1이상의 모든 실수는 집합 $A = \left\{1 - \dfrac{1}{n} : n \in \mathbb{N}\right\}$의 상계이며 그 중에서 1은 상한이다. 0이하의 모든 실수는 집합 $A = \left\{1 - \dfrac{1}{n} : n \in \mathbb{N}\right\}$의 하계이며 그 중에서 0은 하한이다.

〉〉**증명** 만일 $t \geq 1$이면 t는 자명하게 A의 상계이다.

만일 $t < 1$이면 Archimedes 특성에 의해 $\dfrac{1}{N} < 1 - x$를 만족하는 자연수 N이 존재한다.

따라서 각각의 자연수 N에 대하여 $x < 1 - \dfrac{1}{N}$이 만족하고 이는 x가 A의 상계가 아님을 의미한다. 따라서 1은 A의 상한이다.

정리 2.13

S가 $\mathbb{R}$의 부분집합으로 공집합이 아니라고 하자. 그리고 실수 u가 S의 상계라고 하자. 그러면 $u = \sup S$일 필요충분조건은 임의 양수 ε에 대해 $u - \varepsilon < s(\varepsilon)$를 만족하는 실수 $s(\varepsilon)$이 집합 S에 존재한다.

》증명스케치 ($\Leftarrow$) 만일 $v < u$라면 $\varepsilon = u - v > 0$을 이용해서 v가 S의 상계가 될 수 없음을 보인다.

($\Rightarrow$) 임의 양수 ε에 대해 $u - \varepsilon$은 S의 상계가 아니다.

정리 2.14

S가 $\mathbb{R}$의 부분집합으로 공집합이 아니라고 하자. 그리고 실수 w가 S의 하계라고 하자. 그러면 $w = \inf S$일 필요충분조건은 임의 양수 ε에 대해 $w + \varepsilon > s(\varepsilon)$를 만족하는 실수 $s(\varepsilon)$이 집합 S에 존재한다.

》증명스케치 ($\Leftarrow$) 만일 $v > w$라면 $\varepsilon = v - w > 0$을 이용해서 v가 S의 하계가 될 수 없음을 보인다.

($\Rightarrow$) 임의 양수 ε에 대해 $w + \varepsilon$은 S의 하계가 아니다.

완비성 공리(supermum axiom)

$\mathbb{R}$의 공집합이 아닌 부분집합 S가 위로 유계이면 $\sup S$가 존재한다.

정리 2.15

완비성 특성(infimum property)

$\mathbb{R}$의 공집합이 아닌 부분집합 S가 아래로 유계이면 $\inf S$가 존재한다.

》증명스케치 집합 $-S = \{-s \mid s \in S\}$는 위로 유계이므로 완비성 공리에 의해 $\sup(-S)$가 존재한다. $-\inf(S) = \sup(-S)$임을 체크한다.

정리 2.16

$A \subset B$, B는 위로 유계, $A \neq \varnothing$이면 $\sup A \leq \sup B$이다.

》증명 (모순법) $\sup A = p$, $\sup B = q$라 하자. 만일 $p - q > 0$이면 $\varepsilon = p - q$에 대해 $a_\varepsilon \in A$에 존재해서 $p - \varepsilon < a_\varepsilon \le p$가 성립한다. 따라서 $p - (p - q) < a_\varepsilon \le p$가 되므로 $q < a_\varepsilon \le p$가 되어 $a_\varepsilon \le q$에 모순이다.

정리 2.17

임의 양수 a와 임의 실수 b에 대해 $na > b$를 만족하는 자연수 n이 존재한다.

》증명스케치 (모순법) 모든 자연수 n에 대해 $na \le b$가 성립함을 가정하면 집합 $S = \{na : n \in \mathbb{N}\}$는 실수 b에 의해 위로 유계이며 공집합이 아닌 $\mathbb{R}$의 부분집합이므로 $\alpha = \sup S$가 존재한다. 따라서 모든 자연수 $n \in \mathbb{N}$에 대해 $na \le \alpha$가 되어 $n \le \frac{\alpha}{a}$이다. 이것은 Archimedean 특성에 모순이다.

(직접점) $\frac{b}{a}$가 실수이므로 Archimedean 특성에 의해 $n_0 > \frac{b}{a}$를 만족하는 자연수 n_0가 존재한다.

》참고 특별히 $b = 1$일 때, 임의 실수 a에 대해 적당한 자연수 $n \in \mathbb{N}$이 존재해서 $\frac{1}{n} < a$가 성립한다.

정리 2.18

$a > 0$이면 $n_a - 1 \le a < n_a$를 만족하는 자연수 n_a가 존재한다.

》증명 Archimedean 특성에 의해 집합 $A = \{n \in \mathbb{N} : a < n\}$는 공집합이 아니므로 $\mathbb{N}$의 정렬성에 의해, 가장 작은 원소를 하나 가진다. 그것을 n_a라 하면 $n_a - 1 \notin A$이다. 따라서 $n_a - 1 \le a < n_a$가 성립한다.

정리 2.19

유리수의 조밀성(density)

임의 두 실수 a와 b $(a < b)$ 사이에 $a < r < b$를 만족하는 유리수 r이 존재한다.

》증명 (ⅰ) $a > 0$인 경우, Archimedean 특성에 의해 $\frac{1}{n} < b - a$를 만족하는 자연수 n이 존재한다. 따라서 $na + 1 < nb$이다. $na > 0$이므로 정리 2.18에 의해

$m-1 \le na < m$을 만족하는 자연수 m이 존재한다. $m \le na+1 < nb$이므로 $na < m < nb$가 되어 $a < \frac{m}{n} < b$를 만족하는 유리수 $r = \frac{m}{n}$이 존재함을 알 수 있다.

(ii) $a < 0 < b$인 경우, (i)에 의해 $\exists r \in \mathbb{Q} ; \frac{b}{2} < r < b$

(iii) $a < b < 0$인 경우, $\exists r \in \mathbb{Q} ; -b < r < -a \quad \therefore a < -r < b$

정리 2.20

무리수의 조밀성

임의 두 실수 a와 $b(a<b)$ 사이에 $a < z < b$를 만족하는 무리수 z가 존재한다.

》증명스케치 실수 $\sqrt{2}a$와 $\sqrt{2}b$ 사이에 유리수가 존재한다.

연습문제

1. **[2005학년도 임용문제]** 유리수 집합 $\mathbb{Q}$가 실수 집합 $\mathbb{R}$에서 조밀(dense)함을 증명하시오. 즉, x와 y가 실수이고 $x < y$이면, $x < r < y$를 만족시키는 유리수 r이 존재함을 보이시오.

2. 정리 2.19에서 (i) $a < 0 < b$의 경우와 (ii) $a < b < 0$의 경우를 증명하여, $0 < a < b$ 경우의 증명이 일반성을 잃지 않음을 보이시오.

3. 무리수의 조밀성을 증명하시오.

4. $\mathbb{R}$의 부분집합 $A(\neq \varnothing)$가 위로 유계이면 집합 $-A = \{-x : x \in A\}$는 아래로 유계임을 보이고 $\inf(-A) = -\sup A$임을 보이시오.

5. 집합 $S = \left\{(-1)^n\left(1-\frac{1}{2^{n-1}}\right) : n \in \mathbb{N}\right\}$의 상한과 하한을 구하고 증명하시오.

6. 유리수 집합 $\mathbb{Q}$는 완비성 공리를 만족하지 않음을 예를 들어 보이시오.

7. 집합 $A = \left\{1 - \frac{1}{n} : n \in \mathbb{N}\right\}$의 상한이 1임을 증명하시오.

8. A, $B(\subset \mathbb{R})$가 유계 집합이고 $c \in \mathbb{R}$일 때 다음이 성립함을 증명하시오.
(단, $A+B = \{a+b : a \in A, b \in B\}$, $cA = \{ca : a \in A\}$)

   (i) $\sup(A+B) = \sup A + \sup B$

   (ii) $\inf(A+B) = \inf A + \inf B$

   한편, $c \geq 0$이면

   (iii) $\sup(cA) = c\sup A$

   (iv) $\inf(cA) = c\inf A$

   $c < 0$이면

   (v) $\sup(cA) = c\inf A$

   (vi) $\inf(cA) = c\sup A$

9. 정리 2.16과 문제 4번을 이용하여, $A \subset B$, B가 아래로 유계, $A \neq \varnothing$이면 $\inf A \geq \inf B$임을 보이시오.

10. 공집합이 아닌 실수들의 집합 A에서 정의된 함수 f, $g : A \to \mathbb{R}$가 유계일 때 다음이 성립함을 보이고, 등식만 성립하는 예, 부등식만 성립하는 예를 보이시오.

   (i) $\sup\limits_{x \in A}(f(x)+g(x)) \leq \sup\limits_{x \in A} f(x) + \sup\limits_{x \in A} g(x)$

   (ii) $\inf\limits_{x \in A}(f(x)+g(x)) \geq \inf\limits_{x \in A} f(x) + \inf\limits_{x \in A} g(x)$

2.5 실수의 위상성

정의 2.5 a가 실수이고 $\varepsilon > 0$일 때 $N(a, \varepsilon) := \{x \in \mathbb{R} : |x-a| < \varepsilon\}$를 중심 a의 ε-근방(ε

-neighborhood)이라고 한다.

정리 2.21

a가 실수이고 임의 양수 $\varepsilon > 0$에 대해 $x \in N(a, \varepsilon)$이면 $x = a$이다.

〉〉**증명** 임의의 자연수 $n \in \mathbb{N}$에 대해 $|x-a| < \dfrac{1}{n}$이다. 양변에 극한을 취하면 $|x-a| \leq 0$이다.

정리 2.22

구간 (a, b)에 속하는 임의 점 c에 대해 $N(c, \varepsilon) \subset (a, b)$ 되는 양수 ε이 존재한다.

정리 2.23

서로 다른 두 실수 a, b를 중심으로 두 근방이 만나지 않게 반경 ε_a와 ε_b를 잡을 수 있다.

정의 2.6 $\mathbb{R}$의 부분집합 G의 임의 원소 x의 ε-근방 $N(x, \varepsilon)$가 존재해서 $N(x, \varepsilon) \subset G$를 만족할 때 G를 열린집합(open set)이라고 하고, $\mathbb{R}$의 부분집합 F의 여집합 $F^c = \mathbb{R} \setminus F$가 열린집합일 때 F를 닫힌집합(closed set)이라고 한다. 특히 G가 구간일 때 G를 열린구간, F가 구간일 때 F를 닫힌구간이라고 한다.

정리 2.24

F가 닫힌집합이면 F^c의 임의의 원소 x에 대해 적당한 양수 ε_0가 존재해서 $N(x, \varepsilon_0) \cap F = \varnothing$이다.

〉〉**증명** F가 닫힌집합이면 F^c는 열린집합이다. 즉 임의 원소 $x \in F^c$에 대해 $N(x, \varepsilon_0) \subset F^c$인 x의 ε_0-근방이 존재한다. 즉 $N(x, \varepsilon_0) \cap F = \varnothing$를 만족하는 양수 ε_0이 존재한다.

정리 2.25

열린집합의 특성

$\mathbb{R}$ 의 부분집합 중 열린집합들의 전체 모임을 $\mathscr{T} = \{G \subset \mathbb{R} : G$는 열린집합$\}$이라 하면 $\mathscr{T}$는 다음의 네 가지 성질을 만족한다.

(a) $\mathbb{R} \in \mathscr{T}$ ($\mathbb{R}$ 은 열린집합이다.)

(b) $\varnothing \in \mathscr{T}$ ($\varnothing$ 는 열린집합이다.)

(c) G_i $(i = 1, 2, \cdots, n) \in \mathscr{T}$ 이면 $\bigcap_{i=1}^{n} G_i \in \mathscr{T}$ 이다.
(유한개의 열린집합의 교집합은 열린집합이다.)

(d) G_λ $(\lambda \in \Lambda) \in \mathscr{T}$ 이면 $\bigcup_{\lambda \in \Lambda} G_\lambda \in \mathscr{T}$ 이다.
(임의 개수의 열린집합의 합집합은 열린집합이다.)

〉〉 **증명스케치** 열린집합의 정의를 활용한다.

예제 2 (1) $G_n = \left(0,\ 1 + \dfrac{1}{n}\right)$, $n \in \mathbb{N}$ 이라 하면 모든 G_n은 열린집합이지만 $\bigcap_{n=1}^{\infty} G_n = (0,\ 1]$은 열린집합이 아니다. 이것은 정리 2.25의 (c)에서 유한개의 열린집합들의 교집합으로 제한한 이유가 된다.

(2) $G_n = \left(\dfrac{2}{n},\ 1\right)$, $(n \in \mathbb{N} \setminus \{1, 2\})$은 모두 열린집합이며
$\bigcup_{n=3}^{\infty} G_n = \bigcup_{n=3}^{\infty} \left(\dfrac{2}{n},\ 1\right) = (0,\ 1)$은 열린집합이다.

정리 2.26

닫힌집합의 특성

$\mathbb{R}$ 의 부분집합 중 닫힌집합들의 전체 모임을 $G = \{F \subset \mathbb{R} : F$는 닫힌집합$\}$라 하면 G는 다음의 네 가지 성질을 만족한다.

(a) $\mathbb{R} \in G$ ($\mathbb{R}$ 은 닫힌집합이다.)

(b) $\varnothing \in G$ ($\varnothing$ 는 닫힌집합이다.)

(c) F_i $(i = 1, 2, \cdots, n) \in G$이면 $\bigcup_{i=1}^{n} F_i \in G$이다.
(유한개의 닫힌집합의 합집합은 닫힌집합이다.)

(d) F_λ $(\lambda \in \Lambda) \in G$이면 $\bigcap_{\lambda \in \Lambda} F_\lambda \in G$이다.
(임의 개의 닫힌집합의 교집합은 닫힌집합이다.)

》 증명스케치 정리 2.25의 결과를 활용한다.

예제 3 (1) 집합 $A=\{a_1,\ a_2,\ \cdots,\ a_n\}$, $a_i(i=1,\ \cdots,\ n)\in\mathbb{R}$ 은 정리 2.26의 (c)에 의해 닫힌집합이다.

(2) 닫힌집합 $A_n=\{n\}\ (n\in\mathrm{N})$의 합집합 $\mathrm{N}=\bigcup_{n\in\mathrm{N}}A_n=\bigcup_{n\in\mathrm{N}}\{n\}$은 $\mathrm{N}^c=(-\infty,\ 1)\cup\left(\bigcup_{n\in\mathrm{N}}(n,\ n+1)\right)$이 열린집합이므로 닫힌집합이다. (참고, 정리 2.25(d))

(3) $F_n=\left[1+\dfrac{1}{n},\ 2\right]$, $n\in\mathrm{N}$이라 하면, $F_n^c=\left(-\infty,\ 1+\dfrac{1}{n}\right)\cup(2,\ \infty)$이 열린집합이므로 각각의 F_n은 닫힌집합이지만, $\left(\bigcup F_n\right)^c=(1,\ 2]^c=(-\infty,\ 1]\cup(2,\ \infty)$이 열린집합이 아니므로 $\bigcup F_n=(1,\ 2]$은 닫힌집합이 아니다.

(4) $F_n=\left[\dfrac{2}{n},\ 1\right]$, $(n\in\mathrm{N}\setminus\{1\})$이라 하면 모든 $F_n\ (n\in\mathrm{N}\setminus\{1\})$은 닫힌집합이며, $\bigcap_{n=2}^{\infty}F_n=\{1\}$은 닫힌집합이다.

열린구간은 열린집합이므로 정리 2.25(d)에 의해 임의 개의 열린구간들의 합집합은 열린집합이다. 하지만, 역으로 열린집합은 임의 개의 열린구간들의 합으로 나타낼 수 있을까?가 관심거리이다.

정리 2.27

공집합이 아닌 열린집합 O는 임의 개의 열린구간들의 합집합으로 표현된다.

》 증명 열린집합의 정의에 의해 O의 임의 원소 x에 대해 $x\in N(x,\ \varepsilon(x))\subset O$를 만족하는 x의 $\varepsilon(x)$-근방이 존재한다. 따라서 $O=\bigcup_{x\in O}\{x\}\subset\bigcup_{x\in O}N(x,\ \varepsilon(x))\subset O$이다.

연습문제

1. $G_n = \left(0,\ 1+\dfrac{1}{n}\right)$ $(n \in \mathbb{N})$이면 $\bigcap_n G_n = (0,\ 1]$임을 보이시오.

2. 유한집합 B는 닫힌집합임을 증명하시오.

3. 유리수 집합 $\mathbb{Q}$는 닫힌집합도 아니고 열린집합도 아님을 보이시오.

제3장 수렴하는 수열들의 공간

◈ 학습 내용

수렴하는 수열의 집합이 하나의 벡터공간임을 확인하고 부분수열, 유계수열, 단조수열, Cauchy 수열 등을 극한의 존재성과 관련하여 학습한다. 또한 단조수렴정리, Cauchy 수렴판정법을 학습한다.

3.1 수열과 수렴

정의 3.1 실수열은 정의역이 자연수 집합 $\mathbb{N}$이고 변역이 실수 집합 $\mathbb{R}$인 함수이다. 임의 $n \in \mathbb{N}$에 대한 함숫값 $f(n)$을 x_n으로 쓰고 실수열 f를 $\langle x_n \rangle$으로 나타낸다.

실수열들의 집합을 $S(\mathbb{R}) = \{\langle x_n \rangle : x_n \in \mathbb{R},\ n \in \mathbb{N}\}$이라 하고 $S(\mathbb{R})$에서 임의 원소들의 동등성, 연산 등을 포함한 대수적 특성을 다룬다.

정의 3.2 $S(\mathbb{R})$의 두 원소 $\langle x_n \rangle$, $\langle y_n \rangle$이 서로 같다는 것은 임의 $n \in \mathbb{N}$에 대해 $x_n = y_n$을 의미하며, 이때 $\langle x_n \rangle = \langle y_n \rangle$이라고 쓴다. $S(\mathbb{R})$에 속하는 임의 수열 $\langle x_n \rangle$, $\langle y_n \rangle$과 임의 실수 k에 대해 다음과 같이 수열의 더하기, 곱하기 및 실수 곱하기를 정의하면 $S(\mathbb{R})$은 이 연산에 대해 닫혀 있다.

(i) $\langle x_n \rangle \oplus \langle y_n \rangle = \langle x_n + y_n \rangle$

(ii) $\langle x_n \rangle \otimes \langle y_n \rangle = \langle x_n \cdot y_n \rangle$

(iii) $k \odot \langle x_n \rangle = \langle k x_n \rangle$

뺄셈연산 $\ominus$는 $\langle x_n \rangle \ominus \langle y_n \rangle = \langle x_n \rangle \oplus \langle -y_n \rangle = \langle x_n - y_n \rangle$을 의미하며 나눗셈 연산 $\oplus$는 $\langle x_n \rangle \oplus \langle y_n \rangle = \langle x_n \rangle \otimes \left\langle \dfrac{1}{y_n} \right\rangle = \left\langle \dfrac{x_n}{y_n} \right\rangle$을 의미한다.

정의 3.3 수열 $\langle x_n \rangle$에 대해, 어떤 실수 x가 존재하여 임의의 양수 ε에 대해 적당한 자연수 $K(\varepsilon)$이 존재해서 $n > K(\varepsilon)$인 모든 자연수 n에 대해 $|x_n - x| < \varepsilon$이 성립하면 수열 $\langle x_n \rangle$은 x에 수렴한다고 하고 x를 수열 $\langle x_n \rangle$의 극한이라고 한다. 그리고

$$\lim_{n \to \infty} x_n = x, \quad \lim_{n} x_n = x$$

등으로 쓴다. 한편, 수열 $\langle x_n \rangle$이 수렴하지 않으면 그 수열은 발산한다고 한다.

예제 1 (1) 수열 $\left\langle \frac{1}{n} \right\rangle$은 0으로 수렴한다. Archimedean 특성에 의해, 임의 양수 ε에 대해 $\frac{1}{K(\varepsilon)} < \varepsilon$을 만족하는 자연수 $K(\varepsilon)$이 존재한다.

(2) 수열 $\left\langle \frac{2+(-1)^n}{n} \right\rangle$은 0으로 수렴한다. 임의 양수 ε에 대해 $\frac{3}{K(\varepsilon)} < \varepsilon$을 만족하는 자연수 $K(\varepsilon)$이 존재한다.

(3) 수열 $\left\langle \frac{3n+2}{n+1} \right\rangle$은 3으로 수렴한다. 임의 양수 ε에 대해 $\frac{1}{K(\varepsilon)} < \varepsilon$을 만족하는 자연수 $K(\varepsilon)$이 존재한다.

(4) $0 < b < 1$이면 $\lim_n b^n = 0$이다. 임의 양수 ε에 대해 $K(\varepsilon) > \ln\varepsilon / \ln b$를 만족하는 자연수 $K(\varepsilon)$이 존재한다.

(5) $a > 1$이면 수열 $\left\langle \frac{1}{a^n} \right\rangle$의 극한은 0이다. $a^n := (1+b)^n > 1+nb \ (b>0)$를 이용하여 임의 양수 ε에 대해 $\frac{1}{K(\varepsilon)\cdot b} < \varepsilon$을 만족하는 자연수 $K(\varepsilon)$을 구한다.

정리 3.1

수열 $\langle x_n \rangle$이 실수 x에 수렴하는 것을 의미하는 다음의 두 명제는 서로 동치이다.

(i) x의 임의의 ε-근방 $N(x, \varepsilon)$에 대해 적당한 자연수 $K(\varepsilon)$이 존재하여, $n > K(\varepsilon)$인 모든 자연수 n에 대해 $x_n \in N(x, \varepsilon)$이다.

(ii) x를 포함하는 임의의 열린집합 O에 대해 적당한 자연수 $K(O)$가 존재하여 $n > K(O)$인 모든 자연수 n에 대해 $x_n \in O$이다.

》증명스케치 (i) ⇒ (ii) x를 포함하는 임의의 열린집합 O에 대해 x의 적당한 ε-근방 $N(x, \varepsilon)$이 존재해서 $N(x, \varepsilon) \subset O$이 성립한다.

(ii) ⇒ (i) $N(x,\varepsilon)$은 x를 품는 하나의 열린집합이다.

정리 3.2

수열 $\langle x_n \rangle$이 수렴하면, 그 극한은 하나이다.

》증명스케치 두 개의 극한을 가정하여, $\langle x_n \rangle$의 수렴의 정의를 이용하여 모순을 끌어낸다.

정의 3.4 수열 $\langle x_n \rangle$의 치역 $\{x_n : n \in \mathbb{N}\}$이 위로 유계인 집합이면 (즉, 적당한 실수 M이 존재해서 모든 자연수 n에 대해 $x_n \le M$) 수열 $\langle x_n \rangle$은 위로 유계라 하고, 반대로 $\{x_n : n \in \mathbb{N}\}$이 아래로 유계인 집합이면 수열 $\langle x_n \rangle$은 아래로 유계라고 한다. 집합 $\{x_n : n \in \mathbb{N}\}$이 동시에 위로 유계이고 아래로 유계일 때 수열 $\langle x_n \rangle$은 유계라고 한다.

수렴하는 수열들의 집합을 $CS(\mathbb{R})$이라 하면 $CS(\mathbb{R}) \subsetneq S(\mathbb{R})$이다. 유계 수열들의 집합을 $BS(\mathbb{R})$이라고 하면, $BS(\mathbb{R})$과 $CS(\mathbb{R})$의 관계성을 다룰 필요가 있다. 다음의 정리는 이것을 설명한다.

정리 3.3

$CS(\mathbb{R}) \subsetneq BS(\mathbb{R})$이 성립한다.

》**증명** $\langle x_n \rangle \in CS(\mathbb{R})$이면 $\lim\limits_{n} x_n = x$가 존재한다. $\varepsilon = 1$에 대해 적당한 자연수 $K(1)$이 존재해서 $n > K(1)$인 모든 자연수 n에 대해 $|x_n - x| < 1$이 된다. $|x_n| - |x| \le |x_n - x|$이므로 $|x_n| < |x| + 1$이다.

$$M = \max\{|x_1|, |x_2|, \cdots, |x_{K(1)-1}|, |x_{K(1)}|, |x| + 1\}$$

이라 하면 모든 자연수 n에 대해 $|x_n| \le M$이 성립한다. 따라서 $\langle x_n \rangle \in BS(\mathbb{R})$이다. 한편, $\langle (-1)^n \rangle \in BS(\mathbb{R})$이지만 $\langle (-1)^n \rangle \notin CS(\mathbb{R})$이다.

$CS(\mathbb{R})$은 $S(\mathbb{R})$에서 다룬 수열의 여러 가지 연산에 관해 닫혀 있음을 확인 할 필요가 있다.

정리 3.4

$\langle x_n \rangle$, $\langle y_n \rangle \in CS(\mathbb{R})$, $k \in \mathbb{R}$ 이면

(i) $\langle x_n \rangle \oplus \langle y_n \rangle \in CS(\mathbb{R})$

(ii) $\langle x_n \rangle \ominus \langle y_n \rangle \in CS(\mathbb{R})$

(iii) $\langle x_n \rangle \otimes \langle y_n \rangle \in CS(\mathbb{R})$

(iv) $\langle x_n \rangle \oplus \langle y_n \rangle \in CS(\mathbb{R})$ (단, $y_n \neq 0$, $n \in \mathbb{N}$)

(v) $k \odot \langle x_n \rangle \in CS(\mathbb{R})$

이다. 또한

$$\lim_n (x_n + y_n) = \lim_n x_n + \lim_n y_n$$

$$\lim_n (x_n - y_n) = \lim_n x_n - \lim_n y_n$$

$$\lim_n (x_n \cdot y_n) = \lim_n x_n \cdot \lim_n y_n$$

$$\lim_n (x_n / y_n) = \lim_n x_n / \lim_n y_n \ (\text{단, } \lim_n y_n \neq 0)$$

$$\lim_n (k \cdot x_n) = k \cdot \lim_n x_n$$

이 성립한다.

》증명 $\lim_n x_n = x$, $\lim_n y_n = y$라 하자.

(i) 임의 양수 ε에 대해 자연수 $K_1(\varepsilon)$과 $K_2(\varepsilon)$이 존재해서

$$n \geq K_1(\varepsilon)\text{이면 } |x_n - x| < \frac{\varepsilon}{2}$$

$$n \geq K_2(\varepsilon)\text{이면 } |y_n - y| < \frac{\varepsilon}{2}$$

이 성립한다. $K = \max\{K_1(\varepsilon),\ K_2(\varepsilon)\}$이라 하면 $n > K$를 만족하는 모든 자연수 n에 대해

$$|(x_n + y_n) - (x + y)| \leq |x_n - x| + |y_n - y| < \frac{\varepsilon}{2} + \frac{\varepsilon}{2} = \varepsilon$$

이므로 $\lim_n (x_n + y_n)$이 존재하고 그 값은 $x + y = \lim_n x_n + \lim_n y_n$이다.

(iii) $\langle x_n \rangle \in BS(\mathbb{R})$이므로 모든 자연수 n에 대해 $|x_n| \leq M$인 양수 M이 존재한다. 한편, 임의 양수 ε에 대해 자연수 K_1, K_2가 존재해서 $n > K_1$이면 $|x_n - x| < \varepsilon$이고 $n > K_2$이면 $|y_n - y| < \varepsilon$이므로 자연수 $K = \max\{K_1,\ K_2\}$에 대해 $n > K$이면

$$\begin{aligned} |x_n y_n - xy| &= |x_n y_n - x_n y + x_n y - xy| \\ &\leq |x_n||y_n - y| + |y||x_n - x| \\ &= M\varepsilon + |y|\varepsilon \\ &= (M + |y|)\varepsilon \end{aligned}$$

이다. 따라서 $\lim_n x_n y_n$이 존재하고 그 값은 $xy = \lim_n x_n \cdot \lim_n y_n$이다.

(iv) 특정한 양수 $\varepsilon = \frac{|y|}{2}$ $(y = \lim_n y_n \neq 0)$에 대해 적당한 자연수 K_1이 존재해서 $n > K_1$이면 $|y_n - y| < \frac{|y|}{2}$이 성립한다. $|y| - |y_n| \leq |y_n - y|$이므로 $|y_n| > \frac{|y|}{2}$이다. 한편, 임의 양수 ε에 대해 적당한 자연수 K_2가 존재해서 $n > K_2$이면 $|y_n - y| < \varepsilon$이 성립한다. 따라서 자연수 $K = \max\{K_1, K_2\}$에 대해 $n > K$이면

$$\left|\frac{1}{y_n} - \frac{1}{y}\right| = \frac{|y_n - y|}{|y_n||y|} < \frac{2\varepsilon}{|y|^2}$$

이므로 $\lim_{n \to \infty} \frac{1}{y_n}$이 존재하며 그 값은 $\frac{1}{y}$이다. (iii)을 적용하면

$$\begin{aligned} \lim_n (x_n / y_n) &= \lim_n x_n \cdot \lim_n \frac{1}{y_n} \\ &= x \cdot \frac{1}{y} \\ &= \frac{x}{y} \end{aligned}$$

이다. 그러므로 $\lim_n (x_n / y_n)$이 존재하고 그 값은 $\frac{x}{y} = \frac{\lim_n x_n}{\lim_n y_n}$이다.

(v) 임의 양수 ε에 대해 적당한 자연수 K가 존재해서 $n > K$이면 $|x_n - x| < \varepsilon$이므로

$$|kx_n - kx| = |k||x_n - x| < |k|\varepsilon \ (\text{단, } k \neq 0).$$

따라서, $\lim_n (kx_n) = kx = k \cdot \lim_n x_n$이다. $k = 0$인 경우는 자명함을 알 수 있다.

정리 3.5

$CS(\mathbb{R})$은 하나의 벡터공간이다. 앞의 정리의 (i)과 (v)로부터 $CS(\mathbb{R})$이 더하기와 실수 곱하기에 의해 닫혀 있음을 알 수 있다. 임의 수렴하는 $\langle x_n \rangle$, $\langle y_n \rangle$, $\langle z_n \rangle \in CS(\mathbb{R})$와 실수 k와 ℓ에 대해,

(i) $\langle x_n \rangle \oplus \langle y_n \rangle = \langle x_n + y_n \rangle = \langle y_n + x_n \rangle = \langle y_n \rangle \oplus \langle x_n \rangle$이며,

(ii) $$\begin{aligned} (\langle x_n \rangle \oplus \langle y_n \rangle) \oplus \langle z_n \rangle &= \langle x_n + y_n \rangle \oplus \langle z_n \rangle \\ &= \langle (x_n + y_n) + z_n \rangle \end{aligned}$$

$= \langle x_n + (y_n + z_n) \rangle$

$= \langle x_n \rangle \oplus \langle y_n + z_n \rangle$

$= \langle x_n \rangle \oplus (\langle y_n \rangle \oplus \langle z_n \rangle)$이고,

(iii) $\langle 0 \rangle \in CS(\mathbb{R})$이 존재해서 임의의 수렴하는 수열 $\langle x_n \rangle \in CS(\mathbb{R})$에 대해 $\langle 0 \rangle \oplus \langle x_n \rangle = \langle 0 + x_n \rangle = \langle x_n \rangle$가 성립한다.

(iv) $\langle x_n \rangle \oplus \langle -x_n \rangle = \langle 0 \rangle$을 만족하는 $\langle -x_n \rangle \in CS(\mathbb{R})$이 존재하고,

(v) $k \cdot (\langle x_n \rangle \oplus \langle y_n \rangle) = k \langle x_n + y_n \rangle$

$= \langle k(x_n + y_n) \rangle$

$= \langle kx_n + ky_n \rangle$

$= \langle kx_n \rangle \oplus \langle ky_n \rangle$

$= k\langle x_n \rangle \oplus k\langle y_n \rangle$이며,

(vi) $(k+\ell)\langle x_n \rangle = \langle (k+\ell)x_n \rangle$

$= \langle kx_n + \ell x_n \rangle$

$= \langle kx_n \rangle \oplus \langle \ell x_n \rangle$

$= k\langle x_n \rangle \oplus \ell \langle x_n \rangle$이고

(vii) $(k\ell)\langle x_n \rangle = \langle (k\ell)x_n \rangle$

$= \langle k(\ell x_n) \rangle$

$= k\langle \ell x_n \rangle$

$= k(\ell \langle x_n \rangle)$이며

(viii) $1 \cdot \langle x_n \rangle = \langle 1 \cdot x_n \rangle$

$= \langle x_n \rangle$이다.

따라서 $CS(\mathbb{R})$은 하나의 벡터공간(vector space)이다.

정리 3.6

"수열 $\langle x_n \rangle$이 실수 x에 수렴하지 않는다"는 다음과 동치이다.

(i) 어떤 적당한 양수 ε_0가 존재해서, 임의 자연수 $n \in \mathbb{N}$에 대해 적당한 자연수 m이 존재하여 $m > n$이지만 $|x_m - x| \geq \varepsilon_0$임을 의미한다.

(ii) x의 어떤 적당한 ε_0-근방 $N(x, \varepsilon_0)$가 존재하여 임의 자연수 $n \in \mathbb{N}$에 대해 적당한 자연수 m이 존재해서 $m > n$이지만 $x_m \notin N(x, \varepsilon_0)$를 의미한다.

(iii) x를 품는 어떤 적당한 열린집합 O가 존재하여 임의 자연수 $n\in\mathbb{N}$에 대해 적당한 자연수 m이 존재해서 $m>n$이지만 $x_m \notin O$를 의미한다.

예제 2 수열 $\langle n\rangle$은 수렴하지 않는다.

왜냐하면, $\varepsilon_0=1$로 잡아 임의 실수 x와 임의 자연수 n에 대해 $m>x+1$이고 $m>n$인 자연수 m을 택하면 $m>n$이지만 $|x_m-x|=|m-x|>1$이다.

정의 3.5 수열 $\langle x_n\rangle$이 ∞ [또는, $-\infty$]로 발산한다는 것은 임의 양수 M [또는, 임의 음수 N]에 대해 적당한 자연수 $K(M)$ [또는, $K(N)$]이 존재하여 $n>K(M)$ [또는, $n>K(N)$]인 모든 자연수 n에 대해 $x_n>M$ [또는, $x_n<N$]을 의미한다. 이때 $\lim_n x_n=\infty$ [또는, $\lim_n x_n=-\infty$]로 쓴다.

예제 3 $\lim_n n^2=\infty$이다.

왜냐하면, 임의 양수 M에 대해 $K>\sqrt{M}$이 되는 자연수 K를 택하면 $n>K$인 모든 자연수 n에 대해 $n^2>K^2>M$이다.

연 습 문 제

1. 수열 $X=\langle x_n\rangle$과 $X+Y=\langle x_n\rangle+\langle y_n\rangle$이 수렴하면 수열 $Y=\langle y_n\rangle$도 수렴함을 증명하시오.

2. 수열 $\langle x_n\rangle$의 극한을 양수 x라 하면 적절한 자연수 K가 존재해서 $n\geq K$이면 $\frac{1}{2}x<x_n<2x$가 성립한다.

3. 수렴하는 수열 $\langle x_n\rangle$의 극한은 단 하나임을 보이시오.

4. 무리수 q에 증가수렴하는 유리수열이 존재함을 보이시오.

5. 유리수 r에 증가수렴하는 무리수열이 존재함을 보이시오.

3.2 부분수열

수열 $\langle(-1)^n\rangle$의 홀수번째 항을 순서대로 나열한 수열은 $\langle -1\rangle$이고 짝수번째 항을 순서대로 나열한 수열은 $\langle 1\rangle$이다. 처음 주어진 수열 $\langle(-1)^n\rangle$은 수렴하지 않지만 두 개의 새로 만들어진 수열은 각각 1과 -1로 수렴한다. 수렴하지 않는 원래의 수열에서 수렴하는 수열을 뽑아내어 응용하는 것은 중요한 일이다. 제4과에서 다루는 수열에 관한 Bolzano-Weierstrass 정리(정리 3.14, 정리 3.15)가 그것과 관련한 핵심적인 내용이 될 것이다.

정의 3.6 주어진 수열 $\langle x_n\rangle$의 항을 임의로 무한개를 뽑아 순서를 바꾸지 않고 새로운 첨자 $\{n_k\in\mathbb{N} : k\in\mathbb{N}\}$을 붙여서 얻은 수열 $\langle x_{n_k}\rangle$을 $\langle x_n\rangle$의 부분수열(subsequence)이라 하고 $\langle x_n\rangle$을 원수열(original sequence)이라 한다.

(1) 함수 $f:\mathbb{N}\to\mathbb{N}$이 강증가 할 때 수열 $\langle x_{f(n)}\rangle_{n=1}^{\infty}$을 원수열 $\langle x_n\rangle_{n=1}^{\infty}$의 부분수열이라고 한다. 여기서 $m<n$이면 $f(m)<f(n)$이다.

(2) $\langle n_k\rangle_{k=1}^{\infty}$가 강증가하는 자연수 수열이면 (즉, $n_k<n_{k+1}\ \ \forall k\in\mathbb{N}$), 수열 $\langle x_{n_k}\rangle_{k=1}^{\infty}$을 원수열 $\langle x_n\rangle_{n=1}^{\infty}$의 부분수열이라고 한다.

주어진 수열 $\langle x_n\rangle$을 함수 $f:\ \mathbb{N}\to\mathbb{R}$이라 하고 함수 $g:\ \mathbb{N}\to\mathbb{N}$를 $g(k)=n_k$로 정의하여 $g(k)<g(k+1)$가 성립한다고 할 때, $(f\circ g)(k)=f(g(k))=f(n_k)=x_{n_k}$로 정의된 합성함수 $f\circ g$가 원함수 f의 부분수열이다.

한편, g가 강증가함수이므로 $k<\ell$이면 $n_k<n_\ell$이며, 또는 유한의 경우를 제외하고는 $k\le n_k\ \ (k\in\mathbb{N})$이다.

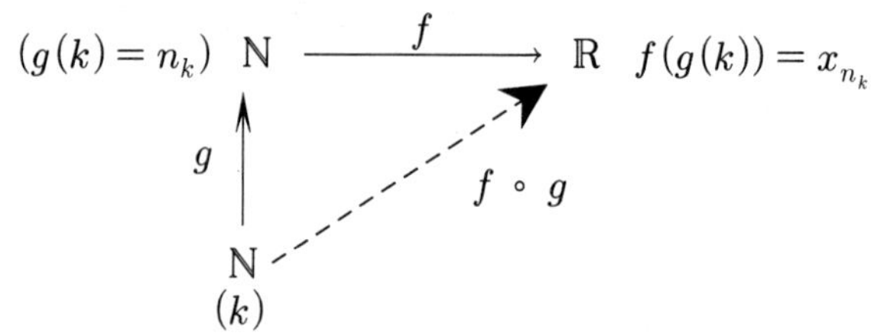

자연수열 $\langle n_k \rangle$는 함수 g를 의미하며 실수열 $\langle x_n \rangle$은 함수 f를 의미한다. 따라서 실수열 $\langle x_{g(k)} \rangle = \langle x_{n_k} \rangle$은 합성함수 $f \circ g$를 의미한다.

예제 4 ① 주어진 수열은 $f = \langle x_n \rangle = \left\langle \frac{1}{n} \right\rangle$이라 하자. 함수 $g:\ \mathrm{N} \to \mathrm{N}$을 $g(k) = 2k$로 정의하면 $n_k = 2k$이므로 수열 $f = \left\langle \frac{1}{n} \right\rangle$의 부분수열은

$$f \circ g = \langle x_{g(k)} \rangle = \langle x_{n_k} \rangle = \left\langle \frac{1}{2k} \right\rangle$$

이다. 즉 $f = \left\langle 1,\ \frac{1}{2},\ \frac{1}{3},\ \frac{1}{4},\ \cdots,\ \frac{1}{n},\ \cdots \right\rangle$이고 $f \circ g = \left\langle \frac{1}{2},\ \frac{1}{4},\ \frac{1}{6},\ \cdots,\ \frac{1}{2n},\ \cdots \right\rangle$이다.

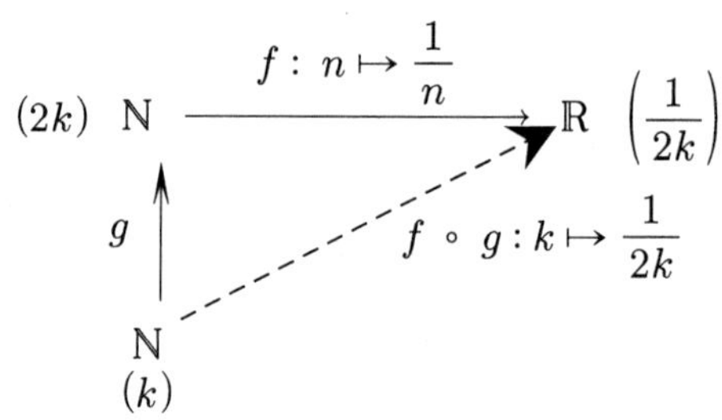

② 수열 $\langle n+3 \rangle$은 수열 $\langle n \rangle$의 부분수열이다. $f = \langle n \rangle$이라 하고 함수 $g:\ \mathrm{N} \to \mathrm{N}$을 $g(k) = k+3$으로 정의하면 부분수열은

$$f \circ g = \langle x_{g(k)} \rangle = \langle x_{n_k} \rangle = \langle x_{n+3} \rangle = \langle n+3 \rangle$$

이다.

③ 수열 $f = \langle (-1)^n \rangle$의 두 개의 부분수열 $\langle -1 \rangle$과 $\langle 1 \rangle$에 대한 강증가 함수 $g:\ \mathrm{N} \to \mathrm{N}$은 각각 $g(k) = 2k-1,\ g(k) = 2k$이다.

정리 3.7

수열 $\langle x_n \rangle$이 실수 x에 수렴하면 $\langle x_n \rangle$의 부분수열 $\langle x_{n_k} \rangle$도 x에 수렴한다.

》**증명스케치** $\langle n_k \rangle$는 강증가하는 자연수열이며 임의 자연수 k에 대해 $n_k \ge k$가 성립한다.

정리 3.8

부분수열과 관련하여, 수렴하지 않는 수열 $\langle x_n \rangle$에 관한 다음의 내용은 서로 동치이다.

(i) 수열 $\langle x_n \rangle$이 실수 x에 수렴하지 않는다.

(ii) 어떤 양수 ε_0가 존재해서, 임의 자연수 $k \in \mathbb{N}$에 대해 적당한 자연수 $n_k \ge k$가 $|x_{n_k} - x| \ge \varepsilon_0$를 만족한다.

(iii) 어떤 양수 ε_0와 부분수열 $\langle x_{n_k} \rangle$가 존재해서 모든 k에 대해 $|x_{n_k} - x| \ge \varepsilon_0$이 성립한다.

》**증명** (i) ⇒ (ii)

수열 $\langle x_n \rangle$이 x에 수렴하지 않으면, 어떤 양수 ε_0에 대해 "$n \ge k$이면 $|x_n - x| < \varepsilon_0$"이 성립하는 자연수 k를 구할 수 없다. 이것은 각 자연수 k에 대해 "$n \ge k$이면 $|x_n - x| < \varepsilon_0$이 성립한다"는 것이 사실이 아님을 의미한다. 즉 임의 각 자연수 k에 대해 어떤 자연수 $n_k \ge k$가 존재해서 $|x_{n_k} - x| \ge \varepsilon_0$가 됨을 뜻한다.

(ii) ⇒ (iii)

(ii)가 성립한다고 가정하자. 먼저 $n_1 \ge 1$이고 $|x_{n_1} - x| \ge \varepsilon_0$인 자연수 n_1을 택하자. 이어 $n_2 > n_1$이고 $|x_{n_2} - x| \ge \varepsilon_0$인 자연수 n_2를 택하자. 또 $n_3 > n_2$이고 $|x_{n_3} - x| \ge \varepsilon_0$인 자연수 n_3를 택하자. 이와 같이 계속하여 $|x_{n_k} - x| \ge \varepsilon_0$를 만족하는 부분수열 $\langle x_{n_k} \rangle$를 얻는다.

(iii) ⇒ (i)

(iii)이 성립한다고 가정하자. 만일 수열 $\langle x_n \rangle$이 x에 수렴하면 정리 3.7에 의해 부분수열 $\langle x_{n_k} \rangle$도 x에 수렴한다. $|x_{n_k} - x| \ge \varepsilon_0$이므로 이것은 모순이다.

연습문제

1. 수열 $\langle x_n \rangle$이 유계이고 $s_n = \sup x_k \quad (n \in \mathrm{N})$, $s = \inf s_n$이면 s에 수렴하는 $\langle x_n \rangle$의 부분수열이 존재함을 보이시오.

2. 위의 문제에서 수열 $\langle x_n \rangle$이 유계이어야 한다는 것이 필수적임을 예를 들어 보이시오.

3. 만일 수열 $\langle x_n \rangle$이 비유계(unbounded)이면 $\lim\limits_{k \to \infty} \dfrac{1}{x_{n_k}} = 0$가 되는 부분수열 $\langle x_{n_k} \rangle$가 존재함을 보이시오.

4. 수열 $\langle 3n+1 \rangle$은 수열 $\langle 3n-5 \rangle$의 부분수열임을 설명하시오 (함수 $g : \mathrm{N} \to \mathrm{N}$를 먼저 구하여 설명).

3.3 단조수열

수렴하는 수열의 극한을 구하는 것도 중요한 일이지만, 주어진 수열이 수렴하는가? 혹은 수렴하지 않는가?를 확인하는 것도 중요한 일이다. 3.3에서는 단조수열에 한하여 그것의 수렴 여부를 판정하는 공부를 하겠다.

정의 3.7 수열 $\langle x_n \rangle$이 모든 자연수 n에 대해

$$x_n \leq x_{n+1}$$

을 만족할 때 $\langle x_n \rangle$을 증가수열(increasing sequence)이라 하고

$$x_n \geq x_{n+1}$$

을 만족할 때 $\langle x_n \rangle$을 감소수열(decreasing sequence)이라고 한다. 또한 증가

수열과 감소수열을 통틀어 단조수열(monotone sequence)이라고 한다. 특히 $x_n < x_{n+1}$ $(n \in \mathbb{N})$이면 강증가수열(strictly increasing sequence), $x_n > x_{n+1}$ $(n \in \mathbb{N})$이면 강감소수열(strictly decreasing sequence)이라고 한다.

다음은 단조수열의 수렴 여부를 결정짓는 하나의 판정법이다.

정리 3.9

단조수렴정리

(i) 증가하는 수열 $\langle x_n \rangle$이 위로 유계이면 수렴한다.

(ii) 감소하는 수열 $\langle x_n \rangle$이 아래로 유계이면 수렴한다.

》증명 (i) $\langle x_n \rangle$가 위로 유계이므로 완비성 공리에 의해 $\sup x_n$이 존재한다. $x = \sup x_n$이라고 하면, 임의의 양수 ε에 대해 $x-\varepsilon$는 집합 $\{x_n : n \in \mathbb{N}\}$의 상한이 아니므로 $x - \varepsilon < x_K$를 만족하는 실수항 x_K가 존재한다. $\langle x_n \rangle$는 증가하므로 모든 $n \geq K$에 대해

$$x - \varepsilon < x_K \leq x_n \leq x < x + \varepsilon$$

이 된다. 따라서 $\lim_n x_n = x$, 즉 $\lim_n x_n = \sup_n x_n$이다.

(ii) $\langle x_n \rangle$가 감소수열이면 $\langle -x_n \rangle$이 증가하므로 $\lim_n(-x_n) = \sup_n(-x_n)$이 성립한다. 따라서

$$\lim_n x_n = \inf_n x$$

이다.

예제 5 (1) 수열 $\left\langle \frac{1}{\sqrt{n}} \right\rangle$은 유계 감소수열이며 그 극한은 $\lim_n \frac{1}{\sqrt{n}} = \inf_n \frac{1}{\sqrt{n}} = 0$이다.

(2) 수열 $$\begin{cases} x_1 = 1 \\ x_{n+1} = \frac{1}{4}(2x_n + 3)\ (n \geq 1) \end{cases} \tag{3.3.1}$$

의 모든 항은 2보다 작으며 또한 증가하는 수열임을 수학적 귀납법으로 증명할 수 있다. 따라서 단조수렴정리에 의해 그 극한은

$$\lim_n x_n = \sup_n x_n$$

이다. 그러나 $\sup x_n$의 값을 직접 구하는 일이 쉽지 않으므로 (3.3.1)의 양변에 극한을 취하여 구한다.

$$\lim_n x_{n+1} = \lim_n \frac{1}{4}(2x_n + 3)$$

이므로 극한을 x라 하면

$$x = \frac{1}{4}(2x + 3)$$

이므로, 극한은 $x = \dfrac{3}{2}$이다.

(3) 수열 $\left\langle \left(1 + \dfrac{1}{n}\right)^n \right\rangle$은 3에 의해 위로 유계이며 또한 단조증가하므로 단조수렴정리에 의해 $\lim_n x_n = \sup_n x_n$이 존재한다. 이 극한값을

$$e = \lim_{n\to\infty}\left(1 + \frac{1}{n}\right)^n$$

로 나타낸다.

3.4 Bolzano-Weierstrass 정리

수열 $\left\langle \dfrac{1}{n} \right\rangle$은 닫힌집합 $[0, 1]$에 속하며 그 극한 $\lim_{n\to\infty} \dfrac{1}{n} = 0$도 $[0, 1]$에 속한다. 그렇다면, 닫힌집합 $[0, 1]$에 속하는 모든 수열의 극한은 $[0, 1]$에 속할까? 하는 의문을 가질 수 있다.

다음 정리는 닫힌집합의 특성을 수열의 극한과 관련하여 다룬 내용이다.

정리 3.10

$\mathbb{R}$의 부분집합 F가 닫힌집합이면 F에 속하는 모든 수렴하는 수열의 극한은 F에 속한다. 그리고 그 역도 성립한다.

》증명 (⇒) $\langle x_n \rangle$을 F에 속하는 수렴하는 수열이라고 하고, $\lim_{n\to\infty} x_n = x$라 하자. 만일 $x \notin F$이면 $x \in F^c$이고 F^c는 열린집합이므로 $x \in N(x, \varepsilon) \subset F^c$를 만족하는 x의 ε-근방이 존재한다. 한편, $x = \lim_{n\to\infty} x_n$이므로 그 양수 ε에 대해 $x_{K(\varepsilon)} \in N(x, \varepsilon)$인 자연수 $K(\varepsilon)$이 존재한다. 따라서 $x_{K(\varepsilon)} \in F^c$이 되며, 이것은 모든 x_n이 F에 속한다는 사실에 모순이 된다. 따라서 $x \in F$이다.

(⇐) 만일 F가 닫힌집합이 아니면 F^c는 열린집합이 아니므로 어떤 원소 x_0가 F^c에 존재해서 모든 양수 ε에 대해 $N(x_0, \varepsilon) \not\subset F^c$를 만족한다. 따라서 임의 $\frac{1}{n}(n \in \mathbb{N})$에 대해 $N\left(x_0, \frac{1}{n}\right) \cap F \neq \varnothing$이다. 그러므로 각 자연수 $n \in \mathbb{N}$에 대해 $x_n \in N\left(x_0, \frac{1}{n}\right) \cap F$인 수열 $\langle x_n \rangle$을 구할 수 있다. 즉 $x_n \in F$ $(n \in \mathbb{N})$이고 $|x_n - x_0| < \frac{1}{n}$이다. 가정에 의해 $\lim_{n\to\infty} x_n = x_0 \in F$이므로 $x_0 \in F^c$에 모순이다. 따라서 F는 닫힌집합이다.

정의 3.8 $\langle A_n \rangle$을 실수집합 $\mathbb{R}$의 부분집합열이라고 하자. 모든 $n \in \mathbb{N}$에 대해 $A_n \subset A_{n+1}$이면 $\langle A_n \rangle$이 증가한다고 하고, $A_n \supset A_{n+1}$이면 $\langle A_n \rangle$이 감소한다고 한다.

예제 6 유계 열린구간열 $\langle I_n \rangle = \left\langle \left(0, \frac{1}{n}\right) \right\rangle$은 감소하며, 그것의 교집합 $A = \bigcap_{n=1}^{\infty} I_n$은 공집합이다. 실제로, 만일 $a \in \bigcap_{n=1}^{\infty} I_n$라면 모든 $n \in \mathbb{N}$에 대해

$$0 < a < \frac{1}{n}$$

이 되어 양수 a에 대한 Archimedean 특성에 모순이 된다.

반면, 유계 닫힌구간열 $\langle J_n \rangle = \left\langle \left[0, \frac{1}{n}\right] \right\rangle$은 감소하며 그것의 교집합 $B = \bigcap_{n=1}^{\infty} J_n$은 공집합이 아니다.

다음의 정리는 유계 닫힌구간열의 교집합이 공집합이 아님을 보여주고 있다.

정리 3.11

축소구간정리, Nested Interval Theorem

유계 닫힌구간열 $\langle I_n \rangle$이 감소하면 $\bigcap_{n=1}^{\infty} I_n \neq \varnothing$이다.

》증명 $I_n = [a_n, b_n]$이라 하면 집합 $S = \{a_n : n \in \mathbb{N}\}$는 b_1에 의해 위로 유계이므로 $\sup S$가 존재한다. $\sup S = \alpha$라 하면 $a_n \le \alpha \ (n \in \mathbb{N})$이고 $\alpha \le b_n \ (n \in \mathbb{N})$이다.

정의 3.9 a는 실수, 집합 S는 $\mathbb{R}$의 공집합이 아닌 부분집합이라고 하자. a의 임의 ε-근방 $N(a, \varepsilon)$에 대해 $(S \setminus \{a\}) \cap N(a, \varepsilon) \neq \varnothing$일 때 점 a를 집합 S의 집적점(accumulation point)이라고 한다.

예제 7 (1) 집합 $S = (0, 1)$의 집적점들의 집합은 $[0, 1]$이다.

(2) 유한집합 $W = \{a_1, a_2, \cdots, a_n\}$의 집적점들의 집합은 $\varnothing$이다.

(3) 무리수 집합 I의 집적점들의 집합은 실수 집합 $\mathbb{R}$이다.

(4) 자연수 집합 $\mathbb{N}$의 집적점들의 집합은 $\varnothing$이다.

정리 3.12

S는 $\mathbb{R}$의 부분집합이고 c는 실수일 때 다음의 두 명제는 서로 동치이다.

(i) c는 집합 S의 집적점이다.

(ii) c에 수렴하는 수열 $\langle a_n \rangle$가 $S \setminus \{c\}$에 존재한다.

》증명 (i)⇒(ii)

c가 S의 집적점이면 $N\left(a, \dfrac{1}{n}\right) \cap (S \setminus \{c\})$는 공집합이 아니다. 각각의 n에 대해 $N\left(a, \dfrac{1}{n}\right) \cap (S \setminus \{c\})$에 속하는 원소를 a_n이라 하면 $0 < |a_n - c| < \dfrac{1}{n}$이고 $a_n \in S$이다.

(ii)⇒(i)

c에 수렴하는 수열 $\langle a_n \rangle$가 $S \setminus \{c\}$에 존재한다면 임의 양수 ε에 대해 적당한 자연수 K가 존재해서 $n \ge K$이면 $a_n \in N(c, \varepsilon)$이 된다.

따라서 $N(c, \varepsilon) \cap (S \setminus \{c\}) \neq \phi$이다.

예제 8 실수 2는 집합 $S = (0, 2)$의 집적점이다. 실제로, 수열 $\left\langle 1 + \dfrac{n}{n+1} \right\rangle$은 2에 수렴하는 수열로 $S \setminus \{2\}$에 속한다.

정리 3.13

(무한집합에 관한) Bolzano-Weierstrass 정리

유계인 무한집합 S는 적어도 하나의 집적점을 가진다.

》증명스케치 (i) 먼저, 유계집합 S를 품는 유계 닫힌구간 $I_1=[a_1,\ b_1]$를 잡는다.

(ii) I_1를 이등분하여 얻은 두 구간 중 S의 원소를 무한히 많이 갖는 구간을 하나 택하여 그것을 $I_2=[a_2,\ b_2]$라 한다.

(iii) I_2를 이등분하여 얻은 두 구간 중 S의 원소를 무한히 많이 갖는 구간을 하나 택하여 그것을 $I_3=[a_3,\ b_3]$라 한다.

(iv) 이 과정을 무한히 계속하여 S의 원소를 무한히 많이 가지는 유계 닫힌구간열 $\langle I_n\rangle_{n=1}^{\infty}$을 얻는다.

$\langle I_n\rangle$은 감소하므로 축소구간정리에 의해 $\bigcap_{n=1}^{\infty} I_n \neq \varnothing$임을 알 수 있다. 이제 $\bigcap_{n=1}^{\infty} I_n$의 원소가 집합 S의 집적점임을 보이겠다.

$a\in \bigcap_{n=1}^{\infty} I_n$라 하자. 임의 양수 ε에 대해 $\dfrac{b_1-a_1}{2^{N_1}-1}<\varepsilon$을 만족하는 자연수 N_1이 존재한다. 그리고 $\{a_n\}$ 증가수열이므로 $\lim a_n=\sup a_n=a$ $\therefore \forall a>0,\ \exists N_2\in \mathrm{N}$ $: a-\varepsilon<a_{N_2}$ $N=\max(N_1,\ N_2)$이라 하면, $a\in I_N$이므로 $b_N-a_N=\dfrac{b_1-a_1}{2^{N-1}}$로부터

$$a-\varepsilon<a_N\le a\le b_N<a+\varepsilon$$

이 성립함을 알 수 있다. 따라서 $I_N\subset N(a,\ \varepsilon)$이다. I_N은 S의 무한히 많은 원소를 포함하고 있으므로 $N(a,\ \varepsilon)$ 또한 a가 아닌 S의 원소를 가진다. 즉 $\forall \varepsilon>0,\ (S\setminus\{a\})\cap N(a,\ \varepsilon)\neq\varnothing$이다.

정리 3.14

(수열에 관한) Bolzano-Weierstrass 정리

유계수열은 수렴하는 부분수열을 가진다.

》증명 수열 $\langle a_n\rangle$이 유계이면 그 치역 $\{a_n : n\in \mathrm{N}\}$은 유계집합이다.

(i) $\{a_n : n\in \mathrm{N}\}$이 유한집합이면, 그 원소 중 적어도 하나는 무한번 반복된다. 그것을 a라 하면,

$$a_{n_k} = a \ (k \in \mathbb{N}), \ n_i < n_j \ (i < j)$$

를 만족하는 수열 $\langle a_{n_k} \rangle = \langle a \rangle$는 주어진 수열 $\langle a_n \rangle$의 부분수열로 그 극한은 a이다.

(ii) 치역 $\{a_n : n \in \mathbb{N}\}$이 유계인 무한집합이면 (집합에 관한) Bolzano-Weierstrass 정리에 의해 $\{a_n : n \in \mathbb{N}\}$이 집적점을 가진다. 그것을 a라 하자. 그러면 집적점에 관한 정리에 의해 부등식 $0 < |a_{n_1} - a| < 1$을 만족하는 a_{n_1}을 $\{a_n : n \in \mathbb{N}\}$에서 취할 수 있다. 마찬가지로 $n_2 > n_1$이고 부등식 $0 < |a_{n_2} - a| < \frac{1}{2}$를 만족하는 a_{n_2}를 $\{a_n : n \in \mathbb{N}\}$에서 취할 수 있다. 이 과정을 계속해서 모든 자연수 k에 대해 $n_{k+1} > n_k$이고 부등식 $0 < |a_{n_{k+1}} - a| < \frac{1}{k+1}$를 만족하는 부분집합 $\{a_{n_k} : k \in \mathbb{N}\}$을 $\{a_n : n \in \mathbb{N}\}$에서 취할 수 있다. 따라서 부분수열 $\langle a_{n_k} \rangle$는 극한 a를 가진다.

정리 3.15

유계수열 $\langle x_n \rangle$의 수렴하는 부분수열이 모두 실수 x에 수렴하면 원수열 $\langle x_n \rangle$은 x에 수렴한다.

》증명 집합 $\{x_n : n \in \mathbb{N}\}$의 유계를 M이라고 하면 모든 $n \in \mathbb{N}$에 대해 $|x_n| \le M$이다. 만일 $\lim_{n \to \infty} x_n \ne x$이면 정리 3.8 (iii)에 의해 어떤 양수 ε_0와 부분수열 $\langle x_{n_k} \rangle$가 존재해서

$$|x_{n_k} - x| \ge \varepsilon_0 \ (k \in \mathbb{N}) \tag{3.4.1}$$

이 성립한다. 부분수열 $\langle x_{n_k} \rangle$는 유계이므로 Bolzano-Weierstrass 정리에 의해 수렴하는 부분수열 $\langle x_{n_{k_\ell}} \rangle$를 가진다. $\langle x_{n_{k_\ell}} \rangle$은 원수열 $\langle x_n \rangle$의 부분수열이므로 그 극한은 x이다. 즉, 어떤 자연수 K가 존재해서 $n_{k_\ell} > K$이면 $|x_{n_{k_\ell}} - x| < \varepsilon_0$이다. 이것은 (3.4.1)에 모순이다.

연습문제

1. 집합 $S=\left\{1-\frac{1}{n} : n\in \mathrm{N}\right\}$의 집적점들의 집합은 $\{1\}$임을 증명하시오.

2. 유리수 집합 $\mathbb{Q}$의 집적점들의 집합은 실수 집합 $\mathbb{R}$임을 증명하시오.

3. 정수 집합 $\mathbb{Z}$의 집적점들의 집합은 공집합임을 증명하시오.

3.5 Cauchy 수열과 Cauchy 수렴판정법

코시(Cauchy) 수열의 개념은 실수열의 수렴성을 보장하므로 매우 중요하다.

정의 3.10 $\langle x_n \rangle$을 수열이라고 하자. 임의 양수 ε에 대해 적당한 자연수 $K(\varepsilon)$이 존재해서 $m,\ n \geq K(\varepsilon)$이면 $|x_n - x_m| < \varepsilon$일 때 $\langle x_n \rangle$을 코시(Cauchy) 수열이라고 한다.

정리 3.16

$\langle x_n \rangle$이 코시 수열이 아니면 적당한 ε_0가 존재해서, 임의 자연수 K에 대해 어떤 자연수 $m,\ n$이 존재해서 $m,\ n \geq K$이지만 $|x_n - x_m| \geq \varepsilon_0$이다.

예제 9 (1) $\left\langle \frac{1}{n} \right\rangle$은 코시 수열이다.

왜냐하면, 임의 양수 ε에 대해 적당한 자연수 $K(\varepsilon) > \frac{2}{\varepsilon}$이 존재해서 $m,$ $n \geq K(\varepsilon)$이면 $\left|\frac{1}{n} - \frac{1}{m}\right| \leq \frac{1}{n} + \frac{1}{m} \leq \frac{1}{K(\varepsilon)} + \frac{1}{K(\varepsilon)} < \frac{\varepsilon}{2} + \frac{\varepsilon}{2} = \varepsilon$이 성립한다.
$\varepsilon = 10^{-5}$일 때 $K(\varepsilon) > 2 \times 10^5$을 만족하는 자연수 $K(\varepsilon)$를 취하면 $m,$ $n \geq K(\varepsilon)$을 만족하는 모든 자연수 m과 n에 대해

$$\left|\frac{1}{m}-\frac{1}{n}\right| \le \frac{1}{m}+\frac{1}{n} \le \frac{1}{K(\varepsilon)}+\frac{1}{K(\varepsilon)} < \frac{1}{2\times 10^5}+\frac{1}{2\times 10^5} = \frac{1}{10^5} = \varepsilon$$

이 성립한다.

(2) $\langle 1+(-1)^n \rangle$은 코시 수열이 아니다.

왜냐하면, $\varepsilon_0 = 1$이라 하자. 임의의 자연수 K보다 큰 짝수 n과 $m = n+1$을 택하면 $|x_n - x_m| = |x_n - x_{n+1}| = |2-0| > \varepsilon_0$이다.

(3) 수열 $\left\langle (-1)^n \frac{1}{n} \right\rangle$은 단조수열은 아니지만 코시 수열이다.

(4) $\begin{cases} x_1 = 1 \\ x_2 = 2 \\ x_n = \frac{1}{2}(x_{n-2}+x_{n-1}) \text{ (단, } n \ge 3) \end{cases}$

인 수열 $\langle x_n \rangle$은

첫째, 모든 항이 $1 \le x_n \le 2$를 만족하며

둘째, 단조수열이 아니며,

셋째, $|x_n - x_{n+1}| = \left|x_n - \frac{1}{2}(x_{n-1}+x_n)\right| = \frac{1}{2}|x_{n-1}-x_n|$

$$= \frac{1}{2^2}|x_{n-1}-x_{n-2}| = \cdots = \frac{1}{2^{n-1}}|x_2 - x_1| = \frac{1}{2^{n-1}}$$

넷째, 코시 수열이다. 왜냐하면 임의 양수 ε에 대해 $K(\varepsilon) > \dfrac{\left|\ln\frac{4}{\varepsilon}\right|}{\ln 2}$을 만족하는 적당한 자연수 $K(\varepsilon)$이 존재해서 $m > n \ge K(\varepsilon)$이면

$$\begin{aligned} |x_n - x_m| &\le |x_n - x_{n+1}| + |x_{n+1} - x_{n+2}| + \cdots + |x_{m-1} - x_m| \\ &= \frac{1}{2^{n-1}} + \frac{1}{2^n} + \cdots + \frac{1}{2^{m-2}} \\ &= \frac{1}{2^{n-1}}\left(1 + \frac{1}{2} + \cdots + \frac{1}{2^{m-n-1}}\right) \\ &\le \frac{1}{2^{n-2}} < \frac{1}{2^{K(\varepsilon)-2}} < \varepsilon \end{aligned}$$

이다.

정리 3.17

코시 수열 $\langle x_n \rangle$은 유계 수열이다.

》증명 $\varepsilon = 1$에 대해 적당한 자연수 $K(\varepsilon)$이 존재해서 $m,\ n \ge K(\varepsilon)$이면 $|x_n - x_m| < 1$

이 성립한다.

$$|x_n| - |x_{K(\varepsilon)+1}| \le |x_n - x_{K(\varepsilon)+1}| < 1$$

이므로 $n \ge K(\varepsilon)$이면 $|x_n| < |x_{K(\varepsilon)+1}| + 1$이 성립한다.

$$M = \max\{|x_1|, |x_2|, \cdots, |x_{K(\varepsilon)-1}|, |x_{K(\varepsilon)}|, |x_{K(\varepsilon)+1}| + 1\}$$

이라 하면, 모든 자연수 n에 대해

$$|x_n| \le M$$

이다.

정리 3.18

코시 수렴 판정법

수열 $\langle x_n \rangle$이 수렴하면 $\langle x_n \rangle$은 코시 수열이고, 역으로 $\langle x_n \rangle$이 코시 수열이면 $\langle x_n \rangle$은 수렴한다. 따라서 수렴하는 수열은 유계이다.

〉〉 **증명** ($\Rightarrow$) 수열 $\langle x_n \rangle$의 극한을 x라 하면, 임의 양수 ε에 대해 적당한 자연수 $K(\varepsilon)$이 존재해서 m, $n \ge K(\varepsilon)$이면 $|x_m - x| < \frac{\varepsilon}{2}$, $|x_n - x| < \frac{\varepsilon}{2}$이 성립한다. 따라서

$$|x_n - x_m| \le |x_n - x| + |x - x_m| < \frac{\varepsilon}{2} + \frac{\varepsilon}{2} = \varepsilon$$

이 성립한다.

($\Leftarrow$) $\langle x_n \rangle$은 코시 수열이므로 임의 양수 ε에 대해 적당한 자연수 $K(\varepsilon)$이 존재해서 m, $n > K(\varepsilon)$이면 $|x_n - x_m| < \frac{\varepsilon}{2}$이 성립한다. (3.5.1)

한편, $\langle x_n \rangle$이 유계이므로 (수열에 관한) Bolzano-Weierstrass 정리에 의해 수렴하는 부분수열 $\langle x_{n_k} \rangle$를 가진다. $\lim\limits_k x_{n_k} = x$라 하면, 임의 양수 ε에 대해 $K(\varepsilon)$보다 큰 적당한 자연수 $\ell \in \{n_k : k \in \mathbb{N}\}$이 존재해서 $|x_\ell - x| < \frac{\varepsilon}{2}$이 성립한다. 따라서 (3.5.1)에 의해 $n > K(\varepsilon)$이면 $|x_n - x_\ell| < \frac{\varepsilon}{2}$이다. 그러므로 $n > K(\varepsilon)$이면,

$$|x_n - x| \le |x_n - x_\ell| + |x_\ell - x|$$

$$\le \frac{\varepsilon}{2} + \frac{\varepsilon}{2} = \varepsilon$$

이 되어

$$\lim_n x_n = x$$

이다.

연 습 문 제

1. **[2004학년도 임용문제]** 아래와 같이 정의된 수열 $\langle x_n \rangle$은 유계인 증가수열임을 보이고 $\lim_{n\to\infty} x_n$의 값을 구하시오. (단, x_n은 실수이고 $x_n^k = (x_n)^k$이다.)

$$\begin{cases} x_1 = 3 \\ x_{n+1}^3 = 6x_n^2 - 8x_n \end{cases}$$

2. 수열 $\langle x_n \rangle = \left\langle \sum_{k=1}^{n} \frac{(-1)^{k+1}}{k!} \right\rangle$이 코시 수열임을 보이시오.

3. 수열 $\langle n \rangle$이 코시 수열이 아님을 보이시오.

3.6 Heine-Borel 정리

집합족 $\mathscr{A} = \left\{ \left(-\frac{1}{3}, \frac{1}{3}\right), \left(\frac{2}{3}, \frac{5}{2}\right) \right\} \cup \left\{ \left(\frac{1}{n}, 2\right) : n \in \mathrm{N} \right\}$는 $A = [0, 2]$를 덮는다. 즉, $A \subset \left(-\frac{1}{3}, \frac{1}{3}\right) \cup \left(\frac{2}{3}, \frac{5}{2}\right) \cup \left(\bigcup_{n=1}^{\infty} \left(\frac{1}{n}, 2\right) \right)$이다. 또한 $\mathscr{A}$의 부분집합족 $\mathscr{B} = \left\{ \left(\frac{1}{4}, 2\right), \left(-\frac{1}{3}, \frac{1}{3}\right), \left(\frac{2}{3}, \frac{5}{2}\right) \right\}$도 $A = [0, 2]$를 덮는다. 집합족 $\mathscr{A}$는 무한족이지만 $\mathscr{B}$는 $\mathscr{A}$의 유한

부분족이다. 한편, 집합족 $\mathscr{C}=\left\{\left(\frac{1}{n},\ 2\right): n\in \mathrm{N}\right\}$은 집합 $B=(0,\ 2)$를 덮지만, 집합족 $\mathscr{C}$의 임의 유한 부분족으로 $B=(0,\ 2)$를 덮을 수 없다. 이런 점에서 $B=(0,\ 2)$는 $A=[0,\ 2]$와 다르다.

이 과에서는 덮는 개념(covering concept)을 이용해서 임의의 유계 닫힌구간 $[a,\ b]$의 수학적 특성을 다룬다.

정의 3.11 E를 $\mathbb{R}$의 부분집합이라 하고 $\mathscr{A}=\{O_\lambda \subset \mathbb{R} : \lambda\in\Lambda\}$를 집합족이라고 할 때,

$$E\subset \bigcup_{\lambda\in\Lambda} O_\lambda$$

이면 $\mathscr{A}$를 E의 덮개(covering)이라고 하고 $E\subset \bigcup\mathscr{A}$라고 쓴다. O_λ가 모두 열린집합일 때 $\mathscr{A}$를 E의 열린덮개(open covering)라 한다. 또한 $\mathscr{A}$의 부분족 $\mathscr{B}$가 E의 덮개일 때 $\mathscr{B}$를 $\mathscr{A}$의 부분덮개(subcovering)라 하며, 특별히 $\mathscr{A}$의 유한 개의 원소들의 족, 예를 들면, $\mathscr{C}=\{O_{\lambda_1},\ O_{\lambda_2},\ \cdots,\ O_{\lambda_n}\}$이 E의 덮개일 때 $\mathscr{C}$를 $\mathscr{A}$의 유한 부분덮개(finite subcovering)라고 한다.

예제 10 집합족 $\mathscr{A}=\left\{O_k=\left(\frac{1}{k},\ 1-\frac{1}{k}\right): k\in \mathrm{N}\setminus\{1,\ 2\}\right\}$은 열린집합 $A=(0,\ 1)$의 열린덮개이다. 하지만 $\mathscr{A}$는 유한 부분덮개를 갖지 않는다. 왜냐하면 만일 $\mathscr{A}$의 유한 부분덮개 $\mathscr{B}=\{O_{k_1},\ O_{k_2},\ \cdots,\ O_{k_n}\}$이 존재한다면, $k:=\max(k_1,\ k_2,\ \cdots,\ k_n)$에 대해

$$(0,\ 1)\subset \bigcup_{j=1}^{n} O_{k_j}=O_k=\left(\frac{1}{k},\ 1-\frac{1}{k}\right)$$

이 되어 모순이 된다.

정의 3.12 E를 $\mathbb{R}$의 부분집합이라고 하자. E의 임의의 열린덮개가 유한 부분덮개를 가질 때 E를 compact 집합이라고 한다.

예제 11 집합 $A=(0,\ 1)$은 compact 집합이 아니다.

정리 3.19

임의의 유계 닫힌구간 $[a, b]$는 compact 집합이다.

》**증명스케치** 만일 $[a, b]$가 compact가 아니면, compact 정의의 부정에 의해, $[a, b]$의 적당한 열린덮개 $\mathscr{A} = \{G_\lambda : \lambda \in \Lambda\}$가 존재해서 $\mathscr{A}$의 어떠한 유한 부분족도 $[a, b]$를 덮을 수 없다.

(i) 구간 $[a, b]$를 이등분하여 얻는 두 개의 구간 중 $\mathscr{A}$의 어떠한 유한 부분족으로도 덮을 수 없는 구간을 택해 $I_1 = [a_1, b_1]$이라고 하자.

(ii) I_1를 (i)과 같이 하여 $I_2 = [a_2, b_2]$를 구하자.

(iii) 이런 과정을 반복하여 $\mathscr{A}$의 어떠한 유한 부분족으로도 덮을 수 없는 감소하는 유계 닫힌구간열 $I_n = [a_n, b_n]$, $n \in \mathbb{N}$을 얻는다.

축소구간정리에 의해 $\bigcap_{n=1}^{\infty} I_n \neq \varnothing$이다. $p \in \bigcap_{n=1}^{\infty} I_n$이면 $p \in [a, b] \subset \bigcup_{\lambda \in \Lambda} G_\lambda$이므로 적당한 λ_0가 존재해서 $p \in G_{\lambda_0} \in \mathscr{A}$이다. G_{λ_0}는 열린집합이므로 적당한 양수 ε이 존재해서 $p \in N(p, \varepsilon) \subset G_{\lambda_0}$이다. $\frac{b-a}{2^N} < \varepsilon$를 만족하는 적당한 자연수 $N \in \mathbb{N}$를 택하면, 등식 $b_N - a_N = \frac{b-a}{2^N}$와 $p \in I_N$에 의해

$$p - \varepsilon < a_N \leq p \leq b_N < p + \varepsilon$$

이 성립한다. 따라서 $I_N \subset N(p, \varepsilon) \subset G_{\lambda_0}$가 된다. 결과적으로 유계 닫힌구간 I_N이 $\mathscr{A}$의 단 하나의 원소 G_{λ_0}에 의해 덮혀지므로, 모든 I_n이 유한 부분족으로 덮혀지지 않는다는 것에 모순이다. 따라서 $[a, b]$는 compact 집합이다.

정리 3.20

Heine-Borel 정리

K가 $\mathbb{R}$의 부분집합일 때, K가 compact일 필요충분조건은 K가 유계 닫힌집합이다.

》**증명** ($\Rightarrow$) a를 K^c의 임의 한 점이라고 하자. 각 $n \in \mathbb{N}$에 대해 $G_n = \left\{x \in \mathbb{R} : |a - x| > \frac{1}{n}\right\}$라 하면 $a \notin K$이고 $\bigcup_{n=1}^{\infty} G_n = \mathbb{R} \setminus \{a\}$이므로, $K \subset \bigcup_{n=1}^{\infty} G_n$이다. 모든 G_n은 열린집합이므로 $\mathscr{A} = \{G_n : n \in \mathbb{N}\}$은 K의 열린덮개이다. K는 compact 집합이므로 K를 덮는 $\mathscr{A}$의 유한 부분족이 존재한다. 그것을 $\mathscr{B} = \left\{G_{n_i} : i = 1, 2, \cdots, \ell\right\}$

이라 하고 $M = \max\{n_1, n_2, \cdots, n_\ell\}$이라 하면 $K \subset G_M$이 된다. 그런데 $G_M \cap N\left(a, \frac{1}{M}\right) = \varnothing$이므로 $K \cap N\left(a, \frac{1}{M}\right) = \varnothing$이다. 결과적으로 K^c의 임의의 원소 a에 대해 적당한 양수 $\frac{1}{M}$이 존재해서 $a \in N\left(a, \frac{1}{M}\right) \subset K^c$이므로 K^c는 열린집합이다. 따라서 K는 닫힌집합이다.

한편, $G_n = (-n, n)$, $n \in \mathbb{N}$이라 하면 $\mathbb{R} = \bigcup_{n=1}^{\infty} G_n$이므로 $\mathscr{A} = \{G_n : n \in \mathbb{N}\}$은 K의 열린덮개이다. K는 compact 집합이므로 K를 덮는 $\mathscr{A}$의 유한 부분족 $\mathscr{B} = \{G_{n_1}, G_{n_2}, \cdots, G_{n_\ell}\}$이 존재한다. $M = \max\{n_1, n_2, \cdots, n_\ell\}$이라 하면 $K \subset G_M = (-M, M)$이므로 K는 유계이다.

($\Leftarrow$) K가 유계이면 K는 적당한 닫힌구간 $[a, b]$에 포함된다. 또한 K는 닫힌집합이고 $\mathscr{A} = \{G_\lambda : \lambda \in \Lambda\}$는 K의 임의의 열린덮개라고 하자. $K \subset [a, b]$이고 K^c는 열린집합이므로 집합족

$$\begin{aligned} D &= \mathscr{A} \cup K^c \\ &= \{G_\lambda : \lambda \in \Lambda\} \cup K^c \end{aligned}$$

는 $[a, b]$의 열린덮개가 된다. $[a, b]$가 compact 집합이므로 D는 $[a, b]$를 덮는 유한 부분족 $\mathscr{B}$를 가진다. 만일 $K^c \in \mathscr{B}$이면 유한 부분족 $\mathscr{B} \setminus K^c$는 K를 덮는다. 또한 만일 $K^c \notin \mathscr{B}$이면 유한 부분족 $\mathscr{B}$는 K를 덮는다. 따라서 K는 compact 집합이다.

연 습 문 제

1. 유한집합 $A = \{a_1, a_2, \cdots, a_n\}$은 compact 집합임을 증명하시오.

2. 집합 $A = (0, 1)$은 compact 집합이 아님을 보이시오.

3. 실수 집합 $\mathbb{R}$은 compact 집합이 아님을 보이시오.

예비교사를 위한 **해석학 입문**

제4장 수급수의 수렴과 수렴판정법

◈ 학습 내용

이 장에서는 실수 급수의 수렴성과 수렴판정법을 다룬다.

4.1 수급수의 수렴

수열의 수렴의 정의를 이용하여 수급수의 수렴을 정의하며, 수렴하는 무한수급수들의 집합이 벡터공간임을 보인다.

정의 4.1 수열 $\langle x_n \rangle$의 항들의 합을 $\sum_{n=1}^{\infty} x_n$으로 표시하고 이것을 수들의 (무한)급수라 한다. 앞으로 특별한 언급이 없는 한 급수는 실수들의 급수를 의미한다. 초항에서 제 n항까지의 합 $S_n = \sum_{k=1}^{n} x_k$ $(n \in \mathbb{N})$을 급수 $\sum_{n=1}^{\infty} x_n$의 부분합이라고 한다. 또한 새로 만들어진 수열 $\langle S_n \rangle$을 급수 $\sum_{n=1}^{\infty} x_n$의 부분합 수열(sequence of partial sums)이라 한다. 수열 $\langle S_n \rangle$이 일정한 수 S에 수렴할 때, 급수 $\sum_{n=1}^{\infty} x_n$은 수렴한다고 하고 그 값을 S라 하며 $\sum_{n=1}^{\infty} x_n = S$로 나타낸다. 수열 $\langle S_n \rangle$이 수렴하지 않으면 무한급수 $\sum_{n=1}^{\infty} x_n$은 발산한다고 한다. 앞으로 특별한 언급이 없는 한 무한급수를 $\sum x_n$으로 나타낸다.

예제 1 (1) 기하급수(geometric series)라 불리는 무한등비급수

$$\sum_{n=0}^{\infty} r^n = 1 + r + r^2 + \cdots + r^n + \cdots \ (|r| < 1)$$

의 부분합을 $S_n = 1 + r + \cdots + r^n$ $(n \geq 0)$이라 하면, $\sum_{n=0}^{\infty} r^n$의 극한은 $\lim_n S_n = \dfrac{1}{1-r}$이다.

(2) 급수 $\sum (-1)^n$의 부분합 수열 $\langle S_n \rangle = \langle -1, 0, -1, 0, \cdots \rangle$은 발산한다. 따라서 무한급수 $\sum (-1)^n$은 발산한다.

(3) 급수 $\sum \dfrac{1}{n(n+1)}$의 부분합 수열 $\langle S_n \rangle = \left\langle 1 - \dfrac{1}{n+1} \right\rangle$의 극한은 1이다. 따라서 무한급수 $\sum_{n=1}^{\infty} \dfrac{1}{n(n+1)} = \sum_{n=1}^{\infty} \left(\dfrac{1}{n} - \dfrac{1}{n+1} \right)$은 1로 수렴한다.

정리 4.1

무한급수 $\sum x_n$이 수렴하면 $\lim_n x_n = 0$이다. 따라서 $\lim_n x_n \neq 0$이면 급수 $\sum x_n$은 발산한다.

예제 2 $\sum \frac{n-10^5}{n}$은 수렴하지 않는다. 왜냐하면 $\lim_n \frac{n-10^5}{n} = 1 \neq 0$이다.

수렴하는 무한급수들의 집합을 $\sum(\mathbb{R})$이라 하면 $\sum(\mathbb{R})$에 속하는 $\sum x_n$과 $\sum y_n$ 그리고 실수 c에 대해 덧셈과 스칼라 곱셈을 각각 $\sum x_n + \sum y_n = \sum(x_n + y_n)$, $c\sum x_n = \sum c\, x_n$과 같이 정의한다.

정리 4.2

$\sum(\mathbb{R})$은 위의 덧셈과 스칼라 곱셈에 관하여 닫혀 있다.

〉〉 **증명** $z_k = x_k + y_k$ $(k \in \mathbb{N})$이라 하면

$$\sum_{k=1}^{n} z_k = \sum_{k=1}^{n}(x_k + y_k) = \sum_{k=1}^{n} x_k + \sum_{k=1}^{n} y_k$$

$W_n = \sum_{k=1}^{n} z_k$, $S_n = \sum_{k=1}^{n} x_k$, $T_n = \sum_{k=1}^{n} y_k$이라 하면

$$W_n = S_n + T_n \ (n \in \mathbb{N})$$

$$\therefore \lim_{n\to\infty} W_n = \lim_{n\to\infty}(S_n + T_n) = \lim_{n\to\infty} S_n + \lim_{n\to\infty} T_n \text{ 존재한다.}$$

$$\begin{aligned}\therefore \sum_{n=1}^{\infty} x_n + \sum_{n=1}^{\infty} y_n &= \left(\lim_{n\to\infty}\sum_{k=1}^{n} x_k\right) + \left(\lim_{n\to\infty}\sum_{k=1}^{n} y_k\right) \\ &= \lim_{n\to\infty}\left(\sum_{k=1}^{n} x_k + \sum_{k=1}^{n} y_k\right) \\ &= \lim_{n\to\infty}\sum_{k=1}^{n} z_k \\ &= \lim_{n\to\infty} W_n \text{존재한다.}\end{aligned}$$

$$\therefore \sum_{n=1}^{\infty} x_n + \sum_{n-1}^{\infty} y_n \in \sum(\mathbb{R})$$

정리 4.3

$\sum(\mathbb{R})$은 하나의 벡터공간이다.

(1) $\sum(\mathbb{R})$에 속하는 임의의 무한급수 $\sum x_n$, $\sum y_n$에 대해

$$\sum x_n + \sum y_n = \sum(x_n + y_n) = \sum(y_n + x_n) = \sum y_n + \sum x_n$$

이 성립한다.

(2) $\sum(\mathbb{R})$에 속하는 임의 무한급수 $\sum x_n$, $\sum y_n$, $\sum z_n$에 대해

$$\begin{aligned}(\sum x_n + \sum y_n) + \sum z_n &= \sum(x_n + y_n) + \sum z_n = \sum((x_n + y_n) + z_n) \\ &= \sum(x_n + (y_n + z_n)) = \sum x_n + \sum(y_n + z_n) \\ &= \sum x_n + (\sum y_n + \sum z_n)\end{aligned}$$

이 성립한다.

(3) $\Theta = \sum 0 \in \sum(\mathbb{R})$이 존재하여 임의 무한급수 $\sum x_n \in \sum(\mathbb{R})$에 대해

$$\sum x_n + \Theta = \sum x_n$$

이 성립한다.

(4) $\sum(\mathbb{R})$에 속하는 임의 무한급수 $\sum x_n$에 대해 $\sum x_n + \sum y_n = \Theta$ 되는 무한급수 $\sum y_n = \sum(-x_n)$이 $\sum(\mathbb{R})$에 존재한다. 왜냐하면,

$$\sum x_n + \sum(-x_n) = \sum(x_n + (-x_n)) = \sum 0 = \Theta$$

이다.

(5) $\sum(\mathbb{R})$에 속하는 임의 무한급수 $\sum x_n$, $\sum y_n$와 실수 c에 대해

$$\begin{aligned}c(\sum x_n + \sum y_n) &= c(\sum(x_n + y_n)) = \sum c(x_n + y_n) \\ &= \sum(cx_n + cy_n) = \sum cx_n + \sum cy_n \\ &= c\sum x_n + c\sum y_n\end{aligned}$$

이 성립한다.

(6) $\sum(\mathbb{R})$에 속하는 임의 무한급수 $\sum x_n$과 임의 실수 c, d에 대해

$$\begin{aligned}(c+d)\sum x_n &= \sum(c+d)x_n = \sum(cx_n + dx_n) = \sum cx_n + \sum dx_n \\ &= c\sum x_n + d\sum x_n\end{aligned}$$

이 성립한다.

(7) $\sum(\mathbb{R})$에 속하는 임의 무한급수 $\sum x_n$과 임의 실수 c, d에 대해

$$\begin{aligned}(cd)\sum x_n = \sum(cd)x_n = \sum c(dx_n) = c\sum(dx_n) \\ = c(d\sum x_n)\end{aligned}$$

이 성립한다.

(8) $\sum(\mathbb{R})$에 속하는 임의 무한급수 $\sum x_n$에 대해

$$1 \cdot \sum x_n = \sum 1 \cdot x_n = \sum x_n$$

이 성립한다.

연 습 문 제

1. 기하급수 $\sum_{n=0}^{\infty} r^n$의 부분합 수열 $\langle S_n \rangle$의 극한을 구하시오.

2. $\sum(\mathbb{R})$은 덧셈과 스칼라 곱셈에 대하여 닫혀있음을 증명하시오.

3. 수렴하는 무한급수들의 집합 $\sum(\mathbb{R})$이 하나의 벡터공간이 됨을 고등학생들에게 어떻게 설명할 것인가를 나름대로 서술하시오.

4.2 수급수의 수렴판정법 I

이 절에서는 급수의 항이 모두 음이 아닌 급수에 대해 공부한다. 먼저 주어진 급수가 수렴하는 급수인지 아닌지를 확인하는 Cauchy 판정법, 비교판정법, 극한 비교판정법 I을 다룬다.

정리 4.4

급수의 항이 모두 음이 아닌 무한급수 $\sum x_n$의 부분합 수열 $\langle S_n \rangle$이 위로 유계이면 $\sum x_n$은 수렴한다. 그 역도 성립한다. 이때, $\sum x_n = \lim_n S_n = \sup S_n$이다.

》증명 부분합 수열 $\langle S_n \rangle$이 증가하는 유계수열이므로 단조수렴정리에 의해

$$\lim_n S_n = \sup_n S_n$$

이 존재한다. 따라서 $\sum x_n$은 수렴한다.

한편, $\sum x_n$이 수렴하면 $\lim_n S_n$이 존재하므로 $\langle S_n \rangle$은 유계이다.

예제 3 무한급수 $\sum \frac{1}{n!}$은 수렴한다. 부분합 수열 $\langle S_n \rangle$의 일반항 S_n은

$$\begin{aligned} S_n &= 1 + \frac{1}{1 \cdot 2} + \frac{1}{1 \cdot 2 \cdot 3} + \cdots + \frac{1}{1 \cdot 2 \cdot 3 \cdots n} \\ &< 1 + \frac{1}{2} + \frac{1}{2^2} + \cdots + \frac{1}{2^{n-1}} \\ &= \frac{1 - \left(\frac{1}{2}\right)^n}{1 - \frac{1}{2}} = 2\left(1 - \left(\frac{1}{2}\right)^n\right) \quad \forall\, n \\ &< 2 \end{aligned}$$

이다. 따라서 $\langle S_n \rangle$은 위로 유계이며 또한 단조 증가하므로 수열 $\langle S_n \rangle$은 수렴한다. 따라서 주어진 급수는 수렴한다.

실제로 급수 $\sum \frac{1}{n!}$은 $e = \lim_{n \to \infty} \left(1 + \frac{1}{n}\right)^n$과 그 값이 같다.

예제 4 조화급수(harmonic series) $\sum \frac{1}{n}$은 발산한다. 실제로 부분합 수열 $\langle S_n \rangle$의 부분수열 $\langle S_{n_k} \rangle$에서 증가함수 $g : \mathrm{N} \to \mathrm{N}$를 $g(k) = 2^k$로 정의하면

$$S_{n_1} = S_{2^1} = 1 + \frac{1}{2},$$

$$S_{n_2} = S_{2^2} = S_4 = 1 + \frac{1}{2} + \frac{1}{3} + \frac{1}{4} = S_{n_1} + \frac{1}{3} + \frac{1}{4}$$

$$> S_{n_1} + 2 \cdot \frac{1}{4}$$

$$= 1 + 2 \cdot \frac{1}{2},$$

$$S_{n_3} = S_{2^3} = S_8 = 1 + \frac{1}{2} + \frac{1}{3} + \frac{1}{4} + \frac{1}{5} + \frac{1}{6} + \frac{1}{7} + \frac{1}{8}$$

$$> 1 + \frac{1}{2} + \frac{1}{3} + \frac{1}{4} + 4 \cdot \frac{1}{8}$$

$$> 1 + \frac{1}{2} + 2 \cdot \frac{1}{4} + \frac{1}{2}$$

$$= 1 + 3 \cdot \frac{1}{2}$$

$$\vdots$$

이므로, 일반항은

$$S_{n_k} = S_{2^k} > 1 + k \cdot \frac{1}{2}$$

이다. 따라서

$$\lim_{k} S_{n_k} = \infty$$

이다. 부분수열 $\langle S_{n_k} \rangle$가 위로 유계가 아니므로 원수열 $\langle S_n \rangle$도 위로 유계가 아니다.

예제 5 무한급수 $\sum \frac{1}{n^2}$은 수렴한다.

》**증명** 무한급수 $\sum \frac{1}{n^2}$의 부분합 수열 $\langle S_n \rangle$의 부분수열 $\langle S_{n_k} \rangle$를

$n_1 = 2^1 - 1 = 1$일 때, $S_{n_1} = 1$,

$n_2 = 2^2 - 1 = 3$일 때, $S_{n_2} = \frac{1}{1} + \left(\frac{1}{2^2} + \frac{1}{3^2}\right) < 1 + 2 \cdot \frac{1}{2^2} = 1 + \frac{1}{2}$,

$n_3 = 2^3 - 1 = 7$일 때, $S_{n_3} = S_{n_2} + \left(\frac{1}{4^2} + \frac{1}{5^2} + \frac{1}{6^2} + \frac{1}{7^2}\right)$

$$< S_{n_2} + 4 \cdot \frac{1}{4^2} < 1 + \frac{1}{2} + \frac{1}{2^2}$$

$$\vdots$$

$n_k = 2^k - 1$일 때, $S_{n_k} < 1 + \frac{1}{2} + \left(\frac{1}{2}\right)^2 + \cdots + \left(\frac{1}{2}\right)^{k-1}$

$\vdots$

로 잡으면 부분수열 $\langle S_{n_k} \rangle$는 단조 증가하고 극한 $\dfrac{1}{\left(1 - \frac{1}{2}\right)} = 2$에 의해 위로 유계이다. 따라서 원수열 $\langle S_n \rangle$은 유계이다. 그러므로 $\lim_n S_n$은 존재한다. 따라서 $\sum \frac{1}{n^2}$은 수렴한다.

다음에는 "급수에 대한 코시 수렴판정법"이라고 불리는 내용을 공부한다.

정리 4.5

급수에 대한 Cauchy 수렴판정법

무한급수 $\sum x_n$이 수렴할 필요충분조건은 임의 양수 ε에 대해 적당한 자연수 $K(\varepsilon)$이 존재해서 $m > n \geq K(\varepsilon)$이면

$$|S_m - S_n| = |x_{n+1} + x_{n+2} + \cdots + x_m| < \varepsilon$$

이 성립하는 것이다.

》 **증명** 무한급수 $\sum x_n$이 수렴할 필요충분조건은 부분합 수열 $\langle S_n \rangle$이 수렴하는 것이고 이것은 $\langle S_n \rangle$이 코시 수열임을 의미한다.

다음에 소개하는 급수의 수렴판정법은 어떤 수렴하는 급수와 비교해서 수렴여부를 결정하는 소위 수렴비교판정법이다.

정리 4.6

비교판정법

두 급수 $\sum x_n$과 $\sum y_n$이 어떤 자연수 ℓ보다 큰 모든 자연수 n에 대해 $0 \leq x_n \leq y_n$을 만족할 때, $\sum y_n$이 수렴하면 $\sum x_n$도 수렴한다. 따라서 $\sum x_n$이 발산하면 $\sum y_n$도 발산한다.

》증명 $\sum y_n$이 수렴하면 임의 양수 ε에 대해 적당한 자연수 $K(\varepsilon)$이 존재해서 $m > n \geq K(\varepsilon)$이면 $y_{n+1} + \cdots + y_m < \varepsilon$이 성립한다. $t = \max\{\ell, K(\varepsilon)\}$라 하자. $m > n \geq t$이면,

$$0 \leq x_{n+1} + \cdots + x_m \leq y_{n+1} + \cdots + y_m < \varepsilon$$

이다. 따라서 $\sum x_n$은 수렴한다.

예제 6 p-급수 $\sum \frac{1}{n^p}$ $(0 < p \leq 1)$은 발산한다.

$n \in \mathbb{N}$ 이고 $0 < p \leq 1$이면 $n^p \leq n$이므로 $\frac{1}{n} \leq \frac{1}{n^p}$ $(n \in \mathbb{N})$이 성립한다. 무한급수 $\sum \frac{1}{n}$의 부분합 수열은 위로 유계가 아니므로 무한급수 $\sum \frac{1}{n^p}$ $(0 < p \leq 1)$의 부분합 수열도 위로 유계가 아니다. 그러므로 $\sum \frac{1}{n^p}$ $(0 < p \leq 1)$은 발산한다.

예제 7 무한급수 $\sum \frac{1}{n^2 - n + 1}$은 수렴한다.

왜냐하면, $\sum \frac{2}{n^2}$는 수렴하고, 모든 자연수 n에 대해 $0 < \frac{1}{n^2 - n + 1} < \frac{2}{n^2}$이다.

다음에 소개하는 극한을 이용한 비교 판정법은 위의 비교 판정법에서 이용된 부등식 $0 \leq x_n \leq y_n$의 활용이 불가능할 때 도움이 된다.

정리 4.7

극한 비교판정법 I

무한급수 $\sum x_n$과 $\sum y_n$의 모든 항이 양수이고 극한 $r = \lim_n \left(\frac{x_n}{y_n} \right)$이 존재할 때,

(1) $r \neq 0$이면 $\sum x_n$의 수렴과 $\sum y_n$의 수렴은 서로 동치이다.

(2) $r = 0$이면 $\sum y_n$이 수렴할 때 $\sum x_n$이 수렴한다.

(2)의 역이 성립하지 않는 예 : $\sum x_n = \sum \frac{1}{n^2}$, $\sum y_n = \sum \frac{1}{n}$이라고 하면, $r = \lim_{n \to \infty} \left(\frac{x_n}{y_n} \right) = \lim_{n \to \infty} \frac{1}{n} = 0$이다. $\sum x_n$은 수렴하지만, $\sum y_n$은 발산한다.

〉〉 증명 (1) $r=\lim_n \frac{x_n}{y_n}>0$이므로 $\varepsilon=\frac{1}{2}r$에 대해 적당한 자연수 $K\left(\frac{1}{2}r\right)$이 존재해서 $n \ge K\left(\frac{1}{2}r\right)$이면 $\left|\frac{x_n}{y_n}-r\right|<\frac{1}{2}r$이 성립한다. 따라서 $n \ge K\frac{1}{2}r$이면 $\frac{1}{2}r<\frac{x_n}{y_n}<\frac{3}{2}r$이다. $\left(\frac{1}{2}r\right)\cdot y_n<x_n<\left(\frac{3}{2}r\right)y_n$이므로 정리 4.6의 비교판정법에 의해 $\sum x_n$의 수렴과 $\sum y_n$의 수렴은 서로 동치이다.

(2) $\varepsilon=1$에 대해 적당한 자연수 $K(1)$이 존재해서 $n \ge K(1)$이면 $\frac{x_n}{y_n}<1$이다. 따라서 $n \ge K(1)$이면, $0<x_n<y_n$이다. 그러므로 $\sum y_n$이 수렴할 때 $\sum x_n$이 수렴한다.

예제 8 무한급수 $\sum \frac{1}{\sqrt{n+1}}$은 발산한다.

무한급수 $\sum x_n=\sum \frac{1}{\sqrt{n+1}}$, $\sum y_n=\sum \frac{1}{\sqrt{n}}$이라 하면

$$\frac{x_n}{y_n}=\frac{\sqrt{n}}{\sqrt{n+1}}=\frac{1}{\sqrt{1+\frac{1}{n}}}$$

이므로, $\lim_n \frac{x_n}{y_n}=1$이다. $\sum y_n=\sum \frac{1}{\sqrt{n}}$이 발산하므로 극한 비교판정법 I 에 의해 $\sum \frac{1}{\sqrt{n+1}}$은 발산한다.

연 습 문 제

1. [2005학년도 임용문제] 무한급수 $\sum_{n=1}^{\infty} \frac{n!}{(n+1)^n}$의 수렴·발산을 판정하시오.

2. 무한급수 $\sum \frac{1}{n^2}$이 수렴함을 이용하여 무한급수 $\sum \frac{1}{n^2-n+1}$이 수렴함을 보이시오 (극한 비교판정법 I 을 이용).

3. 무한급수 $\sum \frac{1}{n^2}$이 수렴함을 이용하여 무한급수 $\sum \frac{1}{n!}$이 수렴함을 보이시오(극한 비교판정법 I 을 이용).

4.3 수급수의 절대수렴과 조건수렴

이 과에서는 음항을 포함하는 급수를 다룬다. 정리 4.8의 증명 과정에서 급수에 관한 Cauchy 수렴판정법을 이용하기 위해 절대수렴급수 개념을 필요로 한다.

정의 4.2 주어진 급수 $\sum x_n$의 변형급수 $\sum |x_n|$이 수렴하면 원급수 $\sum x_n$은 절대수렴(absolute convergence)한다고 하고 $\sum x_n$은 수렴하지만 $\sum |x_n|$이 수렴하지 않으면 원급수 $\sum x_n$은 조건수렴(conditional convergence)한다고 한다.

예제 9 무한급수 $\sum (-1)^n \frac{1}{n^2}$은 절대수렴하고 무한급수 $\sum (-1)^n \frac{1}{n}$은 조건수렴한다.

정리 4.8

무한급수 $\sum x_n$이 절대수렴하면 그 급수는 수렴한다. 그러나 그 역은 성립하지 않는다.

》증명 $\sum |x_n|$이 수렴하면 급수에 관한 코시 판정법에 의해 임의 양수 ε에 대해 적당한 자연수 $K(\varepsilon)$이 존재해서 $m > n \geq K(\varepsilon)$이면

$$|x_{n+1}| + |x_{n+2}| + \cdots + |x_m| < \varepsilon$$

이 성립한다. 따라서 $S_n = \sum_{k=1}^{n} x_k,\ n \in \mathrm{N}$이라 하면

$$|S_m - S_n| = |x_{n+1} + x_{n+2} + \cdots + x_m| < \varepsilon$$

이다. 그러므로 수열에 관한 코시 판정법에 의해 $\lim_n S_n$이 존재한다. 그러나 $\sum (-1)^n \frac{1}{n}$은 수렴하지만, $\sum \left| (-1)^n \frac{1}{n} \right|$은 발산한다.

절대수렴하는 급수들의 집합을 $\sum A(\mathbb{R})$, 조건수렴하는 급수들의 집합을 $\sum C(\mathbb{R})$이라고 하면

$$\sum A(\mathbb{R}) \cap \sum C(\mathbb{R}) = \varnothing \text{ 이고}$$
$$\sum A(\mathbb{R}) \cup \sum C(\mathbb{R}) = \sum(\mathbb{R})$$

이다.

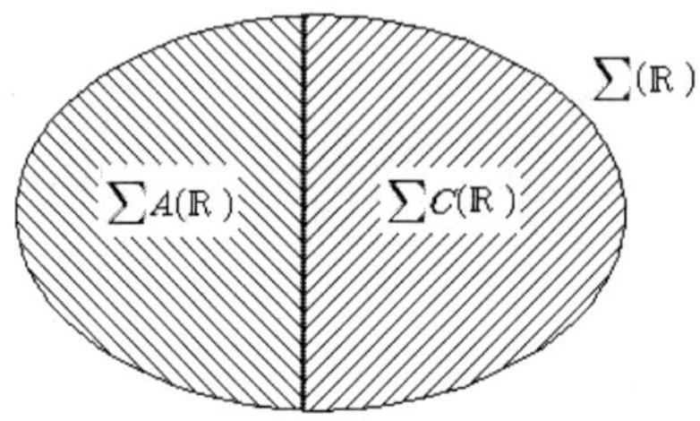

정의 4.3 함수 $f: \mathrm{N} \to \mathrm{N}$가 전단사일 때 주어진 무한급수 $\sum x_n$의 각 n번째 항 x_n을 $f(n)$번째 항 $x_{f(n)}$으로 대응시켜 $x_{f(n)} = y_n$으로 정의하여 얻어진 새로운 급수 $\sum y_n = \sum x_{f(n)}$을 원급수 $\sum x_n$의 재배열급수(rearrangement series)라고 한다.

예제 10 함수 $f: \mathrm{N} \to \mathrm{N}$을

$$\begin{cases} n \mapsto n+1, & n\text{은 홀수} \\ n \mapsto n-1, & n\text{은 짝수} \end{cases}$$

으로 정의하면 f는 전단사함수이다. 이 함수 f에 의한 무한급수 $\sum \frac{1}{n}$의 재배열급수는

$$\frac{1}{2} + 1 + \frac{1}{4} + \frac{1}{3} + \cdots + \frac{1}{2n} + \frac{1}{2n-1} + \cdots$$

이다.

정리 4.9

무한급수 $\sum x_n$이 절대수렴하면 모든 재배열급수 $\sum y_n$은 같은 값으로 수렴한다.

》증명 $\sum x_n$의 부분합 수열을 $\langle S_n \rangle$, $\sum y_n$의 부분합 수열을 $\langle T_n \rangle$이라고 하자. $\sum x_n$의 극한을 x라 하면 임의 양수 ε에 대해 적당한 자연수 $K(\varepsilon)$이 존재해서 n, $q > K(\varepsilon)$이면

$$|x - S_n| < \varepsilon \text{이고} \quad \sum_{k=K(\varepsilon)+1}^{q} |x_k| < \varepsilon$$

이다. 적당한 자연수 M이 존재해서 원급수의 항 x_1, x_2, $\cdots$, $x_{K(\varepsilon)}$이 모두 $\sum y_n$의 부분합 $T_M = y_1 + y_2 + \cdots + y_M$에 있다고 하자. 만일 $m \geq M$이면 $T_m - S_n$은 첨자가 $k > K(\varepsilon)$인 유한개 항들 x_k의 합이다. 따라서 어떤 $q > K(\varepsilon)$에 대해

$$|T_m - S_n| \leq \sum_{k=K(\varepsilon)+1}^{q} |x_k| < \varepsilon$$

이다. 그러므로 만일 $m \geq M$이면

$$|T_m - x| \leq |T_m - S_n| + |S_n - x| < \varepsilon + \varepsilon = 2\varepsilon$$

이므로 재배열급수 $\sum y_n$의 극한은 x이다.

예제 11 급수 $\sum(-1)^n$의 부분합 수열 $S_n = \langle -1, 0, -1, 0, \cdots \rangle$은 발산한다. 또한 재배열급수 $\sum(-1)^{n+1}$의 부분합 수열 $T_n = \langle 1, 0, 1, 0, \cdots \rangle$도 발산한다.

연습문제

1. 급수 $\sum x_n$이 조건수렴하고 수열 $\langle y_n \rangle$이 유계이면 급수 $\sum x_n y_n$은 발산하는 예를 들어 보시오.

2. 감소하는 양의 수열 $\langle x_n \rangle$의 무한급수 $\sum x_n$이 수렴하면 $\lim\limits_{n} n x_n = 0$임을 보이시오.

3. 수렴하는 급수 $\sum x_n$의 항 중 음의 항이 유한개일 때 $\sum x_n$은 절대수렴함을 보이시오.

4.4 수급수의 수렴판정법 Ⅱ

이 과에서 다루는 모든 급수의 항은 양 또는 음에 제한되어 있지 않다. 극한 비교판정법 Ⅱ, 제곱근 판정법, 비 판정법, 교대급수판정법을 학습한다.

정리 4.10

극한 비교판정법 Ⅱ

무한급수 $\sum x_n$, $\sum y_n$에서 $x_n \neq 0$, $y_n \neq 0$ $(n \in \mathbb{N})$이고 극한 $r = \lim_n \left|\frac{x_n}{y_n}\right|$이 존재한다고 하자.

(1) 만일 $r \neq 0$이면 두 급수의 절대수렴성은 동치이다.

(2) 만일 $r = 0$일 때 $\sum y_n$이 절대수렴하면 $\sum x_n$도 절대수렴한다.

〉〉**증명** 극한 비교판정법 Ⅰ에 의해 증명된다.

다음에 소개하는 제곱근 판정법(root test)는 코시가 연구한 결과이다.

정리 4.11

제곱근 판정법

무한급수 $\sum x_n$에 대해,

(1) 만일 적당한 실수 $0 \le r < 1$과 적당한 자연수 K가 존재해서 $n \ge K$에 대해 $|x_n|^{\frac{1}{n}} \le r$이면 $\sum x_n$은 절대수렴한다.

(2) 만일 적당한 자연수 K가 존재해서 $n \ge K$에 대해 $|x_n|^{\frac{1}{n}} \ge 1$이면 $\sum x_n$은 발산한다.

》증명 (1) $n \geq K$에 대해 $|x_n| \leq r^n$이고 $\sum r^n$은 수렴하므로 자명하다.

(2) $n \geq K$에 대해 $|x_n| \geq 1$이므로 $\lim_n x_n \neq 0$이다.

따름정리 4.12

무한급수 $\sum x_n$에 대해 극한 $r := \lim_n |x_n|^{\frac{1}{n}}$이 존재할 때

(1) $0 \leq r < 1$이면 $\sum x_n$은 수렴하고

(2) $r > 1$이면 $\sum x_n$은 발산한다.

(3) $r = 1$이면 수렴하는 경우도 있고 발산하는 경우도 있다.

》증명 (1)과 (2)는 정리 4.11의 증명에서 유도된다. 수렴하는 무한급수 $\sum (-1)^{n+1}\frac{1}{n}$과 발산하는 무한급수 $\sum \frac{1}{n}$는 둘 다 $r = 1$인 급수이다.

$$r = \lim_{n\to\infty}\left(\frac{1}{n}\right)^{\frac{1}{n}} = \lim_{n\to\infty} e^{\frac{1}{n}\ln\frac{1}{n}} = e^{\lim_{n\to\infty}\frac{1}{n}\cdot\ln\frac{1}{n}} \quad (e^{0\cdot(-\infty)})$$

$$= e^{\lim_{n\to\infty}\frac{\ln\frac{1}{n}}{n}} = e^{\lim_{n\to\infty}\frac{\frac{1}{n}\cdot n^{-2}}{1}} = e^{\lim_{n\to\infty} n^{-3}} = e^0 = 1$$

예제 12 무한급수 $\sum \frac{n}{2^{n-1}}$에서 $\lim_n |x_n|^{\frac{1}{n}} = \frac{1}{2} < 1$이므로 제곱근 판정법에 의해 이 급수는 수렴한다.

다음의 비 판정법(ratio test)는 알렘벨(D'Alembert)가 연구한 결과이다.

정리 4.13

비 판정법

무한급수 $\sum x_n$의 각 항이 0이 아니라고 하자.

(1) 적당한 실수 $0 < r < 1$과 적당한 자연수 K가 존재해서 $n \geq K$에 대해

$$\left|\frac{x_{n+1}}{x_n}\right| \leq r$$

이면 $\sum x_n$은 절대수렴한다.

(2) 적당한 자연수 K가 존재해서 $n \geq K$에 대해

$$\left|\frac{x_{n+1}}{x_n}\right| \geq 1$$

이면 $\sum x_n$은 발산한다.

》증명 (1) $|x_{K+m}| \leq |x_K| r^m \ (m \in \mathbb{N})$이고 무한급수 $\sum_{m=1}^{\infty} |x_K| r^m$은 수렴한다.

(2) $|x_{K+m}| \geq |x_K| \ (m \in \mathbb{N})$이고 $\lim_n x_n \neq 0$이므로 $\sum x_n$은 발산한다.

따름정리 4.14

무한급수 $\sum x_n$ (단, $x_n \neq 0$, $n \in \mathbb{N}$)에 대해 $r := \lim_n \left|\frac{x_{n+1}}{x_n}\right|$ 존재할 때

(1) $0 \leq r < 1$이면 $\sum x_n$은 절대수렴한다.

(2) $r > 1$이면 $\sum x_n$은 발산한다.

(3) $r = 1$이면 수렴하는 경우도 있고 발산하는 경우도 있다.

》증명 정리 4.13의 증명에서 바로 유도된다. 수렴하는 무한급수 $\sum (-1)^{n+1} \frac{1}{n}$과 발산하는 무한급수 $\sum \frac{1}{n}$의 경우 둘 다 $r = 1$이다.

예제 13 무한급수 $\sum \frac{1}{n!}$은 비 판정법에 의해 $\lim_{n \to \infty} \frac{x_{n+1}}{x_n} = \lim_{n \to \infty} \frac{1}{n+1} = 0$이므로 수렴한다.

정의 4.4 모든 항이 0이 아니고 $x_n \cdot x_{n+1} < 0 \ (n \in \mathbb{N})$일 때 수열 $\langle x_n \rangle$을 교대수열(alternating sequence)이라 하고 $\sum_{n=1}^{\infty} x_n$을 교대급수(alternating series)라 한다.

예제 14 $\sum_{n=1}^{\infty} (-1)^n \frac{1}{n}$과 $\sum_{n=1}^{\infty} (-1)^{n+1} \frac{1}{n}$은 교대급수이다.

정리 4.15

교대급수판정법

양의 수열 $\langle x_n \rangle$이 감소하면서 0에 수렴하면, 급수 $\sum(-1)^{n+1}x_n$은 수렴한다.

》증명 $\sum(-1)^{n+1}x_n$의 부분합 수열을 $\langle S_n \rangle$이라고 하자.

$$S_{2n} = (x_1 - x_2) + (x_3 - x_4) + \cdots + (x_{2n-1} - x_{2n})$$

이고 $x_k - x_{k+1} \geq 0 \ (k \in \mathrm{N})$이므로, 부분합 수열 $\langle S_n \rangle$의 부분수열 $\langle S_{2n} \rangle$은 증가한다. 한편,

$$S_{2n} = x_1 - (x_2 - x_3) - \cdots - (x_{2n-2} - x_{2n-1}) - x_{2n}$$

이므로 $S_{2n} \leq x_1 \ (n \in \mathrm{N})$이다. 그러므로 단조수렴정리에 의해 부분합 수열 $\langle S_{2n} \rangle$은 수렴한다. $\lim\limits_{n\to\infty} S_{2n} = S$라 하자. $\lim\limits_{n\to\infty} x_n = 0$이므로 임의 양수 ε에 대해 적절한 자연수 K가 존재해서 $n \geq K$이면 $|S_{2n} - S| \leq \frac{1}{2}\varepsilon$이고 $|x_{2n+1}| \leq \frac{1}{2}\varepsilon$이 성립한다. 따라서

$$\begin{aligned} |S_{2n+1} - S| &= |S_{2n} + x_{2n+1} - S| \\ &\leq |S_{2n} - S| + |x_{2n+1}| \\ &\leq \frac{1}{2}\varepsilon + \frac{1}{2}\varepsilon = \varepsilon \end{aligned}$$

이다. 따라서 $\lim\limits_{n\to\infty} S_n = S$이고 $\sum\limits_{n=1}^{\infty}(-1)^{n+1}x_n$은 수렴한다.

예제 15 급수

$$\sum(-1)^{n+1}\frac{1}{n} = 1 - \frac{1}{2} + \frac{1}{3} - \frac{1}{4} + \frac{1}{5} - \frac{1}{6} + \cdots$$

은 수렴한다. 실제로 양의 수열 $\left\langle \frac{1}{n} \right\rangle$은 감소하며 $\lim\limits_{n\to\infty}\frac{1}{n} = 0$이다.

연 습 문 제

1. [2007학년도 임용문제] 교대급수판정법을 기술하고, 교대급수판정법을 이용하여 무한급

수 $\sum_{n=1}^{\infty}(-1)^n\frac{(2n-1)!}{(2^n\cdot n!)^2}$가 수렴함을 보이시오.

(단, $\frac{(2n-1)!}{(2^n\cdot n!)^2}=\frac{1}{2}\times\frac{3}{4}\times\cdots\times\frac{2n-1}{2n}\times\frac{1}{2n}$이다.)

2. 교대급수 $\sum_{n=1}^{\infty}(-1)^{n+1}x_n$의 부분합을 S_n이라 하자. 만일 S가 이 급수의 극한이면 임의 $n\in\mathrm{N}$에 대해

$$|S-S_n|\le x_{n+1}$$

이 성립함을 보이시오.

3. 따름정리 4.14를 증명하시오.

제5장 연속함수들의 공간

◈ 학습 내용

집적점을 중점적으로 학습하며, 수렴하는 함수들의 공간과 연속함수들의 공간이 벡터공간임을 확인한다. 구간 위에서의 연속함수, 구간의 특성 등을 다룬다. 또한 Bolzano의 중간값 정리, 구간보존정리, 최대치·최소치 정리를 소개한다.

5.1 수렴하는 함수들의 공간

함수 $f(x)=x^2$의 정의역이 구간 $A=[0,\ 2]$이면 $x=1$에서의 극한은 $\lim_{x\to 1} f(x)=\lim_{x\to 1} x^2=1$이다. 만일 함수 $f(x)=x^2$의 정의역이 집합

$$B=\left\{0,\ \frac{1}{10},\ \frac{2}{10},\ \frac{3}{10},\ \cdots,\ \frac{20}{10}\right\}$$

이면 똑같은 극한을 가질 수 있는가? 그렇지 않다. $x=1$는 집합 A의 집적점이지만 집합 B의 집적점은 아니기 때문에 집합 B에서 극한 개념을 적용할 수 없다. 한편,

$$g(x)=\begin{cases}\sin\dfrac{1}{x}, & x\neq 0\\ 0, & x=0\end{cases}$$

로 정의된 실가함수 g의 정의역이 각각 다음의 세 무한집합

$$A=\left\{\frac{1}{n\pi}: n\in\mathbb{N}\right\},\ B=\left\{\frac{2}{(4n+1)\pi}: n\in\mathbb{N}\cup\{0\}\right\},\ C=\left\{\frac{2}{(4n+3)\pi}: n\in\mathbb{N}\cup\{0\}\right\}$$

일 때, 점 $x=0$는 무한집합 A, B, C의 집적점이지만,

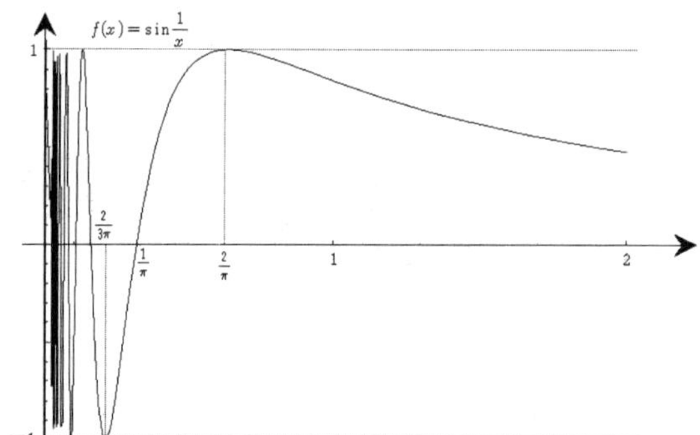

$$A\text{에 속하는 모든 } x\text{에 대해 } g(x)=0$$
$$B\text{에 속하는 모든 } x\text{에 대해 } g(x)=1$$
$$C\text{에 속하는 모든 } x\text{에 대해 } g(x)=-1$$

이므로 정의역이 A일 때 $x=0$에서의 극한은 $\lim_{x\to 0} g(x)=0$

$$\text{정의역이 } B\text{일 때 } x=0\text{에서의 극한은 } \lim_{x\to 0} g(x)=1$$
$$\text{정의역이 } C\text{일 때 } x=0\text{에서의 극한은 } \lim_{x\to 0} g(x)=-1$$

이 되어, 비록 집적점은 같지만 $x=0$에서의 극한은 다르다. 이처럼 주어진 함수의 정의역에 속하는 어느 한 점에서 극한을 다룰 때 정의역과 집적점의 특성은 극한을 결정하는 데 중요한 역할을 한다.

이 절에서는 수열의 극한 개념을 일반적인 함수의 극한 개념으로 확장시켜 그것의 수학적 특성을 공부한다.

정의 5.1 A를 $\mathbb{R}$의 부분집합이라고 하고 c를 A의 집적점이라 하자. 주어진 함수 $f: A\to\mathbb{R}$에 대해 실수 L이 점 c에서 함수 f의 극한(limit)이라는 것은 임의의 양수 ε에 대해 적당한 양수 δ가 존재해서 $x\in A$이고 $0<|x-c|<\delta$이면 $|f(x)-L|<\varepsilon$이 됨을 의미한다. 이 경우 x가 c에 가까워질 때 (즉, $x\to c$일 때) $f(x)$가 L에 수렴한다고 하고, $\lim_{x\to c} f(x)=L$로 나타낸다.

예제 1 $f(x)=x^2$으로 정의된 함수 $f:\mathbb{R}\to\mathbb{R}$의 점 $x=c$에서 극한은 $\lim_{x\to c} x^2=c^2$이다. 먼저 c는 $\mathbb{R}$의 집적점임을 확인한다. 그런 후,

임의 주어진 양수 ε에 대해 $0<|x-c|<\delta$이면 $|x^2-c^2|<\varepsilon$이 되는 δ를 구하기 위해서는

$$\begin{aligned}|x^2-c^2| &= |x+c||x-c| \\ &\le (|x-c|+2|c|)|x-c| \\ &\le (\delta+2|c|)\delta\end{aligned}$$

에서 $\delta^2+2|c|\delta<\varepsilon$이 만족되는 δ를 구하면 된다. $\delta^2+2|c|\delta-\varepsilon=0$에서

$$\begin{aligned}\delta &= \frac{-2|c|\pm\sqrt{4|c|^2+4\varepsilon}}{2} \\ &= -|c|\pm\sqrt{c^2+\varepsilon}\end{aligned}$$

이므로 δ는 $\delta<-|c|+\sqrt{c^2+\varepsilon}$을 만족시키는 양의 값이다.

예제 2 집합 $E=\left\{\frac{1}{n}: n\in\mathbb{N}\right\}$의 집적점은 실수 0뿐이다. 이 집합 E에서 정의된 실가함수 $g(x)=x$는 $x=0$에서 극한 0을 가진다. 실제로, 양수 ε에 대해 $\frac{1}{K}<\varepsilon$을 만족하는 적당한 자연수 K가 존재하므로 $\delta=\frac{1}{K}$로 잡으면 $0<|x-0|<\frac{1}{K}$를 만족하는 E에 속하는 x의 집합은 $\left\{\frac{1}{n}: n>K,\ n\in\mathbb{N}\right\}$이다. 따라서 $0<|x-0|<\delta=\frac{1}{K}$, $x\in E$이면

$$|g(x)-0|=|x|\leq\frac{1}{K}<\varepsilon$$

이 성립한다.

정리 5.1

A는 $\mathbb{R}$의 부분집합이고 $x=c$가 A의 집적점이면, 함수 $f: A\to\mathbb{R}$은 점 $x=c$에서 기껏해야 하나의 극한을 가진다.

다음의 정리는 근방 개념을 활용하여 극한 개념을 설명한 내용이다.

정리 5.2

A는 $\mathbb{R}$의 부분집합이고 c는 A의 집적점이라고 하자. 함수 $f: A\to\mathbb{R}$에 대해 다음의 두 명제는 서로 동치이다.

(1) $\lim_{x\to c} f(x)=L$

(2) L의 임의 ε-근방 $N(L, \varepsilon)$에 대해 점 c의 적당한 δ-근방 $N(c, \delta)$가 존재해서 $x\neq c$이고 $x\in N(c, \delta)\cap A$이면 $f(x)\in N(L, \varepsilon)$이다.

다음의 정리는 열린집합의 개념을 활용하여 극한 개념을 설명한 내용이다.

정리 5.3

A는 $\mathbb{R}$의 부분집합이고 c는 A의 집적점이라고 하자. 함수 $f: A \to \mathbb{R}$에 대해 다음의 두 명제는 서로 동치이다.

(1) $\lim_{x \to c} f(x) = L$

(2) L을 포함하는 임의의 열린집합 $V(L)$에 대해 점 c를 포함하는 적당한 열린집합 $U(c)$가 존재해서 $x \in U(c) \cap A$, $x \neq c$이면 $f(x) \in V(L)$이다.

〉〉증명 (1) ⇒ (2) 정의에 의해 점 L를 품는 임의의 열린집합 $V(L)$에 품기는 L의 ε-근방 $N(L, \varepsilon)$이 존재하므로 정리 5.2에 의해 점 c의 적당한 δ-근방 $N(c, \delta)$가 존재해서 $x \neq c$이고 $x \in N(c, \delta) \cap A$이면

$$f(x) \in N(L, \varepsilon) \subset V(L)$$

이다. $N(c, \delta)$는 c를 품는 열린집합이므로 $N(c, \delta)$를 $U(c)$라 두면 된다.

(2) ⇒ (1) $N(L, \varepsilon)$은 L을 품는 열린집합이므로 c를 품는 적당한 열린집합 $U(c)$가 존재해서 $x \in U(c) \cap A$, $x \neq c$이면 $f(x) \in N(L, \varepsilon)$이다. 또한 $U(c)$는 점 c를 품는 열린집합이므로 적당한 양수 δ가 존재해서 $N(c, \delta) \subset U(c)$가 된다. 따라서, $0 < |x - c| < \delta$이고 $x \in A$이면 $|f(x) - L| < \varepsilon$이 성립한다. 그러므로 $\lim_{x \to c} f(x) = L$이다.

다음의 정리는 수렴하는 수열과 관련하여 극한 개념을 다룬 내용이다.

정리 5.4

A는 $\mathbb{R}$의 부분집합이고 c는 A의 집적점이라고 하자. 함수 $f: A \to \mathbb{R}$에 대해 다음의 두 명제는 서로 동치이다.

(1) $\lim_{x \to c} f(x) = L$

(2) 점 $x = c$에 수렴하는 A에 속하는 임의의 수열 $\langle x_n \rangle$, $x_n \neq c$ $(n \in \mathbb{N})$의 함수 f에 의한 상의 수열 $\langle f(x_n) \rangle$은 L에 수렴한다.

〉〉증명 (1) ⇒ (2) 임의의 양수 ε에 대해 적당한 양수 δ가 존재해서 $0 < |x - c| < \delta$이고 $x \in A$이면 $|f(x) - L| < \varepsilon$이 성립하며 또한 $\lim_{n} x_n = c$, $x_n \neq c$ $(n \in \mathbb{N})$, $x_n \in A$이므로, 존재하는 δ에 대해 적당한 자연수 $K(\delta)$가 존재해서

$n \ge K(\delta)$이면 $0 < |x_n - c| < \delta$가 성립한다. 따라서 $n \ge K(\delta)$이면 $|f(x_n) - L| < \varepsilon$이 되므로 $\lim_n f(x_n) = L$이 된다.

(2) ⇒ (1) (대우법) 만일 (1)이 성립하지 않으면 정리 5.2에 의해서 L의 적당한 ε_0-근방 $N(L, \varepsilon_0)$이 존재해서 점 c의 어떠한 δ-근방 $N(c, \delta)$에 대해서도 c가 아닌 x_δ가 $N(c, \delta) \cap A$에 존재하나 $f(x_\delta) \notin N(L, \varepsilon_0)$이다. 그러므로 임의 $\frac{1}{n}$ $(n \in \mathbb{N})$에 대해 $x_n \in N\left(c, \frac{1}{n}\right) \cap A$, $x_n \ne c$이지만 $f(x_n) \notin N(L, \varepsilon_0)$인 수열 $\langle x_n \rangle$가 존재한다. 즉 $x_n \in A$이고 $x_n \ne c$이므로 $0 < |x_n - c| < \frac{1}{n}$이지만 $|f(x_n) - L| \ge \varepsilon_0$ $(n \in \mathbb{N})$이다. 따라서 $\lim_n x_n = c$이고 $x_n \ne c$이지만, $\lim_n f(x_n) \ne L$이다.

정리 5.5

$\mathbb{R}$의 부분집합 A의 집적점 $x = c$에서 수렴하는 함수 $f : A \to \mathbb{R}$ 들의 집합 $F_c(A)$는 하나의 벡터 공간이다.

〉〉**증명** A는 $\mathbb{R}$의 부분집합, 점 c는 A의 집적점이라 하자. f, g, $h \in F_c(A)$, k, $\ell \in \mathbb{R}$이라 하면, $F_c(A)$는 덧셈과 스칼라 곱셈에 관해 닫혀 있으며 또한 다음을 만족한다.

(1) $f + g = g + f$

(2) $(f+g)+h = f+(g+h)$이다.

(3) $0 \in F_c(A)$이며, 모든 $f \in F_c(A)$에 대해 $0 + f = f$이다.

(4) 임의 $f \in F_c(A)$에 대해 $f + (-f) = 0$를 만족하는 $-f \in F_c(A)$가 존재한다. 실제로, $\lim_{x \to c}(-f(x)) = -\lim_{x \to c} f(x)$이다.

(5) $k(f+g) = kf + kg$가 성립하고,

(6) $(k+\ell)f = kf + \ell f$가 성립하고,

(7) $(k\ell)f = k(\ell f)$가 성립하고,

(8) $1 \cdot f = f$가 성립한다.

〉〉**참고** 수렴하는 수열들의 공간에 관한 증명과 동일하다. 다른 이용 가능한 증명법으로는 정리 5.4가 있다.

정리 5.6

수렴하는 수열 $\langle x_n \rangle$의 유한개를 제외한 모든 항들이 음이 아니면 그 극한 $\lim_{n\to\infty} x_n$ 도 음이 아니다.

》**증명** 음인 항 중 첨자가 제일 큰 항을 x_N이라 하자. 만일 $x = \lim x_n < 0$이면 양수 $\varepsilon = -x$에 대해 적당한 자연수 $K(\varepsilon)$이 존재해서 $n \geq K(\varepsilon)$이면 $|x_n - x| < \varepsilon$이다. $M = \max(K(\varepsilon), N+1)$하면 $x_{M+1} \geq 0$이고 한편, $|x_{M+1} - x| < \varepsilon$이므로 $x_{M+1} < x + \varepsilon = 0$이 되어 서로 모순이다.

정리 5.7

수열 $\langle x_n \rangle$이 수렴하고, $x_n \geq 0 (n \in \mathbb{N})$이면, $\lim_n x_n \geq 0$이다.

》**증명** 정리 5.6에 의해 성립.

따름정리 5.8

수열 $\langle x_n \rangle$과 $\langle y_n \rangle$이 수렴하고, 유한개를 제외한 모든 항들이 $x_n \leq y_n$이면, $\lim_n x_n \leq \lim_n y_n$이다.

》**증명스케치** $z_n = y_n - x_n \ (n \in \mathbb{N})$이라 두고 정리 5.6을 이용한다.

따름정리 5.9

수열 $\langle x_n \rangle$이 수렴하고 $a \leq x_n \leq b (n \in \mathbb{N})$이면 $a \leq \lim_n x_n \leq b$이다. 또는, 자연수 $k \in \mathbb{N}$가 존재해서 $\forall n \geq k$에 대해 $a \leq x_n \leq b$이면 $a \leq \lim_n x_n \leq b$이다.

》**참고** 따름정리 5.8에서 유한개를 제외한 모든 항에 대해 $x_n = 0$, $y_n = x_n$라 두면 정리 5.7을 얻을 수 있고, 정리 5.6을 얻는다. 그러므로 정리 5.6과 따름정리 5.8은 서로 동치이다.

정리 5.10

A는 $\mathbb{R}$의 부분집합이고 점 c는 A의 집적점일 때 함수 $f: A \to \mathbb{R}$에 대해 $a \leq f(x) \leq b$, $x \in A \setminus \{c\}$이고, $\lim_{x\to c} f(x)$가 존재한다면, $a \leq \lim_{x\to c} f(x) \leq b$가 성립한다.

》증명 $L=\lim_{x\to c} f(x)$라 하자. 그러면 정리 5.4에 의해 c에 수렴하는 A에서의 수열 $\langle x_n \rangle$ (단, $x_n \neq c$)에 대해 $\langle f(x_n) \rangle$이 L에 수렴한다. 모든 $n \in \mathbb{N}$에 대해 $a \leq f(x_n) \leq b$이므로 따름정리 5.9에 의해 $a \leq \lim_n f(x_n) = L \leq b$이다. 따라서 정리 5.4에 의해 $a \leq \lim_{x\to c} f(x) \leq b$이다.

정리 5.11

squeeze 정리

$A \subset \mathbb{R}$이고 c는 A의 집적점일 때 주어진 함수 f, g, $h : A \to \mathbb{R}$가 모든 $x \in A \setminus \{c\}$에 대해

$$f(x) \leq g(x) \leq h(x)$$

를 만족하고 $\lim_{x\to c} f(x) = L = \lim_{x\to c} h(x)$이면,

$$\lim_{x\to c} g(x) = L$$

이다.

》증명 A에서의 수열 $\langle x_n \rangle$ $(x_n \neq c)$이 c에 수렴하면, $\lim_n f(x_n) = L = \lim_n h(x_n)$이 성립한다. 모든 $n \in \mathbb{N}$에 대해 $f(x_n) \leq g(x_n) \leq h(x_n)$이 성립하므로 $\lim_n g(x_n) = L$이다. 따라서 $\lim_{x\to c} g(x) = L$이다.

정의 5.2 $A \subset \mathbb{R}$이고 $f : A \to \mathbb{R}$이라고 하자.

(1) 또한 c가 공집합이 아닌 집합 $A \cap (c, \infty) = \{x \in A : x > c\}$의 집적점이라고 하자. 적당한 실수 L이 존재하여, 임의 양수 ε에 대해 적당한 양수 δ가 존재해서 $x \in A$이고 $0 < x - c < \delta$이면 $|f(x) - L| < \varepsilon$일 때 L를 점 $x = c$에서의 함수 f의 우극한(right-hand limit)라 하고

$$\lim_{x\to c^+} f(x) = L (= f(c^+))$$

라고 쓴다.

(2) 또한 c가 공집합이 아닌 집합 $A \cap (-\infty, c) = \{x \in A : x < c\}$의 집적점이라고 하자. 적당한 실수 M이 존재하여, 임의 양수 ε에 대해 적당한 양수 δ가 존재해서 $x \in A$이고 $0 < c - x < \delta$이면 $|f(x) - M| < \varepsilon$일 때 M를 점 $x = c$에서의 함수 f의 좌극한(left-hand limit)라 하고

$$\lim_{x \to c^-} f(x) = M(= f(c^-))$$

라고 쓴다.

예제 3 $\lim_{x \to 0^+} x^{\frac{3}{2}} = 0 \ (x > 0)$이다.

실제로, $0 < x \le 1$이면 $x \le x^{\frac{1}{2}} \le 1$이므로 $x^2 \le x^{\frac{3}{2}} \le x$이다. $\lim_{x \to 0^+} x = 0$이므로 $\lim_{x \to 0^+} x^2 = 0$가 되어 $\lim_{x \to 0^+} x^{\frac{3}{2}} = 0$이다.

다음과 같이 수열의 개념을 이용해서 우극한과 좌극한의 특성을 알 수 있다.

정리 5.12

$A \subset \mathbb{R}$ 이고 $f: A \to \mathbb{R}$ 이며 실수 c가 집합 $A \cap (c, \infty)$의 집적점일 때 다음의 명제는 서로 동치이다.

(1) $\lim_{x \to c^+} f(x) = L$

(2) A에서의 수열 $\langle x_n \rangle$ (단, $x_n > c$)이 c에 수렴하면 f에 의한 상의 수열 $\langle f(x_n) \rangle$은 L에 수렴한다.

정리 5.13

$A \subset \mathbb{R}$, $f: A \to \mathbb{R}$ 이며 실수 c가 집합 $A \cap (-\infty, c)$의 집적점일 때 다음의 명제는 서로 동치이다.

(1) $\lim_{x \to c^-} f(x) = M$

(2) A에서의 수열 $\langle x_n \rangle$ (단, $x_n < c$)이 c에 수렴하면 f에 의한 상의 수열 $\langle f(x_n) \rangle$은 M에 수렴한다.

정리 5.14

$A \subset \mathbb{R}$, $f: A \to \mathbb{R}$ 이며 실수 c가 공집합이 아닌 두 집합 $A \cap (-\infty, c)$와 $A \cap (c, \infty)$의 집적점이라고 하자. 그러면 $\lim_{x \to c} f(x) = L$일 필요충분조건은 $\lim_{x \to c^+} f(x) = L = \lim_{x \to c^-} f(x)$이다.

⟩⟩ **증명** 정리 5.12, 5.13을 이용해서 증명 가능하다.

정의 5.3 $A \subset \mathbb{R}$, $f: A \to \mathbb{R}$ 이고 c를 집합 A의 집적점이라 하자. 임의 양수(음수) M에 대해 적당한 양수 δ가 존재해서 $0 < |x-c| < \delta$, $x \in A$이면 $f(x) > M$ $(f(x) < M)$일 때, x가 c에 가까워질 때의 함수 f의 극한은 $\infty(-\infty)$라 하고 $\lim_{x \to c} f(x) = \infty$ $(-\infty)$로 쓴다.

예제 4 실수 0는 집합 $A = \mathbb{R} \setminus \{0\}$의 집적점이다. $f(x) = \dfrac{1}{|x|}$로 정의된 함수 $f: A \to \mathbb{R}$ 의 점 $x = 0$에서의 극한은 ∞이다.
실제로, 임의 양수 M에 대해 $\delta = \dfrac{1}{M}$로 잡으면 $|x-0| < \delta$, $x \in A$이면 $f(x) = \dfrac{1}{|x|} > M$이다.

정의 5.4 $\mathbb{R}$ 의 부분집합 A가 위로 (아래로) 유계가 아니며, $f: A \to \mathbb{R}$ 이 함수라 하자. 만일 적당한 실수 L이 존재하여, 임의 양수 ε에 대해 적당한 실수 M이 존재해서 $x > M$ $(x < M)$이고 $x \in A$일 때 $|f(x) - L| < \varepsilon$이 성립하면, $x \to \infty$ $(-\infty)$일 때 f의 극한이 존재한다고 하고 L를 $x \to \infty$ $(x \to -\infty)$일 때의 함수 f의 극한이라고 한다. 그리고

$$\lim_{x \to \infty} f(x) \left(\lim_{x \to -\infty} f(x) \right) = L$$

로 쓴다.

예제 5 $A = (0, \infty)$이고 $f(x) = \dfrac{1}{x^p}$ $(p > 0)$으로 정의된 함수 $f: A \to \mathbb{R}$ 의 $x \to \infty$일 때의 극한은 $\lim_{x \to \infty} f(x) = 0$이다.

실제로, 임의 양수 ε에 대해 $M=\varepsilon^{-1/p}$로 놓으면 $x>M$이고 $x\in A$이면 $\left|\frac{1}{x^p}-0\right|<\varepsilon$이 성립한다.

연습문제

1. $c>0$일 때 $\lim_{x\to c}\frac{1}{x}=\frac{1}{c}$임을 증명하시오.

2. $\lim_{x\to 2}\frac{x^3+4}{x^2+1}=\frac{12}{5}$임을 증명하시오.

3. $f(x)=\begin{cases}1, & x>0\\ 0, & x=0\\ -1, & x<0\end{cases}$

로 정의된 함수 $f:\mathbb{R}\to\mathbb{R}$은 $x=0$에서 극한을 가지지 않으며, 정의역을 각각 $(0,\infty)$와 $(-\infty,0)$로 제한하면 우극한과 좌극한을 가짐을 보이시오.

5.2 연속함수들의 공간

연속 개념을 극한 개념과 관련시켜 체계적으로 다루기 시작한 것은 1870년대 와이어스트라스(Karl Weierstrass) 이후였다.

먼저, 한 점에서 함수의 연속성을 정의한 후 정의역 전체에서 함수의 연속성을 정의한다.

정의 5.5 $A\subset\mathbb{R}$이고 $f:A\to\mathbb{R}$이며 $c\in A$라 하자. 임의 양수 ε에 대해 적당한 양수 δ가 존재해서 $|x-c|<\delta$이고 $x\in A$이면 $|f(x)-f(c)|<\varepsilon$일 때 함수 f는 한 점 $x-c$에서 연속이라고 한다.

예제 6 집합 $A=\{1,\ 2\}$에서 $f(x)=x$로 정의된 실가 함수 f는 점 $x=1$에서 연속이다. 실제로, 임의 양수 ε에 대해 양수 $\delta=\varepsilon$을 취하면 $|x-1|<\delta$이고 $x\in A$이면 $|f(x)-f(1)|=|x-1|<\varepsilon$이다.

》**참고** (1) 예제 6에서 보았듯이 점 $x=1$은 집합 $A=\{1,\ 2\}$의 집적점이 아니지만 함수 $f(x)=x$는 점 $x=1$에서 연속이다. 따라서 정의 5.5에서 점 $x=c$가 집합 A의 집적점일 필요는 없다.

(2) 그러나 점 $x=c$가 A의 집적점이면, 함수 f가 점 $x=c$에서 연속인 것과 $f(c)=\lim\limits_{x\to c}f(x)$는 서로 동치이다. 따라서 c가 A의 집적점이면, f가 점 $x=c$에서 연속이기 위해서는

첫째, f가 점 $x=c$에서 정의되어야 하고

둘째, $\lim\limits_{x\to c}f(x)$가 존재해야 하고

셋째, $\lim\limits_{x\to c}f(x)=f(c)=f\left(\lim\limits_{x\to c}x\right)$이어야 한다.

집적점이 아닌 점을 고립점(isolated point)이라고 한다. 따라서 실수 a가 집합 S의 고립점이면 $S\setminus\{a\}\cap N(a,\ \delta)=\varnothing$인 적당한 양수 δ가 존재한다. 만일 $a\in S$이면 $S\cap N(a,\ \delta)=\{a\}$이다. 예를 들면, 집합 $B=\left\{\frac{1}{n}:\ n\in\mathrm{N}\right\}$의 모든 원소는 고립점이다. 실제로 $\delta=\frac{1}{2}\left(\frac{1}{n-1}-\frac{1}{n}\right)$라 두면 $\left(B\setminus\left\{\frac{1}{n}\right\}\right)\cap N\left(\frac{1}{n},\ \delta\right)=\varnothing$이고 $B\cap N\left(\frac{1}{n},\ \delta\right)=\left\{\frac{1}{n}\right\}$이다.

(3) 집합 A의 원소 점 $x=c$가 집합 A의 집적점이 아니면 $A\cap N(c,\ \delta)=\{c\}$인 c의 근방 $N(c,\ \delta)$가 존재한다. 따라서 함수 f는 점 $x=c$에서 자동적으로 연속이다. 고립점은 실제로 극한 과정과 무관하므로 중요하게 다뤄지지 않고 있다. 고립점에서는 연속성이 자동적으로 이루어지므로 보통 연속성을 집적점에서 다룬다. 즉 $\lim\limits_{x\to c}f(x)=f(c)$인 경우를 말한다.

정의 5.6 $A\subset\mathbb{R}$일 때 함수 $f:A\to\mathbb{R}$이 A의 모든 점에서 연속일 때 함수 f는 집합 A 위에서 연속이라고 하거나 또는 A 위에서 정의된 연속함수라 한다.

정의 5.7 함수 $f:A\to\mathbb{R}$이 점 $c\in A$에서 연속이 아닐 때 함수 f는 점 $x=c$에서 불연속

이라고 하며, 함수 $f: A \to \mathbb{R}$ 이 불연속인 점이 A에 적어도 하나 이상 존재할 때 함수 f는 집합 A에서 불연속이라고 한다.

예제 7 집합 $A = \{0\} \cup \left\{\frac{1}{n}: n \in \mathbb{N}\right\}$에서 $f(x) = x$로 정의된 실가함수 $f: A \to \mathbb{R}$ 은 연속함수이다.

》증명 A에 속하는 모든 양수 $\frac{1}{n}$ $(n \in \mathbb{N})$은 A의 고립점이므로 f는 $x = \frac{1}{n}$에서 연속이다. 예제 2에서 0은 A의 유일한 집적점이며 $\lim_{\substack{x \to 0 \\ x \in A}} f(x) = 0 = f(0)$이다. 따라서 함수 f는 집적점 $x = 0$에서 연속이다.

예제 8 집합 $A = [0,\ 1] \cup [2,\ 3) \cup \{4\}$에서

$$f(x) = \begin{cases} 1, & x \in [0,\ 1] \\ 0, & x \in [2,\ 3) \\ 2, & x \in \{4\} \end{cases}$$

로 정의된 실가함수 $f: A \to \mathbb{R}$ 은 연속함수이다.
실제로, 함수 f가 구간 $[0,\ 1]$과 $[2,\ 3)$에서 상수함수이므로 $[0,\ 1]$과 $[2,\ 3)$의 모든 점에서 연속이다. 또한 $x = 4$는 A의 고립점이므로 f는 점 $x = 4$에서 연속이다. 따라서 함수 f는 A에서 연속이다.

예제 9 $f(x) = x^2$으로 정의된 함수 $f: \mathbb{R} \to \mathbb{R}$ 은 연속함수이다.
실제로, 임의의 한 점 $x = c$에서 $\lim_{x \to c} f(x) = \lim_{x \to c} x^2 = c^2$이고 $f(c) = c^2$이므로 f는 임의의 점 $x = c$에서 연속이다. 따라서 f는 $\mathbb{R}$ 에서 연속이다.

다음은 한 점에서 연속인 함수의 특성을 수열과 관련하여 서술한 내용이다.

정리 5.15

$\mathbb{R}$ 의 부분집합 A에서 정의된 함수 $f: A \to \mathbb{R}$ 이 A의 한 점 $x = c$에서 연속일 필요충분조건은 c에 수렴하는 A에 속하는 임의 수열 $\langle x_n \rangle$에 대해 상의 열 $\langle f(x_n) \rangle$이 $f(c)$에 수렴하는 것이다.

다음의 정리는 한 점에서 불연속인 성질을 수열과 관련하여 서술한 내용이다.

정리 5.16

$\mathbb{R}$ 의 부분집합 A에서 정의된 함수 $f: A \to \mathbb{R}$ 이 A의 한 점 $x=c$에서 불연속일 필요충분조건은 어떤 수열 $\langle x_n \rangle$이 A에 존재해서 $x=c$에 수렴하지만, 상의 열 $\langle f(x_n) \rangle$은 $f(c)$에 수렴하지 않는 것이다.

예제 10 디리끄레(Dirichlet)의 불연속 함수라고 불리는

$$f(x) = \begin{cases} 1, & x\text{는 유리수} \\ 0, & x\text{는 무리수} \end{cases}$$

로 정의된 함수 $f: \mathbb{R} \to \mathbb{R}$ 은 모든 점에서 불연속이다.
실제로, 임의 유리수 a에 수렴하는 무리수열 $\langle a_n \rangle$이 존재하므로 모든 자연수 n에 대해 $f(a_n)=0$이 되어 $\lim_n f(a_n)=0$이지만 $f(a)=1$이다. 또한 임의 무리수 b에 수렴하는 유리수열 $\langle b_n \rangle$이 존재하므로 모든 자연수 n에 대해 $f(b_n)=1$이 되어 $\lim_n f(b_n)=1$이지만 $f(b)=0$이다.

다음의 정리는 근방 개념을 이용하여 한 점에서 연속인 함수의 특성을 표현한 내용이다.

정리 5.17

$\mathbb{R}$ 의 부분집합 A에서 정의된 함수 $f: A \to \mathbb{R}$ 이 A의 한 점 $x=c$에서 연속일 필요충분조건은 $f(c)$의 임의 근방 $N(f(c), \varepsilon)$에 대하여 점 $x=c$의 적당한 근방 $N(c, \delta)$가 존재해서 만일 $x \in A \cap N(c, \delta)$이면 $f(x) \in N(f(c), \varepsilon)$이다. 즉,

$$f(A \cap N(c, \delta)) \subset N(f(c), \varepsilon)$$

이다.

다음의 정리는 한 점에서의 불연속 개념을 근방 개념을 이용해서 나타낸 것이다.

정리 5.18

$\mathbb{R}$ 의 부분집합 A에서 정의된 함수 $f: A \to \mathbb{R}$ 이 A의 한 점 $x=c$에서 불연속일 필요충분조건은 $f(c)$의 어떤 근방 $N(f(c),\ \varepsilon_0)$가 존재해서, $x=c$의 임의의 근방 $N(c,\ \delta)$에 대해 대응하는 적당한 점 $x_\delta \in A$가 존재하여 $x_\delta \in A \cap N(c,\ \delta)$이지만 $f(x_\delta) \notin N(f(c),\ \varepsilon_0)$이다. 즉

$$f(A \cap N(c,\ \delta)) \not\subset N(f(c),\ \varepsilon_0)$$

이다.

예제 11

$$f(x) = \begin{cases} x, & x \neq 1 \\ 3, & x = 1 \end{cases}$$

로 정의된 함수 $f: \mathbb{R} \to \mathbb{R}$ 에 대해 $f(1)$의 $\frac{1}{2}$-근방 $N\left(f(1),\ \frac{1}{2}\right) = N\left(3,\ \frac{1}{2}\right) = \left(\frac{5}{2},\ \frac{7}{2}\right)$를 택하자. $x=1$의 임의의 δ-근방 $N(1,\ \delta)$에 대해 대응하는 점 x_δ를 $\delta \geq 1$일 때, $x_\delta = \frac{3}{2}$, $0<\delta<1$일 때, $x_\delta = 1+\frac{\delta}{2}$로 취하면 $\delta \geq 1$일 때

$$f(x_\delta) = f\left(\frac{3}{2}\right) = \frac{3}{2} \notin \left(\frac{5}{2},\ \frac{7}{2}\right)$$

이고 $0<\delta<1$일 때

$$f(x_\delta) = f\left(1+\frac{\delta}{2}\right) = 1+\frac{\delta}{2} \notin \left(\frac{5}{2},\ \frac{7}{2}\right)$$

이다.

다음의 정리는 열린집합 개념을 이용하여 한 점에서 연속인 함수의 성질을 표현한 내용이다.

정리 5.19

$\mathbb{R}$ 의 부분집합 A에서 정의된 함수 $f: A \to \mathbb{R}$ 이 A의 한 점 $x=c$에서 연속일 필요충분조건은 $f(c)$를 포함하는 임의의 열린집합 $V(f(c))$에 대하여 이에 대응하는 c를 품는 적당한 열린집합 $U(c)$가 존재하여 $x \in A \cap U(c)$이면 $f(x) \in V(f(c))$이다. 즉

$$f(A \cap U(c)) \subset V(f(c))$$

이다.

다음의 정리는 한 점에서의 불연속 개념을 열린집합 개념을 사용해서 나타낸 것이다.

정리 5.20

$\mathbb{R}$ 의 부분집합 A에서 정의된 함수 $f: A \to \mathbb{R}$ 이 A의 한 점 $x=c$에서 불연속일 필요충분조건은 $f(c)$를 품는 적당한 열린집합 $V(f(c))$가 존재해서, $x=c$를 품는 임의의 열린집합 $U(c)$에 대응하는 적당한 점 $x_{U_c} \in A$가 존재해서 $x_{U_c} \in U(c) \cap A$ 이지만 $f(x_{U_c}) \notin V(f(c))$ 이다. 즉

$$f(U(c) \cap A) \not\subset V(f(c))$$

이다.

다음은 같은 정의역 $A(\subset \mathbb{R})$와 변역 $\mathbb{R}$ 을 가진 연속함수들의 집합 $C(A)$에서 두 연속함수들의 합, 차, 곱, 몫 함수들이 역시 연속함수임을 보이고 $C(A)$가 하나의 벡터 공간이 됨을 확인한다.

A의 한 점 $x=c$에서 연속인 실가함수들의 집합을 $C(c)$라 하자.

정리 5.21

만일 $f, g, h \in C(c)$이고 $b \in \mathbb{R}$ 이면, $f+g,\ f-g,\ fg,\ bf,\ \dfrac{f}{h} \in C(c)$ (단, $h(x) \neq 0$, $x \in A$)이다.

》**증명** 점 c가 집합 A의 고립점이면 당연히 성립한다. c가 A의 집적점이면 가정에 의해 $f(c) = \lim_{x\to c} f(x)$, $g(c) = \lim_{x\to c} g(x)$이므로

$$\begin{aligned}(f+g)(c) = f(c)+g(c) &= \lim_{x\to c} f(x) + \lim_{x\to c} g(x) \\ &= \lim_{x\to c}(f(x)+g(x)) \\ &= \lim_{x\to c}(f+g)(x)\end{aligned}$$

이다. 따라서 $f+g \in C(c)$이다. 그리고

$$\begin{aligned}(f \cdot g)(c) &= f(c) \cdot g(c) \\ &= \lim_{x\to c} f(x) \cdot \lim_{x\to c} g(x)\end{aligned}$$

$$= \lim_{x \to c}(f(x) - g(x))$$

$$= \lim_{x \to c}(f \cdot g)(x)$$

이므로

$$f \cdot g \in C(c)$$

이다.

정리 5.22

f, g, $h \in C(A)$이고 $b \in \mathbb{R}$ 이면, $f+g$, $f-g$, fg, bf, $\frac{f}{h} \in C(A)$ (단, $h(x) \neq 0$, $x \in A$)이다.

》 **증명** f, $g \in C(A)$이므로 임의 $c \in A$에 대해 f, $g \in C(c)$이다. $f+g \in C(c)$이고 c는 집합 A의 임의 한 점이므로 $f+g \in C(A)$이다. 나머지의 증명도 비슷하다.

예제 12 (1) $p(x) = \sum_{i=0}^{n} a_i x^i \in C(\mathbb{R})$.

(2) $r(x) = \frac{p(x)}{q(x)} \in C(A)$ (여기서 $A = \mathbb{R} \setminus \{x : q(x) = 0\}$).

정리 5.23

$C(A)$은 하나의 벡터공간이다.

》 **증명** $C(A)$은 덧셈과 스칼라 곱셈에 대해 닫혀 있으며,

(1) 임의 원소 f, $g \in C(A)$에 대해 $f+g = g+f \in C(A)$이고

(2) 임의 원소 f, g, $h \in C(A)$에 대해 $(f+g)+h = f+(g+h) \in C(A)$이며

(3) $0 \in C(A)$이 존재해서 임의 원소 $f \in C(A)$에 대해 $f+0 = f$가 성립하고

(4) 임의 원소 $f \in C(A)$에 대해 $f+(-f) = (-f)+f = 0$인 $-f \in C(A)$가 존재하고

(5) 임의 원소 f, $g \in C(A)$와 임의 실수 a에 대해 $a(f+g) = af+ag$가 성립하고

(6) 임의 원소 $f \in C(A)$와 임의 실수 a, b에 대해 $(a+b)f = af+bf$가 성립하고

(7) 임의 원소 $f \in C(A)$와 임의 실수 a, b에 대해 $(ab)f = a(bf)$가 성립하며

(8) 임의 원소 $f\in C(A)$에 대해 $1\cdot f=f$가 성립한다.

정리 5.24

$f\in C(\mathbb{R})$이면 임의 $x\in\mathbb{R}$에 대해 $|f|(x)=|f(x)|$로 정의된 함수 $|f|$도 $C(\mathbb{R})$에 속한다.

》증명 $f\in C(\mathbb{R})$이므로 임의 한 점 $c\in\mathbb{R}$에 대해 $f\in C(c)$이다.
부등식 $||f(x)|-|f(c)||\le|f(x)-f(c)|(x\in\mathbb{R})$에 의해 $|f|\in C(c)$이므로 $|f|\in C(\mathbb{R})$이다.

정리 5.25

$f,\ g\in C(A)$이면 임의 $x\in A$에 대해

$$(\max(f,\ g))(x)=\max(f(x),\ g(x)),\ (\min(f,\ g))(x)=\min(f(x),\ g(x))$$

로 정의된 두 함수 $\max(f,\ g)$와 $\min(f,\ g)$는 $C(A)$에 속한다.

정리 5.26

$f\in C(A)$이고 모든 $x\in A$에 대해 $f(x)\ge 0$이면, $(\sqrt{f})(x)=\sqrt{f(x)}$로 정의된 함수 $\sqrt{f}$는 $C(A)$에 속한다.

》증명 c가 A의 임의 한 점이라고 하자. c가 A의 집적점이면, $f\in C(c)$이므로 $\lim_{x\to c}f(x)=f(c)$가 존재한다.
한편, $\lim_{x\to c}(\sqrt{f})(x)=\sqrt{\lim_{x\to c}f(x)}=\sqrt{f(c)}=(\sqrt{f})(c)$이므로 $\sqrt{f}\in C(c)$이다.
c는 A의 임의 한 점이므로 $\sqrt{f}\in C(A)$이다.

연습문제

1. [2004학년도 임용문제] 닫힌구간 $[0,\ 2]$에서 정의된 함수 f가 아래와 같을 때, 함수 f는 $x=1$에서 연속임을 보이시오.

$$f(x)=\begin{cases} x, & x\text{가 유리수}, \\ x^2, & x\text{가 무리수}. \end{cases}$$

2. 함수 $f:\mathbb{R}\to\mathbb{R}$이 점 $x=c$에서 연속이라고 하자. 만일 $f(c)>0$이면, c의 어떤 근방 $N(c,\ \delta)$가 존재해서 $x\in N(c,\ \delta)$이면 $f(x)>0$이 성립한다.

3. 함수 $f:\mathbb{R}\to\mathbb{R}$이 임의 실수 $x,\ y$에 대해 $f(x+y)=f(x)+f(y)$을 만족한다고 하자.

(i) 만일 $\lim\limits_{x\to 0}f(x)=L$이 존재한다면, $L=f(0)=0$이고 f는 임의 점 $x=c$에서 극한 $f(c)$를 가진다 (즉, f가 $x=0$에서 연속이면 f는 모든 점에서 연속이다).

(ii) 만일 함수 f가 어떤 점 x_0에서 연속이면, f는 $\mathbb{R}$의 모든 점에서 연속이다.

4. 함수 $f:A(\subset\mathbb{R})\to\mathbb{R}$이 고립점 $c(\in A)$에서 연속임을 보이시오.

5.3 구간 위에서의 연속함수

만일 구간 I의 임의 두 점 x와 y가 $x<y$를 만족하면 구간 $[x,\ y]\subset I$이다. 그러면 역으로 $\mathbb{R}$의 부분집합 S가 다음의 성질

"만일 $x,\ y\in S$이고 $x<y$일 때 $[x,\ y]\subset S$이다"

를 만족하면 S는 구간일까? 혹은 아닐까?가 관심거리이다.

정리 5.27

구간의 특성

S가 $\mathbb{R}$의 부분집합이라고 하자. 만일 $x,\ y\in S$이고 $x<y$일 때 $[x,\ y]\subset S$이면, S는 하나의 구간이다.

〉〉 **증명스케치** (i) S가 유계인 경우, (ii) S가 아래로 유계이고 위로 유계가 아닌 경우,

(iii) S가 위로 유계이고 아래로 유계가 아닌 경우, (iv) S가 아래로 유계도 아니고 위로도 유계가 아닌 경우로 나누어 증명한다.

다음은 집합의 유계성을 이용해서 함수의 유계성을 학습한다.

정의 5.8 [함수의 유계] $A \subset \mathbb{R}$ 이고 $f: A \to \mathbb{R}$ 이 함수일 때 적당한 양수 M이 존재해서 임의 $x \in A$에 대해 $|f(x)| \le M$을 만족할 때 함수 f는 집합 A 위에서 유계(bounded)이다 라고 한다.

예제 13 $A = (a, \infty)$ (단, $a > 0$)일 때 $f(x) = \dfrac{1}{x}$로 정의된 함수 $f: A \to \mathbb{R}$ 은 유계이다.

왜냐하면 $M = \dfrac{2}{a}$로 잡으면 임의 $x \in (a, \infty)$에 대해 $|f(x)| = \left|\dfrac{1}{x}\right| < \dfrac{1}{a} < \dfrac{2}{a} = M$이다. 그러나 $A = (0, \infty)$일 때 유계가 아니다.

실제로, 어떠한 양수 M을 취하더라도 적당한 $x_M = \dfrac{1}{M+1}$이 A에 존재해서 $f(x_M) = \dfrac{1}{x_M} = M + 1 > M$을 만족한다.

다음의 정리는 연속인 함수가 유계이기 위해서는 함수의 정의역에 대한 적절한 제약이 필요함을 보이고 있다.

정리 5.28

유계성 정리

$I = [a, b]$가 유계 닫힌구간이고 함수 $f: I \to \mathbb{R}$ 이 I에서 연속이면 f는 I에서 유계이다.

〉〉**증명** (모순법) f가 I에서 유계가 아니면 임의 자연수 $n \in \mathbb{N}$ 에 대해 $|f(x_n)| > n$을 만족하는 원소 $x_n \in I$이 존재한다. 수열 $\langle x_n \rangle$이 유계이므로 Bolzano-Weierstrass 정리에 의해 수렴하는 부분수열 $\langle x_{n_k} \rangle$가 I에 존재한다. $\lim\limits_k x_{n_k} = x$라 하면, 구간 I는 닫힌집합이므로 $x \in I$이다. 함수 f는 점 x에서 연속이므로

$$\lim_k f(x_{n_k}) = f(x)$$

이다. 상의 수열 $\langle f(x_{n_k})\rangle$는 수렴하므로 유계이다. 이러한 사실은

$$|f(x_{n_k})| > n_k \geq k \quad (k \in \mathbb{N})$$

에 모순이다.

다음의 예제는 비록 정의 구간이 유계집합이고 닫힌집합일지라도 함수가 연속이 아니면 유계를 보장할 수 없음을 보이고 있다.

예제 14 집합 $A = [0, 1]$에서

$$f(x) = \begin{cases} \dfrac{1}{x}, & x \in (0, 1] \\ 1, & x = 0 \end{cases}$$

로 정의된 함수는 A에서 불연속이다. 그리고 유계가 아니다.

다음의 최대치·최소치 정리는 함수 f의 유계성과 함께 함수 f가 최댓값, 최솟값을 가지는 점의 존재성을 보장한다.

정리 5.29

최대치 · 최소치 정리

$I = [a, b]$가 유계 닫힌구간일 때 함수 $f : I \to \mathbb{R}$ 이 I에서 연속이면 f는 I 위에서 최댓값과 최솟값을 가진다. 즉,

$$f(x^*) = \sup\{f(x) : x \in I\} = \sup f(I), \ f(x_*) = \inf\{f(x) : x \in I\} = \inf f(I)$$

가 되는 점 x^*와 x_*가 I에 존재한다.

》**증명** 함수 f가 유계 닫힌구간 I 위에서 연속이므로 유계성 정리에 의해 f는 I에서 유계이다. 집합 $f(I) = \{f(x) : x \in I\}$가 유계이므로 상한 $s^* = \sup f(I)$와 하한 $s_* = \inf f(I)$가 존재한다.

(1) 먼저, 최댓값을 가지는 것을 증명한다.

임의의 자연수 $n \in \mathbb{N}$에 대해 $s^* - \dfrac{1}{n}$은 집합 $f(I)$의 상계가 아니므로 $s^* - \dfrac{1}{n} < f(x_n) \leq s^* (n \in \mathbb{N})$을 만족하는 수열 $\langle x_n\rangle$가 I에 존재한다. 수열 $\langle x_n\rangle$은 유계이므로 수렴하는 부분수열 $\langle x_{n_k}\rangle$가 I에 존재한다. $\lim_k x_{n_k} = x^*$라

하면 I가 닫힌집합이므로 $x^* \in I$이다. f가 x^*에서 연속이므로 $\lim_k f(x_{n_k}) = f(x^*)$이다. 모든 자연수 $k \in \mathbb{N}$에 대해

$$s^* - \frac{1}{n_k} < f(x_{n_k}) \le s^*$$

이므로 squeeze 정리에 의해

$$\lim_k f(x_{n_k}) = s^*$$

이다. 따라서 $f(x^*) = \lim_k f(x_{n_k}) = s^* = \sup f(I)$

이 성립한다. x^*는 함수 f가 I에서 최댓값을 갖는 점이다.

(2) 최솟값의 경우의 증명도 거의 동일하다.

다음의 예제는 최대치·최소치 정리에서 함수 f가 비록 유계 닫힌구간에서 정의되었더라도 연속이 아니면 그 결과를 보장할 수 없음을 보이고 있다.

예제 15 유계 닫힌구간 $[-1, 2]$에서

$$f(x) = \begin{cases} (x-1)^2 - 1, & x \in (-1, 2] \setminus \{1\} \\ 0, & x = -1, 1 \end{cases}$$

로 정의된 함수 $f : [-1, 2] \to \mathbb{R}$은 연속함수가 아니며 최댓값과 최솟값을 가지지 않는다.

정리 5.30

근의 정리

유계 닫힌구간 $I = [a, b]$에서 정의된 함수 $f : I \to \mathbb{R}$이 연속함수라고 하자. 만일 $f(a) < 0 < f(b)$ (혹은 $f(b) < 0 < f(a)$)이면 $f(c) = 0$ 되는 점 c가 (a, b)에 존재한다.

〉〉 **증명** $f(a) < 0 < f(b)$일 때 구간 $I = [a, b]$에 이분법(bisection method)를 연속적으로 적용하여 축소 유계 닫힌구간열을 만들어 간다. 먼저 $I = [a, b]$를 $I_1 = [a_1, b_1]$이라 두고 $p_1 = \dfrac{a_1 + b_1}{2}$라 하자.

$f(p_1) = 0$이면, $c = p_1$이 되어 증명은 끝난다.

$f(p_1) > 0$이면, $[a_1, p_1]$를 $I_2 = [a_2, b_2]$로

$f(p_1) < 0$이면, $[p_1, b_1]$를 $I_2 = [a_2, b_2]$로

두면, $I_2 \subset I_1$이고 $f(a_2) < 0$, $f(b_2) > 0$이다. 이와 같이 이분법을 계속 적용하여, 구간 I_1, I_2, $\cdots$, I_k를 얻어 $f(a_k) < 0$이고 $f(b_k) > 0$이 되게 한다.

$p_k = \frac{1}{2}(a_k + b_k)$라 두어

$f(p_k) = 0$이면, $c = p_k$이 되어 증명은 끝난다.

$f(p_k) > 0$이면, $a_{k+1} = a_k$, $b_{k+1} = p_k$

$f(p_k) < 0$이면, $a_{k+1} = p_k$, $b_{k+1} = b_k$

라 두어 $I_{k+1} = [a_{k+1}, b_{k+1}]$라 하면 $I_{k+1} \subset I_k$이고 $f(a_{k+1}) < 0$, $f(b_{k+1}) > 0$이 된다.

(1) 만일 이분법을 적용하는 과정에서 한 점 p_n에서 $f(p_n) = 0$이 되면 $c = p_n$이 되어 증명은 끝난다.

(2) 그렇지 않으면, 축소 유계 닫힌구간열 $\langle I_n = [a_n, b_n] \rangle$을 얻게 되며 모든 $n \in \mathbb{N}$에 대해 $f(a_n) < 0$이고 $f(b_n) > 0$가 된다.

(3) 또한 $b_n - a_n = \frac{b-a}{2^{n-1}}$이며, 축소구간정리에 의해 $\bigcap_{n=1}^{\infty} I_n \neq \varnothing$이 된다.

$c \in \bigcap_{n=1}^{\infty} I_n$라 하면 모든 $n \in \mathbb{N}$에 대해 $a_n \le c \le b_n$이므로 $0 \le c - a_n \le b_n - a_n = \frac{b-a}{2^{n-1}}$이고 $0 \le b_n - c \le b_n - a_n = \frac{b-a}{2^{n-1}}$이다. 따라서

$$\lim_n a_n = c = \lim_n b_n$$

이다. 한편, f는 점 $x = c$에서 연속이므로 $\lim_n f(a_n) = f(c) = \lim_n f(b_n)$이고 모든 $n \in \mathbb{N}$에 대해 $f(b_n) > 0$이므로 $f(c) = \lim_n f(b_n) \ge 0$이고 $f(a_n) < 0$이므로 $f(c) = \lim_n f(a_n) \le 0$이다. 따라서 $f(c) = 0$이다.

예제 16 방정식 $x^2 \cdot e^x - 2 = 0$는 구간 $[0, 1]$에서 근을 가진다.

실제로, 함수 $f(x) = x^2 \cdot e^x - 2$는 유계 닫힌구간 $[0, 1]$에서 연속이며 $f(0) = -2 < 0$이고 $f(1) = e - 2 > 0$이다.

정리 5.31

Bolzano Intermediate Value Theorem (중간값 정리)

임의 구간 I 위에서 정의된 함수 $f: I \to \mathbb{R}$이 연속이라고 하자. I에 속하는 임의 실수 a와 b $(a<b)$에 대해 $f(a)<f(b)$ $(f(a)>f(b))$이면 구간 $(f(a), f(b))$ $((f(b), f(a)))$에 속하는 임의 실수 $m \in (f(a), f(b))$ $((f(b), f(a)))$에 대해 적당한 실수 c가 열린구간 (a, b)에 존재하여 $f(c)=m$을 만족한다.

》증명 $g(x)=f(x)-m$이라 하면 $g(a)<0<g(b)$이다. 따라서 근의 정리에 의해 $g(c)=0$를 만족하는 점 c가 (a, b)에 존재한다. $g(c)=f(c)-m$이므로 $f(c)=m$이다.

따름정리 5.32

함수 $f:[a, b] \to \mathbb{R}$가 연속이며 상수함수가 아니라고 하자. 만일 실수 ℓ이 $\inf f([a, b])<\ell<\sup f([a, b])$을 만족하면 $f(c)=\ell$를 만족하는 점 c가 (a, b)에 존재한다. $(\inf f([a, b])=\inf\limits_{x \in [a, b]} f(x),\ \sup f([a, b])=\sup\limits_{x \in [a, b]} f(x))$

》증명 최대치·최소치 정리에 의해 $\inf f([a, b])=f(c_*)$와 $\sup f([a, b])=f(c^*)$를 만족하는 점 c_*, $c^* \in [a, b]$에 존재한다. $f(c_*)<\ell<f(c^*)$이므로 Bolzano의 중간값 정리에 의해 $f(c)=\ell$를 만족하는 점 c가 (a, b)에 존재한다.

따름정리 5.33

유계 닫힌구간 $[a, b]$ 위에서 정의된 함수 $f:[a, b] \to \mathbb{R}$이 연속이고 상수함수가 아니면 $f([a, b])$는 닫힌구간이다.

》증명 $m=\inf f([a, b])$, $M=\sup f([a, b])$라 하면 최대치·최소치 정리에 의해 m, $M \in f([a, b])$이다. 또한 $f([a, b]) \subset [m, M]$이다. 한편, (m, M)에 속하는 임의 양수 ℓ에 대해 $\ell=f(c)$를 만족하는 점 c가 (a, b)에 존재한다. $\ell \in f([a, b])$이므로 $(m, M) \subset f([a, b])$이다. 또한 m, $M \in f([a, b])$이므로 $[m, M] \subset f([a, b])$이다. 따라서 $f([a, b])$는 유계 닫힌구간이다.

다음의 예제는 열린구간의 연속함수에 의한 상이 열린구간일 필요가 없으며, 비유계 닫힌구간의 연속함수에 의한 상이 닫힌구간일 필요가 없음을 보인다.

예제 17 열린구간 $I_1 = (-1, 1)$와 닫힌구간 $I_2 = [0, \infty)$의 연속함수 $f(x) = \frac{1}{1+x^2}$에 의한 상은 각각 $f(I_1) = \left(\frac{1}{2}, 1\right]$와 $f(I_2) = (0, 1]$이다.

다음의 정리는 구간 I의 열림·닫힘 성질에 무관한 내용이다.

정리 5.34

구간보존정리

구간 I에서 정의된 함수 $f: I \rightarrow \mathbb{R}$이 I에서 연속이면 그 상 $f(I)$도 구간이다.

〉〉**증명** $\alpha, \beta \in f(I)$, $\alpha < \beta$라 하면 $\alpha = f(a)$, $\beta = f(b)$가 되는 점 a와 b가 I에 존재한다. 만일 $k \in (\alpha, \beta)$이면 Bolzano의 중간값 정리에 의해 $k = f(c)$ 되는 점 c가 I에 존재한다. $f(c) \in f(I)$이므로 $[\alpha, \beta] \subset f(I)$이다. 따라서 구간의 특성에 의해 $f(I)$는 하나의 구간이다.

연 습 문 제

1. [2006학년도 임용문제] 실수 집합을 $\mathbb{R}$이라 하자.

선형변환(linear transformation) $L: \mathbb{R}^n \rightarrow \mathbb{R}^m$은 $\mathbb{R}^n$의 임의의 두 점 x, y $(x \neq y)$를 잇는 선분 $\{(1-t)x + ty : 0 \leq t \leq 1\}$을 $\mathbb{R}^m$에 포함되는 선분(또는 점)으로 보내는 것을 보이시오.

2. 최대치·최소치 정리에서 최솟값을 가지는 경우를 증명하시오.

3. 최대치·최소치 정리에서 최댓값을 가지는 결과를 이용해서 최솟값을 가지는 경우를 증명하시오.

4. A가 $\mathbb{R}$의 닫힌 부분집합이면 A에 속하는 모든 수렴하는 수열 $\langle x_n \rangle$의 극한은 A에 속함을 보이시오.

5.4 함수의 평등연속성

함수 $f: A(\subset \mathbb{R}) \to \mathbb{R}$가 점 $c \in A$에서 연속일 필요충분조건은 c와 주어진 임의 양수 ε에 따라 적당한 양수 $\delta = \delta(c, \varepsilon)$이 존재해서 $x \in A$이고 $|x-c| < \delta$이면 $|f(x)-f(c)| < \varepsilon$인 것이다. 이것은 점 $x=c$의 값에 따라 δ의 값이 다르게 결정됨을 의미한다. 예를 들면, 함수 $f(x) = \sin\frac{1}{x}$ $(x \neq 0)$는 점 $c \neq 0$에서 연속이므로 임의 양수 ε에 대해 적당한 양수 $\delta_1 = \delta_1(c, \varepsilon)$이 존재해서

$$c - \delta_1 < x < c + \delta_1 \text{이고 } x \neq 0 \text{이면, } \sin\left(\frac{1}{c}\right) - \varepsilon < \sin\frac{1}{x} < \sin\left(\frac{1}{c}\right) + \varepsilon$$

이다.

만일 다른 값 $d \neq 0$에서 연속이면 임의 양수 ε에 대해 적당한 양수 $\delta_2 = \delta_2(d, \varepsilon)$가 존재해서 $d - \delta_2 < x < d + \delta_2$이고 $x \in A$이면,

$$\sin\left(\frac{1}{d}\right) - \varepsilon < \sin\frac{1}{x} < \sin\left(\frac{1}{d}\right) + \varepsilon$$

이다. 이처럼 δ_1과 δ_2는 각각 c와 d의 값에 따라 결정된다. 그러나, 연속함수 $f(x) = 2x$인 경우, 임의 양수 ε과 한 점 $x=c$에 대해 적당한 양수 $\delta = \delta(c, \varepsilon)$이 존재하여 $|x-c| < \delta$, $x \in \mathbb{R}$이면 $|2x - 2c| < \varepsilon$이다. $|x-c| < \delta$이고 $x \in \mathbb{R}$이면 $|x-c| < \frac{\varepsilon}{2}$이므로 δ는 c의 값에 관계없이 $\frac{\varepsilon}{2}$보다 작은 양의 값이면 된다.

이 과에서는 양수 δ의 존재성이 연속함수의 정의역의 점에 관계없이 단지 주어진 양수 ε에만 따라 결정되는 경우의 연속성을 기존의 한 점에서 연속성과 구별하여 학습한다.

정의 5.9 함수 $f: A(\subset \mathbb{R}) \to \mathbb{R}$가 A에서 평등연속(uniformly continuous)이라 함은 임의 주어진 양수 ε에 대해 적당한 양수 $\delta = \delta(\varepsilon)$가 존재해서 $|x-y| < \delta(\varepsilon)$, x,

$y \in A$ 이면

$$|f(x) - f(y)| < \varepsilon$$

을 만족함을 의미한다.

예제 18 $f(x) = x^2$ 으로 정의된 함수 $f: (0, 2) \to \mathbb{R}$ 은 정의역 $(0, 2)$에서 평등연속이다. 실제로, 임의 양수 ε에 대해 $\delta = \dfrac{\varepsilon}{4}$이 존재해서 $(0, 2)$에 속하는 임의 실수 x와 y가 $|x - y| < \delta$이면

$$\begin{aligned} |x^2 - y^2| &= |x + y||x - y| \\ &< 4|x - y| \\ &< 4\delta = \varepsilon \end{aligned}$$

이다.

함수 $f: A(\subset \mathbb{R}) \to \mathbb{R}$ 가 정의역 A에서 평등연속일 때는 $|x - y| < \delta$를 만족하는 x, y는 집합 A에 속하는 임의 실수이다. 그러나 점 c에서 연속일 때는 $|x - c| < \delta$를 만족하는 x는 A에 속하는 임의의 실수이지만, c는 A의 고정된 원소이다. 따라서 함수 f가 A에서 평등연속이면 연속이다.

함수 $f: A(\subset \mathbb{R}) \to \mathbb{R}$ 의 평등연속성과 연속성의 관계를 다루는 것은 중요한 일이므로, 이해를 돕기 위해 먼저 함수 f가 평등연속하지 않는 것의 필요충분조건을 평등연속 개념과 관련하여 학습한다.

정리 5.35

주어진 함수 $f: A(\subset \mathbb{R}) \to \mathbb{R}$ 에 대해 다음은 서로 동치이다.

(1) f는 A에서 평등연속이 아니다.

(2) 적당한 양수 ε_0가 존재해서, 임의 양수 δ에 대해 이에 대응하는 x_δ, c_δ가 A에 존재하여 $|x_\delta - c_\delta| < \delta$이지만 $|f(x_\delta) - f(c_\delta)| \geq \varepsilon_0$이다.

(3) 적당한 양수 ε_0가 존재하고, 두 개의 수열 $\langle x_n \rangle$, $\langle c_n \rangle$가 A에 존재해서 $\lim_n (x_n - c_n) = 0$이지만 $|f(x_n) - f(c_n)| \geq \varepsilon_0$이다.

예제 19 함수 $f(x)=\dfrac{1}{x}$는

(1) 구간 $(a,\ \infty)\ (a>0)$에서는 평등연속이지만,

(2) 구간 $(0,\ \infty)$에서는 평등연속이 아니다.

≫ **증명** (1) 임의 양수 ε에 대해 $\delta=a^2\varepsilon$라 하면 $x,\ y\in(a,\ \infty)$이고 $|x-y|<\delta=a^2\varepsilon$이면

$$\left|\frac{1}{x}-\frac{1}{y}\right|=\frac{|x-y|}{xy}<\frac{\delta}{a^2}=\varepsilon$$

이다. 따라서 f는 $(a,\ \infty)\ (a>0)$에서 평등연속이다.

(2) 고정된 양수 ε_0와 구간 $\left(0,\ \dfrac{1}{\varepsilon_0}\right)$에 속하는 임의 양수 δ에 대해 $x=\delta$, $y=\dfrac{\delta}{2}$를 취하면 $|x-y|=\dfrac{\delta}{2}<\delta$이지만

$$|f(x)-f(y)|=\left|\frac{1}{\delta}-\frac{2}{\delta}\right|=\frac{1}{\delta}>\varepsilon_0$$

이다. 따라서 f는 $(0,\ \infty)$에서 평등연속이 아니다.

정리 5.35(3)을 적용해서 증명하면, 실제로 $x_n=\dfrac{1}{n}$, $c_n=\dfrac{1}{n+1}$ $(n\in\mathbb{N})$, $\varepsilon_0=1$에 대해

$$\lim_n(x_n-c_n)=\lim_n\left(\frac{1}{n}-\frac{1}{n+1}\right)=0$$

이지만

$$|f(x_n)-f(c_n)|=1\ \ (n\in\mathbb{N})$$

이다.

정리 5.36

평등연속성 정리

I가 유계 닫힌구간이고 함수 f가 I 위에서 연속이면 f는 I 위에서 평등연속이다.

≫ **증명** (모순법) f가 I 위에서 평등연속이 아니면, 어떤 양수 ε_0와 수열 $\langle x_n\rangle$, $\langle c_n\rangle$가 I에 존재하여, $|x_n-c_n|<\dfrac{1}{n}$이고 $|f(x_n)-f(c_n)|\geq\varepsilon_0$ $(n\in\mathbb{N})$가 성립한다. 한편 I는 유계이므로 $\langle x_n\rangle$는 유계수열로 Bolzano-Weierstrass 정리에 의해 수

렴하는 부분수열 $\langle x_{n_k} \rangle$를 가진다. $\lim_k x_{n_k} = x$라 하면 I가 닫힌집합이므로 $x \in I$이다. $|c_{n_k} - x| \le |c_{n_k} - x_{n_k}| + |x_{n_k} - x|$이므로 대응되는 부분수열 $\langle c_{n_k} \rangle$도 x에 수렴한다. 함수 f가 점 x에서 연속이므로

$$\lim_k (f(x_{n_k})) = \lim_k (f(c_{n_k})) = f(x)$$

이다. 이것은 $|f(x_n) - f(c_n)| \ge \varepsilon_0 \ (n \in \mathbb{N})$에 모순이다.

평등연속성 정리에서는 함수 f의 정의역이 유계 닫힌구간이다. 그러나 함수 f의 정의역이 유계성이나 닫힘성(closedness)의 조건이 없는 일반적인 집합인 경우 함수 f에 연속성보다는 좀 더 강한 조건을 도입한다면 가능할 수도 있다. 다음에 소개하는 정의와 정리는 부동점 이론(fixed point theory)에서 활용되는 내용이다.

정의 5.10 함수 $f : A(\subset \mathbb{R}) \to \mathbb{R}$이 다음의 조건

"어떤 상수 $K > 0$가 존재해서 집합 A의 임의의 원소 x, y에 대해

$$|f(x) - f(y) \le K|x - y|$$

가 성립한다"

을 만족할 때 f를 A 위에서의 Lipschitz 함수라고 하며, 함수 f가 A 위에서 Lipschitz 조건을 만족한다고 한다. 또한 K를 Lipschitz 상수라 한다.

예제 20 함수 $f(x) = x^2$은 구간 $I = [0,\ b]$ $(b > 0)$에서 Lipschitz 조건을 만족한다. 실제로, I의 임의 원소 x, y에 대해

$$|f(x) - f(y)| = |x^2 - y^2| = |x + y||x - y| \le 2b|x - y|$$

이다. 따라서 $K = 2b$이다.

예제 21 함수 $f(x) = \sqrt{x}$는 유계 닫힌구간 $I = [0,\ 2]$에서 연속이므로 평등연속성 정리에 의해 I에서 평등연속이다. 하지만 모든 x, $y \in I$에 대해

$$\left| \frac{1}{\sqrt{x} + \sqrt{y}} \right| = \left| \frac{\sqrt{x} - \sqrt{y}}{x - y} \right| \le K$$

를 만족하는 양수 K가 존재하지 않으므로 $f(x) = \sqrt{x}$는 $I = [0,\ 2]$에서

Lipschitz 조건을 만족하지 않는다.

정리 5.37

함수 $f: A(\subset \mathbb{R}) \to \mathbb{R}$ 이 Lipschitz 상수 K를 가지는 Lipschitz 함수이면 f는 평등연속이다.

〉〉증명 임의 주어진 양수 ε에 대해 $\delta = \dfrac{\varepsilon}{K}$으로 잡으면 A의 임의 원소 x, y가 $|x-y| < \delta$를 만족할 때

$$|f(x) - f(y)| < K|x-y| = K \cdot \frac{\varepsilon}{K} = \varepsilon$$

이다.

다음의 예제는 함수 $f(x) = \sqrt{x}$가 비유계 닫힌구간에서 Lipschitz 조건을 만족하는 것을 보여주고 있다.

예제 22 함수 $f(x) = \sqrt{x}$는 구간 $J = [1, \infty)$에서 Lipschitz 조건을 만족한다.
실제로 J에 속하는 임의 원소 x, y에 대해

$$|\sqrt{x} - \sqrt{y}| = \frac{|x-y|}{\sqrt{x} + \sqrt{y}} \le \frac{1}{2}|x-y|$$

이다. 따라서 정리 5.37에 의해 $f(x) = \sqrt{x}$는 $[1, \infty)$에서 평등연속이다.

정리 5.38

함수 $f: A(\subset \mathbb{R}) \to \mathbb{R}$ 이 평등연속이면, A에서의 Cauchy 수열 $\langle x_n \rangle$의 f에 의한 상의 수열 $\langle f(x_n) \rangle$도 Cauchy 수열이다.

〉〉증명 f의 평등연속성에 의해 임의 양수 ε에 대해 적당한 양수 δ가 존재해서 $|x-y| < \delta$이고 x, $y \in A$이면 $|f(x) - f(y)| < \varepsilon$이다. 한편, $\langle x_n \rangle$이 A에서 Cauchy 수열이므로 적당한 자연수 $K(\delta) \in \mathbb{N}$가 존재해서 m, $n \ge K(\delta)$이면

$$|x_n - x_m| < \delta$$

이다. 그러므로 $m,\ n \geq K(\delta)$이면

$$|f(x_n) - f(x_m)| < \varepsilon$$

이 되어 상의 수열 $\langle f(x_n) \rangle$은 Cauchy 수열이다.

예제 23 함수 $f(x) = \dfrac{1}{x}$는 열린구간 $(0,\ \infty)$에서 연속이지만 평등연속은 아니다. 수열 $\left\langle \dfrac{1}{n} \right\rangle$은 $(0,\ \infty)$에서 Cauchy 수열이지만 그 상의 열 $\left\langle f\left(\dfrac{1}{n}\right) \right\rangle = \langle n \rangle$은 Cauchy 수열이 아니다.

연습문제

1. 함수 $f(x) = \dfrac{1}{1+x^2}$이 실수집합 $\mathbb{R}$에서 평등연속임을 보이시오.

2. 함수 $f,\ g : A(\subset \mathbb{R}) \to \mathbb{R}$가 A에서 유계이고 평등연속이면, 두 함수의 곱 fg는 A에서 평등연속임을 보이시오.

3. 유계집합 A에서 정의된 함수 $f : A \to \mathbb{R}$가 집합 A에서 평등연속이면 f는 유계임을 보이시오.

4. 함수 $f : A(\subset \mathbb{R}) \to \mathbb{R}$가 "임의 양수 $\varepsilon > 0$에 대해 적당한 평등연속함수 $g_\varepsilon : A \to \mathbb{R}$이 존재해서 $x \in A$이면 $|f(x) - g_\varepsilon(x)| < \varepsilon$이 되어 성립한다"를 만족한다면 f는 A에서 평등연속임을 보이시오.

5.5 Weierstrass의 근사 정리

다루기가 쉽지 않는 연속함수를 다루기 쉬운 간단한 기본적인 함수로 근사시키는 것에 대해 학습한다. 넓게는 근사 이론(approximation theory), 좁게는 근사 정리(approximation theorem)에 해당하는 이 부분의 내용들은 공학을 포함한 많은 분야에 응용되고 있다.

정의 5.11 구간 $I=[a,\ b]$에서 정의된 함수 $f:\ I\to\mathbb{R}$ 이 유한개의 서로 다른 값을 가지되, 유한개의 각 값이 I의 한 부분구간 또는 여러 개의 부분구간 위에서의 값일 때 함수 $f:\ I\to\mathbb{R}$ 을 계단함수(step function)라고 한다.

예제 24

$$f(x)=\begin{cases}-1, & -2\le x\le -1\\ 1, & -1<x<0\\ -1, & 0\le x<2\\ 2, & x=2\\ -2, & 2<x\le 3\end{cases}$$

으로 정의된 함수 $f:\ [-2,\ 3]\to\mathbb{R}$ 은 계단함수이다.

정리 5.39

함수 $f:\ [a,\ b]\to\mathbb{R}$ 가 연속이면, 임의 양수 ε에 대해 적당한 계단함수 $f_\varepsilon:\ [a,\ b]\to\mathbb{R}$ 이 존재해서 $[a,\ b]$의 모든 x에 대해

$$|f(x)-f_\varepsilon(x)|<\varepsilon$$

이 성립한다.

》증명 함수 f가 유계 닫힌구간 $[a,\ b]$ 위에서 연속이므로 평등연속성 정리에 의해 f는 $[a,\ b]$ 위에서 평등연속이다. 따라서 임의 양수 ε에 대해 적당한 양수 $\delta(\varepsilon)$가 존재해서 $x,\ y\in[a,\ b]$ 이고 $|x-y|<\delta(\varepsilon)$이면 $|f(x)-f(y)|<\varepsilon$이 성립한다. 충분히 큰 자연수 m을 잡아 $\dfrac{b-a}{m}<\delta(\varepsilon)$이 되게 해서 $h=\dfrac{b-a}{m}$라 하자. m개의 부분구간을

$$I_1=[a,\ a+h),\ I_2=[a+h,\ a+2h),\ \cdots,\ I_k=[a+(k-1)h,\ a+kh),\ \cdots,$$
$$I_m=[a+(m-1)h,\ a+mh]$$

라 하자. I_k의 길이는

$$\ell(I_k) = h < \delta(\varepsilon) \qquad (k=1,\ \cdots,\ m)$$

이므로 I_k $(k=1,\ \cdots,\ m)$의 임의 두 원소 x_k, y_k $(k=1,\ \cdots,\ m)$에 대해

$$|f(x_k) - f(y_k)| < \varepsilon$$

이다. I_k $(k=1,\ \cdots,\ m)$의 임의 원소 x에 대해 함수 $f_\varepsilon : I_k \to \mathbb{R}$을 $f_\varepsilon(x) = f(a+(k-1)h)$으로 정의하면 f는 I_k $(k=1,\ \cdots,\ m)$에서 상수값을 갖는다. 따라서 $x \in I_k$이면 $|f(x) - f_\varepsilon(x)| = |f(x) - f(a+(k-1)h)| < \varepsilon$ $(k=1,\ \cdots,\ m)$ 이므로 I의 임의 원소 x에 대해

$$|f(x) - f_\varepsilon(x)| < \varepsilon$$

이다.

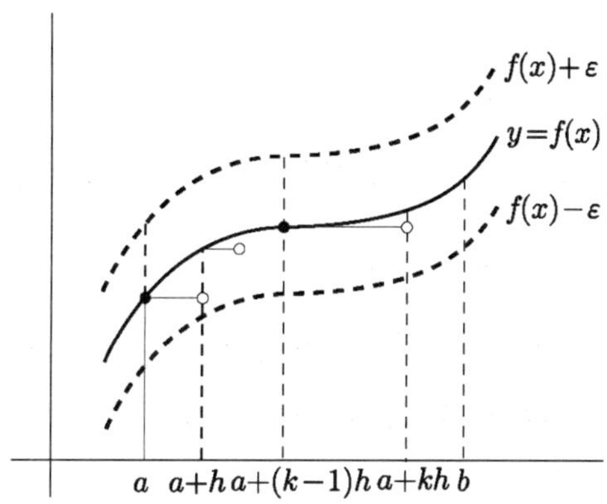

예제 25 $f(x) = x$로 정의된 함수 $f : [0,\ 1] \to \mathbb{R}$는 계단함수에 의해 근사된다.

실제로 임의 양수 ε에 대해 $\frac{1}{m} < \varepsilon$이 되는 적당한 자연수 $m \in \mathbb{N}$이 존재하므로 구간 $[0,\ 1]$를 $(m+1)$개로 등분하여 부분구간 $I_k = \left[\frac{k-1}{m+1},\ \frac{k}{m+1}\right)$ $(k=1,\ \cdots,\ m)$, $I_{m+1} = \left[\frac{m}{m+1},\ 1\right]$을 얻는다. 함수 $f_\varepsilon : [0,\ 1] \to \mathbb{R}$를 각 부분구간 I_k $(k=1,\ \cdots,\ m+1)$에서 같은 값을 갖도록 $f_\varepsilon(x) = \frac{k-1}{m+1}$ $(k=1,\ \cdots,\ m+1)$로 정의하면 f_ε은 계단함수이며, 임의 원소 $x \in I_k$에 대해

$$|f(x) - f_\varepsilon(x)| \le \frac{k}{m+1} - \frac{k-1}{m+1} = \frac{1}{m+1} < \varepsilon \ (k=1,\ \cdots,\ m+1)$$

이다. 따라서 임의 원소 $x \in [0,\ 1]$에 대해

$$|f(x) - f_{\varepsilon}(x)| < \varepsilon$$

이다.

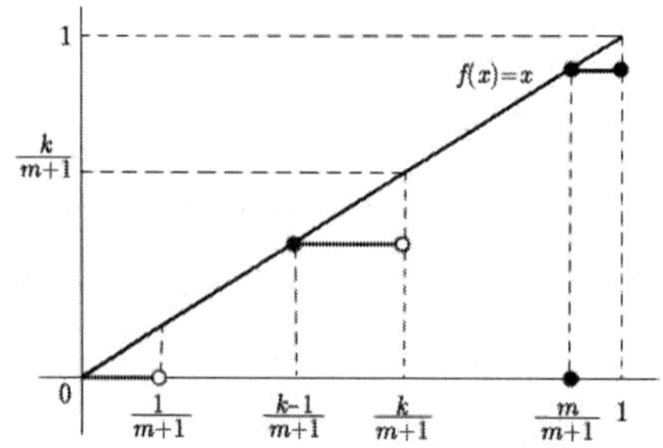

다소 복잡한 연속함수를 근사시켜 얻은 계단함수는 많이 단순해졌지만 거의 대부분이 불연속이라는 수학적 약점을 가지고 있다. 이러한 불연속성을 제거한 근사함수를 다음에서 다루고자 한다.

정의 5.12 함수 $f : [a,\ b] \to \mathbb{R}$ 의 정의역 $[a,\ b]$를 유한개의 구간 I_k $(k = 1,\ \cdots,\ m)$로 나누어 $\bigcup_{k=1}^{m} I_k = [a,\ b]$이고 $I_i \cap I_j = \varnothing$ $(i,\ j = 1,\ \cdots,\ m,\ i \neq j)$ 되게 하자. 함수 f를 각 부분구간 I_k에서 선형화(linearization)하여 구한 함수 f_ℓ을 조각적 선형함수(piecewise linear function)라고 한다.

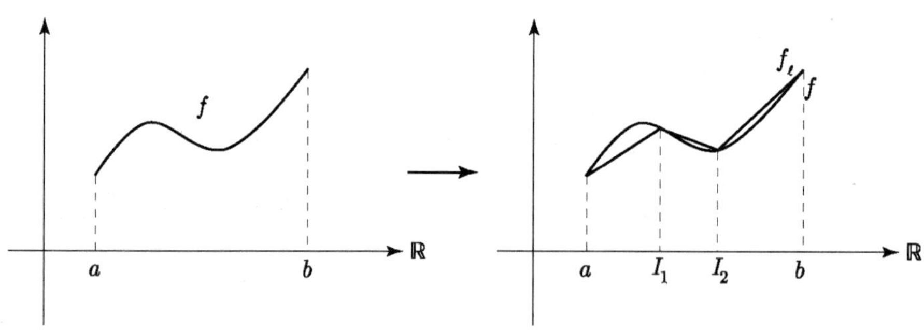

예제 26

$$f(x) = \begin{cases} x, & x \in [0,\ 1] \\ -x+2, & x \in (1,\ 2] \end{cases}$$

로 정의된 함수 $f : [0,\ 2] \to \mathbb{R}$ 은 조각적 선형함수이다.

정리 5.40

함수 $f: I=[a, b] \to \mathbb{R}$ 이 연속이면, 임의 양수 ε에 대해 적당한 연속인 조각적 선형함수 f_ε이 존재해서 임의 원소 $x \in I$에 대해 $|f(x)-f_\varepsilon(x)| < \varepsilon$이 성립한다.

〉〉증명 f가 $[a, b]$에서 평등연속이므로 적당한 양수 $\delta(\varepsilon)$이 존재해서 $x, y \in [a, b]$이고 $|x-y| < \delta(\varepsilon)$이면 $|f(x)-f(y)| < \varepsilon$이 성립한다. $\frac{b-a}{m} < \delta(\varepsilon)$이 되도록 자연수 $m \in \mathbb{N}$을 취해 $h = \frac{b-a}{m}$라 하자. 구간 $[a, b]$를 부분구간 $I_1 = [a, a+h]$, $I_k = (a+(k-1)h, a+kh]$ $(k=2, \cdots, m)$으로 나누면 $\bigcup_{k=2}^{m} I_k \cup I_1 = [a, b]$이고 $I_i \cap I_j = \varnothing$ $(i \neq j,\ i, j = 1, 2, \cdots, m)$이다.

각 부분구간 I_k $(k=1, \cdots, m)$에서 두 점 $(a+(k-1)h, f(a+(k-1)h))$와 $(a+kh, f(a+kh))$를 잇는 선형함수 $f_\varepsilon: I_k \to \mathbb{R}$ $(k=1, \cdots, m)$를 정의하면 함수 $f_\varepsilon: I=[a, b] \to \mathbb{R}$은 $[a, b]$에서 연속인 조각적 선형함수이다. 또한 $x \in I_k$이면 $|f(x)-f(a+(k-1)h)| < \varepsilon$이고 $|f(x)-f(a+kh)| < \varepsilon$이므로 I_k에 속하는 모든 x에 대해

$$|f(x)-f_\varepsilon(x)| < \varepsilon \quad (k=1, \cdots, m)$$

이다. 따라서 I에 속하는 모든 x에 대해

$$|f(x)-f_\varepsilon(x)| < \varepsilon$$

이다.

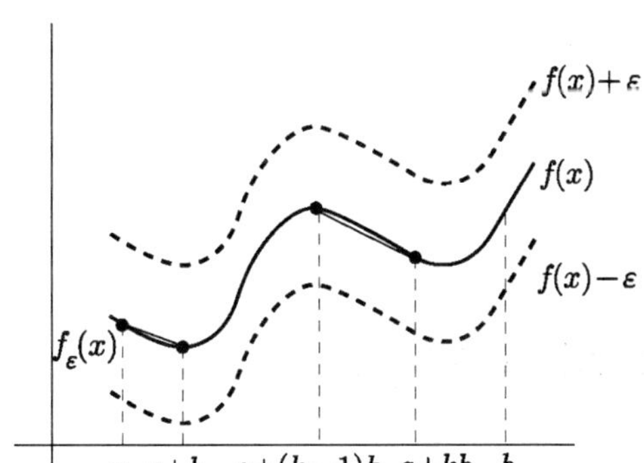

다음에 소개하는 내용은 연속함수를 다항식 함수로 근사시키는 정리이다. 다항식 함수는 연속함수로 그 활용도가 높으므로 나름대로 의미를 가지는 중요한 정리이다.

정의 5.13 주어진 함수 $f: [0, 1] \to \mathbb{R}$ 를 이용해서 만든, 새로운 함수 $B_n(f): [0, 1] \to \mathbb{R}$ 이 $B_n(f, x) = \sum_{k=0}^{n} f\left(\frac{k}{n}\right)\binom{n}{k}x^k(1-x)^{n-k}$로 정의되었을 때, 함수 $B_n(f, x)$를 f의 n차 Bernstein 다항식이라고 한다.

예제 27 함수 $f(x) = x$일 때

$$B_2(f, x) = 0 + 2\left(\frac{1}{2}\right)x(1-x) + \left(\frac{2}{2}\right)x^2 = x$$이고

$$B_3(f, x) = 0 + 3\left(\frac{1}{3}\right)x(1-x)^2 + 3\left(\frac{2}{3}\right)x^2(1-x) + 1\left(\frac{3}{3}\right)x^3 = x$$이다.

정리 5.41

Weierstrass의 근사정리

함수 $f: I = [a, b] \to \mathbb{R}$ 이 연속이면 임의 주어진 양수 ε에 대해 적당한 다항식 p_ε이 존재해서 모든 $x \in I$에 대해

$$|f(x) - p_\varepsilon(x)| < \varepsilon$$

이 성립한다.

》증명스케치 (1) $[0, 1]$에서 정의된 연속함수 $f: [0, 1] \to \mathbb{R}$ 에 수렴하는 Bernstein 다항식 열 $\langle B_n \rangle$을 구한다.

(2) 구간 $[a, b]$를 구간 $[0, 1]$로 대응시키기 위해 함수 $g: [0, 1] \to \mathbb{R}$ 를 $g(t) = f((b-a)t + a)$로 정의하며 g에 수렴하는 Bernstein 다항식 열을 구한다.

5.6 단조함수와 역함수

이 과에서는 극한 개념의 일반화 개념인 우극한과 좌극한의 특성을 중심으로 학습하며, 단조함수의 불연속점들의 집합이 가산집합임을 보이고, 역함수의 특성을 다룬다.

정의 5.14 함수 $f: A(\subset \mathbb{R}) \to \mathbb{R}$와 A의 임의 원소 x_1, x_2에 대해

(ⅰ) $x_1 \le x_2$일 때, $f(x_1) \le f(x_2)$ $(f(x_1) \ge f(x_2))$이면 f가 A에서 증가(감소)한다고 한다.

(ⅱ) $x_1 < x_2$일 때, $f(x_1) < f(x_2)$ $(f(x_1) > f(x_2))$이면 f가 A에서 강증가(강감소)한다고 한다.

(ⅲ) 증가함수와 감소함수를 합하여 단조함수라 한다.

정의 5.15 $f: A(\subset \mathbb{R}) \to \mathbb{R}$를 함수, 실수 c를 A의 집적점이라고 하자. 만일 적당한 실수 L이 존재해서, 임의 양수 ε에 대해 적당한 양수 δ가 존재하여

(ⅰ) $(c, c+\delta) \cap A \ne \varnothing$ $[(c-\delta, c) \cap A \ne \varnothing]$이고

(ⅱ) $c < x < c+\delta$ $[c-\delta < x < c]$, $x \in A$일 때

$$|f(x) - L| < \varepsilon$$

가 성립하면 f의 우극한 [좌극한]이 존재한다고 하고, 실수 L를 점 c에서의 f의 우극한 값 [좌극한 값]이라 한다. 기호로는

$$\lim_{x \to c^+} f(x) = L \quad \left[\lim_{x \to c^-} f(x) = L\right]$$

로 쓴다.

다음은 우극한과 좌극한을 수열과 관련하여 설명한 내용이다.

정리 5.42

함수 $f: A(\subset \mathbb{R}) \to \mathbb{R}$와 A의 집적점 c에 대한 다음의 내용은 서로 동치이다.

(a) $\lim_{x \to c^+} f(x) = f(c^+)$.

(b) 집합 A에 속하며 c에 수렴하는 수열 $\langle x_n \rangle$이 $x_n > c$ $(n \in \mathbb{N})$일 때 그 상의 수열 $\langle f(x_n) \rangle$은 $f(c^+)$로 수렴한다.

정리 5.43

함수 $f: A(\subset \mathbb{R}) \to \mathbb{R}$ 와 A의 집적점 c에 대한 다음의 내용은 서로 동치이다.

(a) $\lim_{x \to c^-} f(x) = f(c^-)$

(b) 집합 A에 속하며 c에 수렴하는 수열 $\langle x_n \rangle$이 $x_n < c$ $(n \in \mathbb{N})$일 때 그 상의 수열 $\langle f(x_n) \rangle$은 $f(c^-)$로 수렴한다.

다음의 정리에서는 단조함수 (증가함수 혹은 감소함수)는 정의역의 끝점이 아닌 모든 점에서 항상 우극한과 좌극한을 가짐을 설명하고 있다.

정리 5.44

함수 $f: I(\subset \mathbb{R}) \to \mathbb{R}$ 이 구간 I에서 증가 (감소)하며, $c \in I$가 I의 끝점이 아니라고 하자. 그러면

(a) $\lim_{x \to c^-} f(x) = \underset{(\inf)}{\sup} \{f(x) : x \in I,\ x < c\}$

(b) $\lim_{x \to c^+} f(x) = \underset{(\sup)}{\inf} \{f(x) : x \in I,\ x > c\}$

이다.

》증명 (a) 만일 $x \in I$이고 $x < c$이면 $f(x) \le f(c)$이고 c는 I의 끝점이 아니므로 $A = \{f(x) : x \in I,\ x < c\} \neq \varnothing$ 이며 $f(c)$는 A의 상계이다. 따라서

$$\sup A = \sup \{f(x) : x \in I,\ x < c\}$$

가 존재한다. $L = \sup A$라 하자. 임의 양수 ε에 대해 $L - \varepsilon$는 A의 상계가 아니므로 부등식 $L - \varepsilon < f(y_\varepsilon) \le L$을 만족하는 원소 $y_\varepsilon \in I$, $y_\varepsilon < c$가 존재한다. $\delta_\varepsilon = c - y_\varepsilon$이고 $0 < c - y < \delta_\varepsilon$이면 $y_\varepsilon < y < c$이다. f가 증가하므로

$$L - \varepsilon < f(y_\varepsilon) \le f(y) \le L < L + \varepsilon$$

이 되어 $0 < c - y < \delta_\varepsilon$이면

$$|f(y) - L| < \varepsilon$$

이 성립한다. ε은 임의 양수이므로

$$\lim_{x\to c^-} f(x) = \sup\{f(x) : x \in I,\ x < c\}$$

이다.

(b) 집합 $B = \{f(x) : x \in I,\ x > c\}$가 공집합이 아니며 $f(c)$에 의해 아래로 유계이므로 $\lim_{x\to c^+} f(x) = \inf B$가 존재한다.

다음의 정리는 증가하는 함수의 연속성에 관한 기준을 제시하고 있다.

정리 5.45

$I(\subset \mathbb{R})$가 구간이고 c는 I의 끝점이 아닌 원소이며 $f : I \to \mathbb{R}$ 이 증가 (감소)하는 함수일 때 다음은 서로 동치이다.

(a) f가 c에서 연속이다.

(b) $\lim_{x\to c^-} f(x) = f(c) = \lim_{x\to c^+} f(x)$

(c) $\underset{(\inf)}{\sup}\{f(x) : x \in I,\ x < c\} = f(c) = \underset{(\sup)}{\inf}\{f(x) : x \in I,\ x > c\}$.

정리 5.46

I가 구간이고 함수 $f : I \to \mathbb{R}$ 이 증가할 때 c가 I의 왼쪽(오른쪽) 끝점이면 다음은 서로 동치이다.

(a) f가 c에서 연속이다.

(b) $f(c) = \inf\{f(x) : x \in I,\ x > c\}$.

$(\sup\{f(x) : x \in I,\ x < c\})$.

(c) $f(c) = \lim_{x\to c^+} f(x) \ \left(\lim_{x\to c^-} f(x)\right)$.

정의 5.16 함수 $f : I \to \mathbb{R}$ 이 구간 I에서 증가하며, $c \in I$라 하자.

(i) c가 I의 끝점이 아닐 때

$$j_f(c) = \lim_{x\to c^+} f(x) - \lim_{x\to c^-} f(x)$$

$$(=\inf\{f(x): x\in I,\ x>c\}-\sup\{f(x): x\in I,\ x<c\})$$

를 함수 f의 점 c에서의 점프(jump)라고 한다.

(ii) c가 I의 왼쪽 끝점일 때

$$j_f(c)=\lim_{x\to c^+} f(x)-f(c)$$

를 함수 f의 점 c에서의 점프(jump)라고 한다.

(iii) c가 I의 오른쪽 끝점일 때

$$j_f(c)=f(c)-\lim_{x\to c^-} f(x)$$

를 함수 f의 점 c에서의 점프(jump)라고 한다.

예제 28 $I=[0,\ 2]$, 함수 $f: I\to\mathbb{R}$을

$$\begin{cases} f(0)=0, & \\ f(x)=\dfrac{1}{2}x+\dfrac{1}{2}, & 0<x<1 \\ f(1)=2, & \\ f(x)=\dfrac{1}{2}x+\dfrac{3}{2}, & 1<x<2 \\ f(2)=3 & \end{cases}$$

으로 정의하면

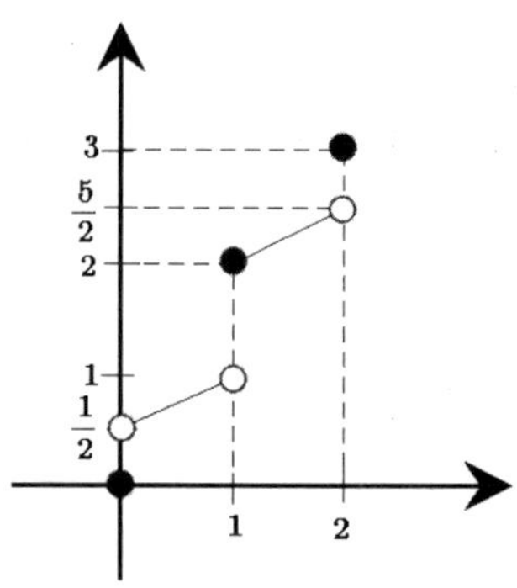

$$j_5(1)=2-1=1$$

$$j_f(0)=\frac{1}{2}-0=\frac{1}{2}$$

$$j_f(2)=3-\frac{5}{2}=\frac{1}{2}$$

이다.

정리 5.47

함수 $f: I \to \mathbb{R}$ 이 구간 I에서 증가하며, $c \in I$라 하자. 그러면 다음은 서로 동치이다.

(i) f가 c에서 연속이다.

(ii) $j_f(c) = 0$.

》증명스케치 (1) c가 I의 끝점이 아닌 경우, 정리 5.45에 따른다.

(2) c가 I의 왼쪽 끝점이면, f가 c에서 연속인 것과 $f(c) = \lim_{x \to c^+} f(x)$는 서로 동치이다.

(3) c가 I의 오른쪽 끝점이면, f가 c에서 연속인 것과 $f(c) = \lim_{x \to c^-} f(x)$는 서로 동치이다.

이번에는 연속함수의 역함수가 역시 연속인 경우를 다룬다.

정리 5.48

연속 역정리

구간 I에서 정의된 함수 $f: I \to \mathbb{R}$ 이 강증가하고 연속이면 f의 역함수 $g: f(I) \to \mathbb{R}$ 도 강증가하고 연속이다.

》증명스케치 (모순법) (1) 구간보존정리에 의해 $f(I)$가 구간이다.

(2) f가 I에서 강증가하므로 f는 전단사함수이다. 따라서 역함수 $g: f(I) \to \mathbb{R}$ 가 존재한다.

(3) g는 강증가한다.

만일 y_1, $y_2 \in f(I)$이면 $y_1 = f(x_1)$, $y_2 = f(x_2)$를 만족하는 x_1, $x_2 \in I$가 존재한다. 따라서 $x_1 = g(y_1)$, $x_2 = g(y_2)$이다. $g_1 < g_2$라고 가정하자. 만일 $x_1 \geq x_2$이면 $y_1 = f(x_1) \geq f(x_2) = y_2$이므로 모순이 된다. 따라서 $x_1 < x_2$이다.

(4) g가 $f(I)$에서 연속이 아니면 g는 $f(I)$의 어느 한 점 c에서 불연속이다.

$j_g(c) \neq 0$이므로 $\lim_{y \to c^-} g(y) < \lim_{y \to c^+} g(y)$이 되어 부등식 $\lim_{y \to c^-} g(y) < x < \lim_{y \to c^+} g(y)$를 만족하는 $x \neq g(c)$인 x를 택하면 $f(I)$에 속하는 모든 y에 대해 $x \neq g(y)$이다. 따라서 $x \notin I$이 되어 I가 구간이라는 사실이 모순된다. 그러므로 g는 $f(I)$에서 연속이다.

예제 29 (1) 자연수 n이 짝수일 때, 함수 $f(x) = x^n$은 구간 $I = [0, \infty)$에서 강증가하고, 또한 연속이다. 역함수 $g(x) = x^{\frac{1}{n}}$도 구간 $f(I) = [0, \infty)$에서 강증가하고, 또한 연속이다.

(2) 자연수 n이 홀수일 때, 함수 $f(x) = x^n$은 전구간 $(-\infty, \infty)$에서 강증가하고, 또한 연속이다. 역함수 $g(x) = x^{\frac{1}{n}}$도 전구간 $(-\infty, \infty)$에서 강증가하고, 또한 연속이다.

실제로 위의 내용의 증명 과정에서 구간보존정리, Archimedean 특성, Bolzano의 중간값 정리, 연속 역정리 등이 이용된다.

연 습 문 제

1. (i) 구간 I 위에서 양의 값을 가지며 증가하는 두 함수의 곱함수가 증가함을 보이고, (ii) 일반적으로 강증가하는 두 함수의 곱이 증가하지 않는 예를 드시오.

2. 함수 $f : I \to \mathbb{R}$가 구간 I에서 증가하고 c가 I의 끝점이 아니라면,

$$j_f(c) = \inf\{f(y) - f(x) : x < c < y,\ x,\ y,\ \in I\}$$

임을 보이시오.

3. 구간 $I = [0, 1]$에서 함수 $f : I \to \mathbb{R}$을

$$f(x) = \begin{cases} x, & x \in \mathbb{Q} \\ 1 - x, & x \in \mathbb{Q}^c \end{cases}$$

라 정의하면

(i) $f(f(x))=x,\ x\in I,$

(ii) f는 단사이고,

(iii) f는 단지 $x=\dfrac{1}{2}$에서만 연속임을 보이시오.

4. 함수 $f,\ g: I\to\mathbb{R}$가 구간 I에서 증가하고, $f(x)>g(x)$ $(x\in I)$라 하자. 그러면 임의 $y\in f(I)\cap g(I)$에 대해 $f^{-1}(y)<g^{-1}(y)$가 성립함을 보이시오.

5. 구간 I에서 증가하는 함수 $f: I\to\mathbb{R}$이 I의 끝점이 아닌 점 c $(c\in \mathrm{Int}\,I)$에서 연속일 필요충분조건은 $n\in 2\mathrm{N}$일 때 $x_n>c$이고 $n\in 2\mathrm{N}-1$일 때 $x_n<c$인 c에 수렴하는 수열 $\langle x_n\rangle$이 I에 존재하여 $f(c)=\lim_{n\to\infty}f(x_n)$을 만족함을 보이시오.

제6장 미분

◈ 학습 내용

Caratheodory 정리, 역함수 정리, 일반화된 미분에 관한 평균값 정리, Darboux의 중간값 정리 등이 주요 관심 내용이고, 특히 일반화된 미분에 관한 평균값 정리, 미분에 관한 평균값 정리, Rolle 정리가 서로 논리적으로 동치임을 확인한다. 또한 Taylor 정리, Rolle 정리, 평균값 정리가 서로 논리적으로 동치임을 보인다.

6.1 도함수

정의 6.1 f가 구간 I에서 $\mathbb{R}$로 가는 함수이고 x_0는 I에 속하는 한 점이라고 하자. 만일 극한

$$\lim_{x \to x_0} \frac{f(x)-f(x_0)}{x-x_0}$$

가 존재할 때 f는 $x=x_0$에서 미분가능(differentiable)하다라고 하고, 이 극한치를 x_0에서 f의 미분계수라 하며 $f'(x_0)$로 표현한다. f가 정의역 I의 각 점에서 미분가능하면 f는 구간 I에서 미분가능하다고 한다. I에서 함수 f가 미분가능한 점의 집합을 A라고 할 때 각 점 $x \in A$에서 $f'(x)$를 함숫값으로 가지는 함수를 f의 도함수 또는 일계도함수라 하고 f' 또는 Df, $\frac{df}{dx}$로 표현한다. x_0에서의 f의 좌극한 $f'_-(x_0)$와 우극한 $f'_+(x_0)$를 다음과 같이 정의한다.

$$f'_-(x_0) = \lim_{x \to x_0^-} \frac{f(x)-f(x_0)}{x-x_0},$$

$$f'_+(x_0) = \lim_{x \to x_0^+} \frac{f(x)-f(x_0)}{x-x_0}.$$

정리 6.1

$f: A \to \mathbb{R}$가 $x_0 \in A$에서 미분가능하면 f는 x_0에서 연속이다.

》증명 $\lim_{x \to x_0} f(x) = f(x_0)$임을 보이면 된다.

$$\begin{aligned}
\lim_{x \to x_0} f(x) - f(x_0) &= \lim_{x \to x_0} (f(x) - f(x_0)) \\
&= \lim_{x \to x_0} \frac{(f(x)-f(x_0))(x-x_0)}{x-x_0} \\
&= \lim_{x \to x_0} \frac{f(x)-f(x_0)}{x-x_0} \cdot \lim_{x \to x_0} (x-x_0) \\
&= f'(x_0) \cdot 0 = 0
\end{aligned}$$

다음의 정리 6.2는 극한성이 함수의 합, 차, 곱, 상 그리고 실수곱에 의해 보존되는 것을 의미하며 이를 극한 법칙이라 부른다. 극한값으로 정의되는 도함수에 대해서도 이에 상응하는 대응법칙이 존재하며, 이들은 다양한 함수의 도함수를 구하는 데 이용된다.

정리 6.2

함수 f, g가 x_0에서 미분가능하고 $c \in \mathbb{R}$이라 하자. 이때 $f \pm g$, cf, fg는 x_0에서 미분가능하고 $g(x_0) \neq 0$일 때 f/g도 x_0에서 미분가능하며 다음이 성립한다.

(i) $(f \pm g)'(x_0) = f'(x_0) \pm g'(x_0)$,

(ii) $(cf)'(x_0) = cf'(x_0)$,

(iii) $(fg)'(x_0) = f'(x_0)g(x_0) + f(x_0)g'(x_0)$,

(iv) $\left(\dfrac{f}{g}\right)'(x_0) = \dfrac{f'(x_0)g(x_0) - f(x_0)g'(x_0)}{(g(x_0))^2}$

정리 6.3

구간 I 위에서 미분가능한 함수들의 집합을 $D(I)$라고 하면 $D(I)$는 I에서 미분가능한 함수들의 한 벡터공간이 된다.

응용문제에서 많이 다루는 합성함수 $g \circ f$의 도함수는 g와 f의 도함수의 곱과 같다. 이를 보이기 위해 먼저 보조정리를 소개한다.

정리 6.4

Caratheodory 정리

함수 $f : (a, b) \to \mathbb{R}$가 점 $x_0 \in (a, b)$에서 미분가능할 필요충분조건은 모든 $x \in (a, b)$에 대해서

$$f(x) = f(x_0) + f^*(x)(x - x_0)$$

이고 점 x_0에서 연속인 함수 $f^* : (a, b) \to \mathbb{R}$가 존재하는 것이다. 이 경우에 $f^*(x_0) = f'(x_0)$이다.

〉〉증명 f가 x_0에서 미분가능인 경우, 함수 $f^* : (a, b) \to \mathbb{R}$을 다음과 같이 정의하자.

$$f^*(x)=\begin{cases}\dfrac{f(x)-f(x_0)}{x-x_0}, & x\neq x_0\\ f'(x_0), & x=x_0.\end{cases}$$

그러면 $\lim_{x\to x_0} f^*(x)=\lim_{x\to x_0}\dfrac{f(x)-f(x_0)}{x-x_0}=f'(x_0)=f^*(x_0)$이므로 f^*는 x_0에서 연속이다. 역으로, f^*가 x_0에서 연속인 함수로 $f(x)=f(x_0)+f^*(x)(x-x_0)$을 만족하면 $x\neq x_0$인 $x\in(a, b)$에 대해서

$$\lim_{x\to x_0}\frac{f(x)-f(x_0)}{x-x_0}=\lim_{x\to x_0}\frac{f^*(x)(x-x_0)}{x-x_0}=\lim_{x\to x_0}f^*(x)=f^*(x_0)$$

이므로 f는 x_0에서 미분가능하고 $f'(x_0)=f^*(x_0)$이다.

정리 6.5

연쇄법칙

함수 $f:(a, b)\to\mathbb{R}$는 점 $x_0\in(a, b)$에서 미분가능하고 g는 f의 치역을 포함하는 (c, d)에서 정의되는 함수 $g:(c, d)\to\mathbb{R}$로써 $f(x_0)(\in(c, d))$에서 미분가능하면 $g\circ f$는 x_0에서 미분가능하고 미분계수는 다음과 같다.

$$(g\circ f)'(x_0)=g'(f(x_0))f'(x_0).$$

〉〉**증명** g는 점 $f(x_0)$에서 미분가능하므로 Caratheodory 정리에 의해

$$g^*(f(x_0))=g'(f(x_0)),\ g(y)=g^*(y)(y-f(x_0))+g(f(x_0)),\ y\in(c,d)\quad(6.1.1)$$

를 만족하고 $f(x_0)$에서 연속인 함수 $g^*:(c,d)\to\mathbb{R}$가 존재한다. 또한 f도 $x_0\in(a,b)$에서 미분가능하므로

$$f^*(x_0)=f'(x_0),\ f(x)=f^*(x)(x-x_0)+f(x_0),\ x\in(a, b)\qquad(6.1.2)$$

를 만족하고 x_0에서 연속인 함수 $f^*:(a, b)\to\mathbb{R}$이 존재한다. $f(x)\in(c,d)$이므로 (6.1.1)과 (6.1.2)에 의해

$$\begin{aligned}(g\circ f)(x)=g(f(x))&=g^*(f(x))(f(x)-f(x_0))+g(f(x_0))\\&=g^*(f(x))f^*(x)(x-x_0)+g\circ f(x_0)\qquad(6.1.3)\end{aligned}$$

이다. 임의의 $x\in(a, b)$에 대해 $h^*(x)=g^*(f(x))f^*(x)$ 라고 하면 f와 f^*는 x_0에서 연속이고 g^*는 $f(x_0)$에서 연속이므로

$$\lim_{x \to x_0} h^*(x) = \lim_{x \to x_0} g^*(f(x)) \lim_{x \to x_0} f^*(x) = g^*(f(x_0)) f^*(x_0) = h^*(x_0)$$

이다. 즉, h^*는 x_0에서 연속이고 식 (6.1.3)에 의해

$$(g \circ f)(x) = h^*(x)(x - x_0) + (g \circ f)(x_0)$$

이므로 Caratheodory 정리에 의해서 $g \circ f$는 x_0에서 미분가능하다. 여기서 $(g \circ f)'(x_0) = h^*(x_0)$이고 $h^*(x_0) = g^*(f(x_0)) f^*(x_0) = g'(f(x_0)) f'(x_0)$이므로

$$(g \circ f)'(x_0) = g'(f(x_0)) f'(x_0)$$

이다.

정리 6.6

역함수 정리

함수 $f: I \to \mathbb{R}$이 구간 I에서 미분가능하고 강증가 또는 강감소하면 $f'(f^{-1}(y)) \neq 0$인 모든 점 $y \in f(I)$에 대해 $(f^{-1})'(y)$가 존재하고

$$(f^{-1})'(y) = \frac{1}{f'(f^{-1}(y))}$$

이다.

》증명 함수 $y = f(x)$의 역함수 $f^{-1}: J = f(I) \to \mathbb{R}$는 구간 $f(I)$에서 정의된 연속이고 강증가 또는 강감소하는 함수이다. J의 임의 한 점 y_0가

$$f'(f^{-1}(y_0)) \neq 0 \text{이고 } y_0 = f(x_0)$$

이면 f^{-1}의 연속성에 의해

$$\begin{aligned}(f^{-1})'(y_0) &= \lim_{y \to y_0} \frac{f^{-1}(y) - f^{-1}(y_0)}{y - y_0} \\ &= \lim_{x \to x_0} \frac{x - x_0}{f(x) - f(x_0)} \\ &= \lim_{x \to x_0} \frac{1}{\dfrac{f(x) - f(x_0)}{x - x_0}}\end{aligned}$$

$$= \frac{1}{f'(x_0)}$$

$$= \frac{1}{f'(f^{-1}(y_0))}$$

이다. 따라서 f^{-1}는 $f'(f^{-1}(y)) \neq 0$인 모든 점 y에서 미분가능하며

$$(f^{-1})'(y) = \frac{1}{f'(f^{-1}(y))}$$

이다.

예제 1 $x = \frac{1}{2}$에서 $\sin^{-1}x$의 미분계수는 $\frac{2}{\sqrt{3}}$이다. 왜냐하면 $y = \sin x$는 $\left[-\frac{\pi}{2}, \frac{\pi}{2}\right]$에서 강증가하고 미분가능하므로 역함수 $\sin^{-1} : [-1, 1] \to \left[-\frac{\pi}{2}, \frac{\pi}{2}\right]$도 강증가 하고 미분가능하다. 역함수 정리에 의해

$$(\sin^{-1}y)'\Big|_{y=\frac{1}{2}} = \frac{1}{(\sin x)'\big|_{x=\frac{\pi}{6}}} = \frac{1}{\cos\frac{\pi}{6}} = \frac{2}{\sqrt{3}}$$

이다.

연 습 문 제

1. **[2005학년도 임용문제]** 실수 집합 $\mathbb{R}$에서 정의된 함수 $f : \mathbb{R} \to \mathbb{R}$을 다음과 같이 정의하면

$$f(x) = \begin{cases} x^2+1, & x\text{가 유리수}, \\ 1, & x\text{가 무리수}, \end{cases}$$

$x = 0$에서 f가 미분가능(differentiable)한지 판정하시오.

2. $x \geq 0$일 때 $f(x) = x^n$

$x < 0$일 때 $f(x) = 0$

으로 정의된 함수 $f : \mathbb{R} \to \mathbb{R}$의 도함수 $f'(x)$가

(i) $x=0$에서 연속이기 위한 n의 값과

(ii) $x=0$에서 미분가능이기 위한 n의 값을 구하시오.

3. r이 양의 유리수일 때

$$f(x)=\begin{cases} x^r\sin\left(\dfrac{1}{x}\right), & x\neq 0 \\ 0, & x=0 \end{cases}$$

로 정의된 함수 $f:\mathbb{R}\to\mathbb{R}$의 도함수 $f'(x)$가 존재하기 위한 r의 범위를 구하시오.

6.2 평균값 정리

평균값 정리는 여러 가지 응용문제에 널리 이용된다. 먼저 평균값 정리의 특수한 경우인 Rolle 정리부터 살펴본다.

정리 6.7

Rolle 정리

함수 f가 유계 닫힌구간 $[a, b]$에서 연속이고 유계 열린구간 (a, b)에서 미분가능하다고 가정하자. 이때 $f(a)=f(b)$이면 $f'(x_0)=0$이 성립하는 $x_0\in(a, b)$가 존재한다.

〉〉**참고** 이것의 기하학적 의미는 두 점 $(a, f(a))$와 $(b, f(b))$를 지나는 현의 기울기와 같은 기울기, 즉 $f'(x_0)=\dfrac{f(b)-f(a)}{b-a}=0$를 가지는 어떤 점 $x_0\in(a, b)$에서의 접선이 존재한다는 것이다.

〉〉**증명** f는 유계 닫힌구간 $[a, b]$에서 연속이므로 최대·최소 정리에 의해 구간 $[a, b]$에서 최댓값 M과 최솟값 m을 가진다. 만일 $M=m$이면 f는 상수함수가 되므로 모든 점 $x_0\in(a, b)$에서 $f'(x_0)=0$을 만족한다.

$M\neq m$이면 M과 m 중 적어도 하나는 값 $f(a)$와 다르다. 여기서 $f(a)\neq M$

이라 두면 $f(a)=f(b)$이므로 $f(x_0)=M$ 이 되는 x_0가 (a, b) 내에서 존재한다. M은 최댓값이므로 x_0+h가 (a, b)에 속하는 모든 h에 대하여

$$f(x_0+h) \le f(x_0)$$

이다. 따라서

$$f'_+(x_0) = \lim_{h \to 0+} \frac{f(x_0+h)-f(x_0)}{h} \le 0,$$

$$f'_-(x_0) = \lim_{h \to 0-} \frac{f(x_0+h)-f(x_0)}{h} \ge 0$$

이고 f는 x_0에서 미분가능하므로 $f'_+(x_0)=f'_-(x_0)$이다. 즉 $f'(x_0)=0$이다. $f(a) \neq m$인 경우 증명과정에서 부등호의 방향만 바꾸면 $m=f(x_0)$되는 x_0에서 $f'(x_0)=0$을 만족한다.

다음의 예제는 Rolle 정리에서 함수 f가 반드시 유계 닫힌구간에서 연속이어야 하는 이유를 보여주고 있다.

예제 2 함수 $f : [0, 1] \to \mathbb{R}$ 를

$$f(x) = \begin{cases} x, & x \in [0, 1) \\ 0, & x = 1 \end{cases}$$

로 정의하면 f는 $(0, 1)$에서 미분가능하고 $[0, 1)$에서는 연속이지만 점 $x=1$에서는 불연속이다. 또한 $f(0)=f(1)=0$이다. 이 함수 f는 Rolle 정리의 조건 중 유계 닫힌구간 $[0, 1]$에서의 연속성의 가정을 만족하지 못하고 있다. 또한 $f'(x)=0$이 되는 점 $x \in (0, 1)$을 구할 수 없다.

다음의 예제는 Rolle 정리에서 함수 f가 유계 열린구간에서 미분가능해야만 하는 이유를 보여주고 있다.

예제 3 $f(x)=|x|$로 정의된 함수 $f : [-1, 1] \to \mathbb{R}$ 은 유계 닫힌구간 $[-1, 1]$에서 연속이고, $(-1, 1) \setminus \{0\}$에서는 미분가능하지만 점 $x=0$에서는 미분 불가능하다. 비록 $f(-1)=1=f(1)$이지만 구간 $(-1, 1)$에는 $f'(x)=0$를 만족하는 점 x가 존재하지 않는다.

다음의 예제는 Rolle 정리에서 함수 f의 양 끝점의 값 $f(a)$와 $f(b)$가 같아야만 하는 이유를 보여주고 있다.

예제 4 $f(x)=\frac{1}{4}x+\frac{1}{2}$로 정의된 함수 $f:[0,\ 1]\to\mathbb{R}$은 유계 닫힌구간 $[0,\ 1]$에서 연속이고 열린구간 $(0,\ 1)$에서 미분가능하다. 하지만 $f(0)=\frac{1}{2}\neq\frac{3}{4}=f(1)$이다. 또한 $f'(x)=0$ 되는 점 $x\in[0,\ 1]$를 구할 수 없다.

Rolle 정리를 이용하여 일반화된 평균값정리인 Cauchy의 평균값정리의 특성을 알아본다.

정리 6.8

일반화된 평균값정리

함수 f와 g가 유계 닫힌구간 $[a,\ b]$에서 연속이고 $(a,\ b)$에서 미분가능이라고 가정하자. 이때

$$f'(x_0)(g(b)-g(a))=g'(x_0)(f(b)-f(a))$$

가 성립하는 $x_0\in(a,\ b)$가 존재한다.

》**증명** Rolle 정리의 조건에 맞는 함수를 만들기 위해

$$h(x)=f(x)(g(b)-g(a))-g(x)(f(b)-f(a))$$

라고 두면 함수 h는 구간 $[a,\ b]$에서 연속이고 $(a,\ b)$에서 미분가능하다. $h(a)=f(a)g(b)-g(a)f(b)=h(b)$이므로 Rolle 정리에 의해 $h'(x_0)=0$이 되는 $x_0\in(a,b)$가 존재한다. $h'(x)=f'(x)(g(b)-g(a))-g'(x)(f(b)-f(a))$이므로 $h'(x_0)=0$라는 식으로부터 다음 등식이 유도된다.

$$f'(x_0)(g(b)-g(a))=g'(x_0)(f(b)-f(a))$$

예제 5 함수 $f,\ g,\ h:[0,\ 2]\to\mathbb{R}$을 각각 $f(x)=x^2$, $g(x)=-x^2$, $h(x)=2x$로 정의하면, Cauchy의 평균값정리에 의해 다음의 각각의 등식

(i) $f'(x_0)\ (g(2)-g(0))=g'(x_0)\ (f(2)-f(0))$,

(ii) $f'(x_0)\ (h(2)-h(0))=h'(x_0)\ (f(2)-f(0))$,

(iii) $g'(x_0)\ (h(2)-h(0))=h'(x_0)\ (g(2)-g(0))$

를 만족하는 $x_0 \in [0, 2]$가 존재한다.

(i)의 경우, x_0는 $[0, 2]$의 모든 실수이며, (ii)와 (iii)의 경우 $x_0 = 1$이다.

(iii)의 경우의 그래프는 다음과 같다.

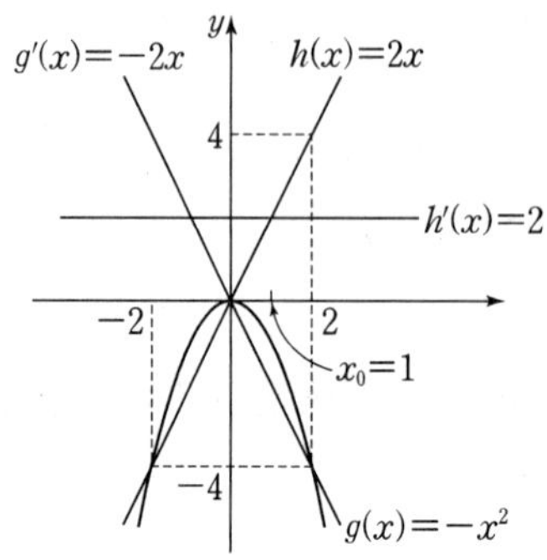

$$g'(x_0)(h(2)-h(0))$$
$$=g'(1)(h(2)-h(0))$$
$$=(-2)(4-0)$$
$$=-8$$

$$h'(x_0)(g(2)-g(0))$$
$$=h'(1)(g(2)-g(0))$$
$$=2\cdot(-4-0)$$
$$=-8$$

평균값 정리를 이용하여 미분가능한 점 근방에 있는 함숫값에 대한 근삿값을 구할 수 있다.

예제 6 $\sin\frac{1}{6}\pi = \frac{1}{2}$이다. 그러면 $\sin\frac{5}{36}\pi$의 값은 대략 얼마인가?

함수 $f(x) = \sin x$는

유계 닫힌구간 $\left[\frac{5}{36}\pi, \frac{1}{6}\pi\right]$에서 연속이고,

유계 열린구간 $\left(\frac{5}{36}\pi, \frac{1}{6}\pi\right)$에서 미분가능하다.

따라서 평균값정리에 의해서

$$\left(\frac{1}{6}\pi - \frac{5}{36}\pi\right)\cos x_0 = \sin\frac{1}{6}\pi - \sin\frac{5}{36}\pi$$

을 만족하는 x_0가 $\left(\frac{5}{36}\pi, \frac{1}{6}\pi\right)$에 존재한다. 식

$$\sin\frac{5}{36}\pi = \sin\frac{1}{6}\pi - \left(\frac{1}{6}\pi - \frac{5}{36}\pi\right)\cos x_0$$

에 x_0 대신에 $\frac{1}{6}\pi$를 대입하면 $\sin\frac{5}{36}\pi$의 근삿값은

$$\sin\frac{5}{36}\pi \fallingdotseq \frac{1}{2}-\frac{1}{36}\pi\cos\frac{1}{6}\pi=\frac{1}{2}-\frac{\sqrt{3}}{2}\cdot\frac{1}{36}\pi=0.424$$

이다.

정리 6.8에서 $g(x)=x$라고 놓으면 다음과 같은 평균값정리가 얻어진다.

정리 6.9

미분에 관한 평균값정리

함수 f가 $[a,\ b]$에서 연속이고 $(a,\ b)$에서 미분가능이라고 하자. 이때

$$\frac{f(b)-f(a)}{b-a}=f'(x_0)$$

가 성립하는 $x_0\in(a,\ b)$가 존재한다.

앞에서 다룬 세 가지 정리는 미분의 응용과 관련된 수학적 특성을 다루는 데 있어서 서로가 매우 중요한 역할을 하고 있다. 일반화된 평균값정리를 증명하는 데 가장 핵심적으로 다루어진 내용이 바로 Rolle 정리이며, 보통의 평균값정리는 일반화된 평균값정리에서 특별히 $g(x)=x$일 때의 정리이다. 한편 보통의 평균값정리에서 특별히 $f(a)=f(b)$이면 Rolle 정리가 되므로 위의 세 정리는 논리적으로 동치(equivalent)이다. 따라서 수학적으로 똑같은 수준의 응용성, 활용성을 가지고 있다고 할 수 있다.

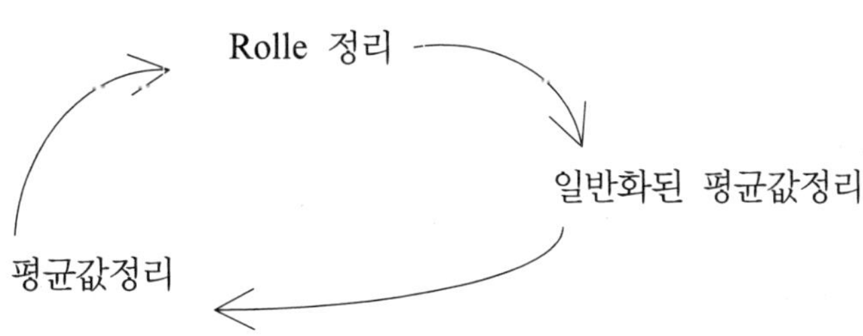

따름정리 6.10

f가 $[a,\ b]$에서 연속이고 $(a,\ b)$에서 미분가능일 때 모든 $x\in(a,\ b)$에 대해 $f'(x)=0$이면 f는 $[a,\ b]$에서 상수함수이다.

》**증명** 구간 $(a,\ b]$에 속하는 임의의 $x\in(a,\ b]$에 대해 구간 $[a,\ x]$에서 평균값정리를

적용하면 구간 (a, x) 안에 x에 의존하는 어떤 값 c에 대해

$$f(x)=f(a)+f'(c)(x-a)$$

이므로 $f(x)=f(a)$이다. 그러므로 모든 $x\in[a, b]$에 대해 $f(x)=f(a)$이다.

이 따름정리를 이용하면, 도함수가 같은 두 함수 f와 g는 $f-g$가 상수함수 c이므로 $f(x)=g(x)+c$가 성립한다. 이 사실은 미적분학의 기본 정리에 유용하게 이용된다.

따름정리 6.11

f가 구간 (a, b)에서 미분가능한 함수라 하자.

(i) 모든 $x\in(a, b)$에 대해 $f'(x)\geq 0$이면 f는 증가함수이다.

(ii) 모든 $x\in(a, b)$에 대해 $f'(x)\leq 0$이면 f는 감소함수이다.

〉〉증명 c와 d를 구간 (a, b)의 임의 두 점이라고 하자. 단, $d>c$이다. 그러면 f는 $[c, d]$에서 연속이고, (c, d)에서 미분가능이다. 따라서 평균값정리에 의해 $\dfrac{f(d)-f(c)}{d-c}=f'(x_0)$를 만족하는 x_0가 (c, d)에 존재한다. $f'(x_0)\geq 0$이므로 $f(d)\geq f(c)$이다. c와 d는 임의 두 점이므로 f는 증가함수이다.

따름정리 6.11은 구간의 특정한 점 c에서 $f'(c)=0$일 때 f가 c에서 극값을 가지는지에 대한 판정법을 제공하고 함수의 그래프를 그릴 때 $f(x)$에 관한 정보를 많이 제공해 준다.

정리 6.12

Darboux의 중간값정리

f가 $[a, b]$에서 미분가능하고 $f'(a)\neq f'(b)$라고 가정하자. 만일 k가 $f'(a)$와 $f'(b)$ 사이의 임의의 값이면 $f'(c)=k$를 만족하는 $c\in(a, b)$가 적어도 하나 존재한다.

〉〉증명 $f'(a)<k<f'(b)$라 가정하고 $g(x)=kx-f(x)$ $(x\in[a, b])$라 두면 g는 $[a, b]$에서 미분가능한 함수이다. g는 $[a, b]$에서 연속이므로 최댓값을 가지는 점 $c\in[a, b]$가 존재한다. 한편, $\lim\limits_{x\to a}\dfrac{g(x)-g(a)}{x-a}=g'(a)=k-f'(a)>0$이므로 적절한 양수 δ가 존재해서 $x\in[a, b]$이고 $0<|x-a|<\delta$이면 $\dfrac{g(x)-g(a)}{x-a}>0$

이 성립한다. 따라서 만일 $x \in [a, b] \cap (a, a+\delta)$이면 $g(x)-g(a)=(x-a)\dfrac{g(x)-g(a)}{x-a}>0$이다. 즉 $g(x)>g(a)$이다. 그러므로 함수 f는 a에서 최댓값을 가질 수 없다. 또한 $\lim_{x \to b}\dfrac{g(x)-g(b)}{x-b}=g'(b)=k-f'(b)<0$이므로 역시 적절한 양수 δ가 존재해서 $x \in [a, b] \cap (b-\delta, b)$이면 $g(x)>g(b)$이다. 따라서 함수 f는 b에서도 최댓값을 가질 수 없다. 그래서 $a<c<b$이다. 여기서 $g'(c)=0$이고, $g'(c)=k-f'(c)$이므로 $f'(c)=k$이다.

Darboux의 중간값정리는 도함수 f'가 연속이 아니라도 원함수 f가 미분가능하면 도함수 f'가 Bolzano의 중간값정리를 만족함을 보이고 있다.

예제 7 함수 $g: [-1, 1] \to \mathbb{R}$ 을

$$g(x)=\begin{cases} 1, & 0<x \le 1 \\ 0, & x=0 \\ -1, & -1 \le x<0 \end{cases}$$

로 정의하자.

예를 들어 $\dfrac{1}{2}$은 구간 $(g(-1), g(1))$에 속하지만, 모든 $x \in [-1, 1]$에 대해 $g(x) \neq \dfrac{1}{2}$이다. 따라서 Darboux의 중간값정리에 의해 구간 $[-1, 1]$에서 $f'(x)=g(x)$ 되는 함수 f는 없다. 즉, g는 구간 $[-1, 1]$에서 어떤 함수의 도함수도 아니다.

연 습 문 제

1. **[2006학년도 임용문제]** 평균값정리를 이용하여, 임의의 두 실수 x, y에 대하여 다음 식이 성립함을 보이시오.

$$|\sin x-\sin y| \le |x-y|$$

2. $x \ge -1$이라고 하자. 평균값정리를 이용하여

(ⅰ) $\alpha \geq 1$에 대해 Bernoulli 부등식 $(1+x)^{\alpha} \geq 1+\alpha x$가 성립함을 보이시오.

(ⅱ) $1 \geq \alpha > 0$일 때 $1+\alpha a \geq (1+a)^{\alpha}$가 성립함을 보이시오.

3. 함수 $h: \mathbb{R} \to \mathbb{R}$ 가

$$h(x) = \begin{cases} 0, & x < 0 \\ 1, & x \geq 0 \end{cases}$$

와 같이 정의되었을 때

(1) 모든 실수 $x \in \mathbb{R}$ 에 대해 $f'(x) = h(x)$인 미분가능한 함수 $f(x)$는 존재하지 않음을 보이시오 (Darboux의 중간값정리를 이용).

(2) 0를 제외한 모든 실수 $x \in \mathbb{R} \setminus \{0\}$에 대해 $f'(x) = h(x)$인 함수 f를 예를 들어 보시오.

6.3 L'Hospital 법칙

우리는 극한 $A = \lim_{x\to c} f(x)$와 $B = \lim_{x\to c} g(x)$ (단, $B \neq 0$)가 존재한다면, $\lim_{x\to c} \frac{f(x)}{g(x)} = \frac{A}{B}$ 임을 알고 있다. 또한 $A \neq 0$이고 $B = 0$이면 극한 $\lim_{x\to c} \frac{f(x)}{g(x)}$가 존재한다고 할 때 그 값은 $+\infty$ 혹은 $-\infty$이다. 한편, $A = B = 0$인 경우 $\frac{A}{B} = \frac{0}{0}$가 되어 소위 부정형(indeterminate form)이다. 이 경우 극한이 존재할 수도 있다. 예를 들면, $f(x) = 2x$, $g(x) = 3x$일 때 $A = \lim_{x\to 0} f(x) = 0$, $B = \lim_{x\to 0} g(x) = 0$가 되어 $\frac{A}{B} = \frac{0}{0}$이지만 $\lim_{x\to c} \frac{f(x)}{g(x)} = \lim_{x\to 0} \frac{2x}{3x} = \frac{2}{3}$이다. 또한 이때 $\lim_{x\to c} \frac{f(x)}{g(x)} = \lim_{x\to 0} \frac{f'(x)}{g'(x)} = \lim_{x\to 0} \frac{2}{3} = \frac{2}{3}$임을 알 수 있다.

또한 $A = B = \infty$ (혹은 $-\infty$)인 경우에는 $\frac{A}{B} = \frac{\infty}{\infty}$가 되어 부정형이지만 극한 $\lim_{x\to c} \frac{f(x)}{g(x)}$이 존재할 수도 있다. 예를 들면, $f(x) = \frac{2}{x}$, $g(x) = \frac{3}{x}$ (단, $x \neq 0$)일 때 $A = \lim_{x\to 0} f(x) = \infty$,

$B=\lim_{x\to 0} g(x)=\infty$가 되어 $\frac{A}{B}=\frac{\infty}{\infty}$이지만, $\lim_{x\to 0}\frac{f(x)}{g(x)}=\lim_{x\to 0}\frac{\frac{2}{x}}{\frac{3}{x}}=\frac{2}{3}$이다. 또 다른 부정형 $0\cdot\infty$, 0^0, 1^∞, ∞^0, $\infty-\infty$ 등은 로그함수, 지수함수 또는 대수적 연산을 통해 가장 기본적인 부정형인 $\frac{0}{0}$와 $\frac{\infty}{\infty}$로 변환시켜 다룰 수 있다.

Cauchy의 평균값정리인 일반화된 평균값정리를 이용하면 극한값을 구하는데 아주 유용한 L'Hospital 법칙을 얻을 수 있다.

정리 6.13

L'Hospital 법칙

(i) f와 g가 구간 $[a, b)$상에서 미분가능하고 $[a, b)$상에서 $g'(x)\neq 0$이면 다음이 성립한다.

$\lim_{x\to b^-} f(x)=\lim_{x\to b^-} g(x)=0$이고 $\lim_{x\to b^-}\frac{f'(x)}{g'(x)}=L$이면 $\lim_{x\to b^-}\frac{f(x)}{g(x)}=L$이다.

(ii) f와 g가 $(0, \infty)$상에서 미분가능하고 $(0, \infty)$상에서 $g'(x)\neq 0$이면 다음이 성립한다.

$\lim_{x\to\infty} f(x)=\lim_{x\to\infty} g(x)=0$이고 $\lim_{x\to\infty}\frac{f'(x)}{g'(x)}=L$이면 $\lim_{x\to\infty}\frac{f(x)}{g(x)}=L$이다.

(iii) 이 정리는 L이 유한값, 혹은 ∞인 경우도 성립하며 $\lim_{x\to b^-} f(x)=\lim_{x\to b^-} g(x)=\infty$인 경우도 성립한다. 또한 구간 $(a, b]$ $((-\infty, 0))$에서도 똑같은 내용이 성립한다.

》증명 (i) $\lim_{x\to b^-} f(x)=\lim_{x\to b^-} g(x)=0$이므로 $f(b)=g(b)=0$으로 정의하면 f와 g는 $[a, b]$에서 연속이다. 각 $x\in(a, b)$에 대하여 $[x, b]$에서 일반화된 평균값 정리를 적용하면, $x<x^*<b$인 x^*가 존재하여

$$\frac{f'(x^*)}{g'(x^*)}=\frac{f(b)-f(x)}{g(b)-g(x)}=\frac{f(x)}{g(x)}$$

를 만족한다. 한편 가정에서

$$\lim_{x\to b^-}\frac{f'(x)}{g'(x)}=L$$

이므로 임의의 양수 ε에 대해 적당한 $\delta > 0$를 택하여 $b-\delta < x < b$인 모든 x에 대하여

$$\left|\frac{f(x)}{g(x)} - L\right| = \left|\frac{f'(x^*)}{g'(x^*)} - L\right| < \varepsilon$$

이 성립하도록 할 수 있다. 그러므로 $\lim_{x \to b^-} \frac{f(x)}{g(x)} = L$ 이다.

(ii) $a > 0$이고 $b = \infty$ 라 하자. 함수 F와 G를 각각

$$F(x) = f\left(\frac{1}{x}\right), \quad G(x) = g\left(\frac{1}{x}\right)$$

로 정의하면 F, G는 구간 $\left[0, \frac{1}{a}\right)$에서 미분가능하고 $G'(x) \neq 0$이다. 또한 $\lim_{x \to 0^+} F(x) = \lim_{x \to 0^+} G(x) = 0$이고

$$\lim_{x \to 0^+} \frac{F'(x)}{G'(x)} = \lim_{x \to 0^+} \frac{f'\left(\frac{1}{x}\right)}{g'\left(\frac{1}{x}\right)} = \lim_{x \to \infty} \frac{f'(x)}{g'(x)} = L$$

이므로, (i)을 적용하면

$$\lim_{x \to \infty} \frac{f(x)}{g(x)} = \lim_{x \to 0^+} \frac{f\left(\frac{1}{x}\right)}{g\left(\frac{1}{x}\right)} = \lim_{x \to 0^+} \frac{F(x)}{G(x)} = L$$

이 성립한다.

L'Hospital 법칙을 이용하면 자연지수함수와 다항식, 다항식과 자연로그함수와 같은 두 함수의 증가하는 속도를 비교할 수 있다.

예제 8 자연지수함수 e^x는 n차 다항함수 $P(x) = a_0 + a_1 x + \cdots + a_n x^n$ $(a_n \neq 0)$보다 x가 클수록 상대적 증가속도가 빠르다. 즉,

$$\lim_{x \to \infty} \frac{a_0 + a_1 x + a_2 x^2 + \cdots + a_n x^n}{e^x} = 0 \qquad (n \in \mathbb{N})$$

이다.

풀이 $P(x)$의 고계 도함수는 최고차항의 지수가 0이 아니므로 $p'(x)$, $p''(x)$, $\cdots$, $p^{(n-1)}(x)$는 $x\to\infty$일 때 극한값이 각각 ∞이므로 L'Hospital 법칙을 연속적으로 이용할 수 있다. 즉,

$$\lim_{x\to\infty}\frac{P(x)}{e^x}=\lim_{x\to\infty}\frac{P'(x)}{e^x}=\lim_{x\to\infty}\frac{P''(x)}{e^x}=\cdots=\lim_{x\to\infty}\frac{n!a_n}{e^x}=0$$

을 얻는다. 그러므로 $x\to\infty$일 때 e^x은 임의의 다항식 $P(x)=a_0+a_1x+a_2x^2+\cdots\cdots+a_nx^n$ $(a_n\neq 0,\ n\in\mathbb{N})$보다 더 빨리 ∞에 접근하며 상당히 큰 x에 대해서 $e^x \geq P(x)$임을 알 수 있다.

다음의 예제들은 부정형 $\infty-\infty$, $0\cdot\infty$, 1^∞, 0^0, ∞^0을 $\frac{0}{0}$ 혹은 $\frac{\infty}{\infty}$형으로 변형시켜 L'Hospital 법칙을 적용한 것들이다.

예제 9 **($\infty-\infty$형) 구간** $I=\left(0,\ \frac{\pi}{2}\right)$에서

$$\begin{aligned}\lim_{x\to 0^+}\left(\frac{1}{x}-\frac{1}{\sin x}\right)&=\lim_{x\to 0^+}\frac{\sin x-x}{x\sin x}\\&=\lim_{x\to 0^+}\frac{\cos x-1}{\sin x+x\cos x}\\&=\lim_{x\to 0^+}\frac{-\sin x}{2\cos x-x\sin x}\\&=0.\end{aligned}$$

예제 10 **($0\cdot(-\infty)$형) 구간** $I=(0,\ \infty)$에서

$$\begin{aligned}\lim_{x\to 0^+}x\cdot\ln x&=\lim_{x\to 0^+}\frac{\ln x}{\frac{1}{x}}\\&=\lim_{x\to 0^+}\frac{\frac{1}{x}}{-\frac{1}{x^2}}\\&=\lim_{x\to 0^+}(-x)\\&=0.\end{aligned}$$

예제 11 (1^{∞}형) 구간 $I=(1, \infty)$에서

$$\lim_{x\to\infty}\left(1+\frac{1}{x}\right)^x = \lim_{x\to\infty} e^{x\ln\left(1+\frac{1}{x}\right)}$$

$$= e^{\lim_{x\to\infty} x\cdot\ln\left(1+\frac{1}{x}\right)}$$

$$= e^{\lim_{x\to\infty}\frac{\ln\left(1+\frac{1}{x}\right)}{\frac{1}{x}}}$$

$$= e^{\lim_{x\to\infty}\frac{\left(1+\frac{1}{x}\right)^{-1}(-x^{-2})}{-x^{-2}}}$$

$$= e^{\lim_{x\to\infty}\frac{1}{1+\frac{1}{x}}}$$

$$= e^1$$

$$= e.$$

예제 12 (0^0형) 구간 $I=(0, \infty)$에서

$$\lim_{x\to 0^+} x^x = \lim_{x\to 0^+} e^{x\ln x}$$

$(\because\ y=x^x \to \ln y = x\ln x \to y=e^{x\ln x}\ \therefore\ x^x=e^{x\ln x})$

$$= e^{\lim_{x\to 0^+} x\cdot\ln x}$$

$$= e^{\lim_{x\to 0^+}\frac{\ln x}{\frac{1}{x}}}$$

$$= e^{\lim_{x\to 0^+}\frac{\frac{1}{x}}{-x^{-2}}}$$

$$= e^{\lim_{x\to 0^+} -x}$$

$$= e^0$$

$$= 1.$$

예제 13 (∞^0형) 구간 $I=(0, \infty)$에서

$$\lim_{x\to 0^+}\left(1+\frac{1}{x}\right)^x = \lim_{x\to 0^+} e^{x\ln\left(1+\frac{1}{x}\right)}$$

$$= e^{\lim_{x\to 0^+} x \cdot \ln\left(1+\frac{1}{x}\right)}$$

$$= e^{\lim_{x\to 0^+} \frac{\ln\left(1+\frac{1}{x}\right)}{\frac{1}{x}}}$$

$$\equiv e^{\lim_{x\to 0^+} \frac{\left(1+\frac{1}{x}\right)^{-1} \cdot (-x^{-2})}{-x^{-2}}}$$

$$= e^{\lim_{x\to 0^+} \frac{1}{1+\frac{1}{x}}}$$

$$= e^0$$

$$= 1.$$

연습문제

1. $x \in (0,\ \infty)$일 때 $\lim_{x\to 0^+} x^3 \ln x$를 구하시오.

2. $x \in (0,\ \pi)$일 때 $\lim_{x\to 0^+} x \ln \sin x$를 구하시오.

3. $x \in (0,\ \infty)$일 때 $\lim_{x\to\infty} \frac{x+\ln x}{x \cdot \ln x}$를 구하시오.

4. $x \in (0,\ \infty)$일 때 $\lim_{x\to\infty} \left(1+\frac{3}{x}\right)^x$를 구하시오.

6.4 Taylor 정리

구간 I에서 정의된 함수 $f: I \to \mathbb{R}$의 n계 도함수 $f^{(n)}$이 존재하고 또한 $f^{(n)}$이 I에서 연속이면 f를 C^n급 함수라 하고, 이러한 함수들 전체의 집합을 $C^n(I)$라고 쓴다. 또한, 모든 자연수 n에 대하여 $f^{(n)}$이 미분가능하면, f를 C^∞급 함수라고 하며, 이러한 함수들의 전체집합을 $C^\infty(I)$라 쓴다. 한편, 함수 f가 x에 관한 n차 다항 함수이면 f는 n차 미분가능할 뿐 아니라 각 자연수 k에 대해 $f \in C^k$이므로 f는 C^∞급 함수이다.

이제 역으로 f가 C^n급 함수일 때 f를 x에 관한 다항함수로 표현할 수 있을지 생각해보자. 물론 이것은 다항함수가 아닌 삼각함수나 지수함수의 예에서 볼 수 있듯이 성립하지 않는다. 그러나 적당한 범위 내에서는 어느 정도의 오차를 감안하면 n차 다항식으로 근사시킬 수는 있다. 다항함수의 잇점은 계산이 간편하다는 것으로 계산기나 컴퓨터에 내장된 비다항함수의 값을 다항함수의 근사치로 계산하여 아주 빠르게 답을 출력시키곤 한다. 이 절에서는 미분가능한 함수의 함숫값을 다항함수를 이용해 근삿값으로 구하는 방법과 이에 따른 오차한계에 대해 알아본다.

C^∞에 속하는 함수 f가 다음과 같이 $x=c$를 중심으로 한 멱급수로 표현된다고 하자.

$$f(x) = a_0 + a_1(x-c) + a_2(x-c)^2 + \cdots, \qquad |x-c| < R \quad \text{(수렴 반경)}$$

이때 계수 $a_0,\ a_1,\ a_2,\ \cdots$을 f를 이용해 표현하면

$$\begin{aligned} f(c) &= a_0 \\ f'(c) &= a_1 \\ f''(c) &= 2a_2 \\ &\vdots \\ f^{(n)}(c) &= n!a_n \\ &\vdots \end{aligned}$$

이므로

$$a_0 = f(c),\ a_1 = f'(c),\ a_2 = \frac{f''(c)}{2!},\ \cdots,\ a_n = \frac{f^{(n)}(c)}{n!},\ \cdots$$

이다. 그러므로

$$\begin{aligned}f(x) &= \sum_{n=0}^{\infty} \frac{f^{(n)}(c)}{n!}(x-c)^n \\ &= f(c) + \frac{f'(c)}{1}(x-c) + \frac{f''(c)}{2!}(x-c)^2 + \cdots + \frac{f^{(n)}(c)}{n!}(x-c)^n + \cdots\end{aligned}$$

이며 이때 이 급수를 f의 $x=c$에서의 Taylor 급수라고 한다 ($0!=1$, $f^0=f$).

정의 6.2 f가 (a, b)에서 C^n급 함수이고 $f \in C(a, b)$이고 $c \in (a, b)$일 때

$$P_n(x) = f(c) + f'(c)(x-c) + \frac{f''(c)}{2!}(x-c)^2 + \cdots + \frac{f^{(n)}(c)}{n!}(x-c)^n$$

을 c에서 f의 n차 Taylor 다항식이라고 한다.

다음 정리는 $f(x)$와 f의 n차 Taylor 다항식 $P_n(x)$와의 차이를 보여준다.

정리 6.14

Taylor 정리

(a, b)상에서 $f \in C^{n+1}$이며 $c \in (a, b)$이고 $P_n(x)$가 c에서 f의 n차 Taylor 다항식이라고 하자. 그러면 임의 원소 $x \in (a, b)$에 대해

$$f(x) = P_n(x) + \frac{f^{(n+1)}(d)}{(n+1)!}(x-c)^{n+1}$$

를 만족하는 점 d가 x와 c 사이 또는 c와 x사이에 존재한다.

》증명 $c < x$라 가정하자. $t \in [c, x]$에 대해

$$F(t) = f(x) - \left(f(t) + f'(t)(x-t)) + \frac{f''(t)}{2!}(x-t)^2 + \cdots + \frac{f^{(n)}(t)}{n!}(x-t)^n\right) \quad (6.4.1)$$

라 두고 양변을 t에 관해 미분하면

$$\begin{aligned}F'(t) &= -f'(t) + (f'(t) - f''(t)(x-t)) + \left(f''(t)(x-t) - \frac{f'''(t)}{2!}(x-t)^2\right) \\ &\quad + \cdots + \left(\frac{f^{(n)}(t)}{(n-1)!}(x-t)^{n-1} - \frac{f^{(n+1)}(t)}{n!}(x-t)^n\right) \\ &= -\frac{f^{(n+1)}(t)}{n!}(x-t)^n \qquad (6.4.2)\end{aligned}$$

이다.

$$G(t) = F(t) - F(c)\left(\frac{x-t}{x-c}\right)^{n+1}$$

라 두면 $G(c) = G(x) = 0$ 이고 G는 (c, x)에서 미분가능하므로 Rolle 정리를 적용하면, $G'(d) = 0$ 인 d가 (c, x)에서 존재한다.

$$G'(d) = F'(d) + (n+1)F(c)\frac{(x-d)^n}{(x-c)^{n+1}}$$

이므로

$$F(c) = -\frac{1}{n+1} \cdot F'(d)\frac{(x-c)^{n+1}}{(x-d)^n} \tag{6.4.3}$$

이다. $F'(t) = -\frac{f^{(n+1)}(t)}{n!}(x-t)^n$ 이므로 이를 식 (6.4.3)에 대입하면,

$$\begin{aligned} F(c) &= \frac{f^{(n+1)}(d)}{n+1}\frac{(x-c)^{n+1}}{(x-d)^n}\frac{(x-d)^n}{n!} \\ &= \frac{f^{(n+1)}(d)}{(n+1)!}(x-c)^{n+1} \end{aligned}$$

이다. $F(c)$를 다시 식 (6.4.1)에 대입하면

$$\begin{aligned} f(x) = f(c) + f'(c)(x-c) + \frac{f''(c)}{2!}(x-c)^2 + \cdots \\ + \frac{f^{(n)}(c)}{n!}(x-c)^n + \frac{f^{(n+1)}(d)}{(n+1)!}(x-c)^{n+1} \end{aligned}$$

을 얻는다. 이것으로 무한급수인 f의 Taylor 급수가 다항식이 되었다.

참고로, Taylor 정리에서 $n = 0$인 경우, f가 (a, b)에서 미분가능하고 $c \in (a, b)$이면 모든 $x \in (a, b)$에 대해

$$f(x) = f(c) + f'(d)(x-c)$$

를 만족하는 d가 c와 x 사이에 존재한다. 이는 평균값정리이므로 Taylor 정리는 평균값 정리의 확장이라고 할 수 있다. 따라서 다음과 같은 논리적 동치관계를 얻을 수 있다.

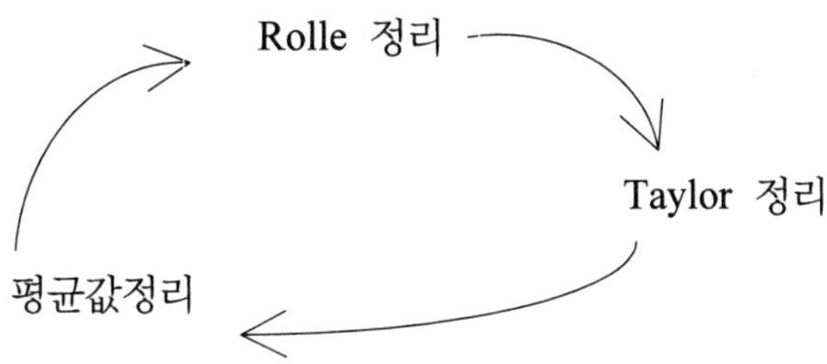

정의 6.3 Taylor 정리에서 원함수 $f(x)$와 c에서 f의 n차 Taylor 다항식 $P_n(x)$와의 오차

$$f(x)-P_n(x)=\frac{f^{(n+1)}(d)}{(n+1)!}(x-c)^{n+1}$$

를 Lagrange의 잉여라 하고 $R_n(x)=\dfrac{f^{(n+1)}(d)}{(n+1)!}(x-c)^{n+1}$로 나타낸다.

여기서 $\lim\limits_{n\to\infty}|R_n(x)|=0$이면 $\lim\limits_{n\to\infty}(f(x)-P_n(x))=0$이므로

$$f(x)=\lim_{n\to\infty}P_n(x)=\lim_{n\to\infty}\sum_{k=1}^{n}\frac{f^{(k)}(c)}{k!}(x-c)^k$$

이다. 즉 f는 자신의 Taylor 급수의 합과 같다.

〉〉**참고** 한편, 평균값정리에 의해 식 (6.4.2)로부터

$$\begin{aligned}F(x)-F(c)&=F'(d)(x-c)\\&=-\frac{f^{(n+1)}(d)}{n!}(x-d)^n(x-c)\end{aligned}$$

를 만족하는 점 d가 구간 $(c,\ x)$에 존재한다. $F(x)=0$이므로

$$F(c)=\frac{f^{(n+1)}(d)}{n!}(x-d)^n(x-c)$$

이다. 이 $F(c)$를 식 (6.4.1)에 대입하면

$$f(x)=P_n(x)+\frac{f^{(n+1)}(d)}{n!}(x-d)^n(x-c)$$

이 된다. 이때 $R_n(x)=\dfrac{f^{(n+1)}(d)}{n!}(x-d)^n(x-c)$를 Cauchy의 잉여라 한다.

예제 14 $c=0$에서의 함수 $f(x)=\sqrt[3]{1+x}$ $(x>-1)$의 2차 Taylor 다항식을 구하고 $x=0.3$일 때의 근삿값의 오차 범위를 구하시오.

풀이

$$f'(x)=\frac{1}{3}(1+x)^{-\frac{2}{3}}$$

$$f''(x)=\frac{1}{3}\left(-\frac{2}{3}\right)(1+x)^{-\frac{5}{3}}$$

$$f'''(x)=\frac{1}{3}\left(-\frac{2}{3}\right)\left(-\frac{5}{3}\right)(1+x)^{-\frac{8}{3}}$$

$$\begin{aligned} f(x) &= P_2(x)+R_2(x) \\ &= 1+\frac{1}{3}x-\frac{2}{9}x^2+\frac{1}{3!}f'''(d)x^3 \\ &= 1+\frac{1}{3}x-\frac{1}{9}x^2+\frac{1}{8!}(1+d)^{-\frac{8}{3}}x^3 \ \ (0<d<x). \end{aligned}$$

한편,

$$\begin{aligned} P_2(0.3) &= 1.09 \\ R_2(0.3) &= f(0.3)-P_2(0.3) \\ &= \sqrt[3]{1+0.3}-1.09 \end{aligned}$$

이고 $(1+d)^{-\frac{8}{3}}<1$이므로 오차는 기껏해야

$$\begin{aligned} R_2(0.3) &\le \frac{5}{81}(1+d)^{-\frac{8}{3}}\cdot\left(\frac{3}{10}\right)^3 \\ &\le \frac{5}{81}\times 1\times\left(\frac{3}{10}\right)^3=\frac{1}{600}<0.17\times 10^{-2}. \end{aligned}$$

따라서 $|\sqrt[3]{1.3}-1.09|\le 0.5\times 10^2$이므로 소숫점 둘째자리까지는 정확하다.

예제 15 실수 x에 대해 e^x, $\sin x$, $\cos x$는 다음과 같이 Taylor 급수로 나타낼 수 있다.

(a) $e^x=\displaystyle\sum_{n=0}^{\infty}\frac{x^n}{n!}=1+\frac{x}{1!}+\frac{x^2}{2!}+\frac{x^3}{3!}+\cdots$

(b) $\sin x=\displaystyle\sum_{n=0}^{\infty}(-1)^n\frac{x^{2n+1}}{(2n+1)!}=x-\frac{x^3}{3!}+\frac{x^5}{5!}-\frac{x^7}{7!}+\cdots$

(c) $\cos x=\displaystyle\sum_{n=0}^{\infty}(-1)^n\frac{x^{2n}}{(2n)!}=1-\frac{x^2}{2!}+\frac{x^4}{4!}-\frac{x^6}{6!}+\cdots$

풀이 (a) $f(x)=e^x$라 두면 모든 n에 대해 $f^{(n)}(x)=e^x$이므로 $c=0$에서 Taylor 전개하면 다음과 같다.

$$f(x)=f(0)+f'(0)x+\frac{f''(0)}{2!}x^2+\cdots+\frac{f^{(n)}(0)}{n!}x^n+\frac{f^{(n+1)}(d)}{(n+1)!}x^{n+1}$$

$$=1+x+\frac{x^2}{2!}+\cdots+\frac{x^n}{n!}+\frac{e^d}{(n+1)!}x^{n+1} \quad (0<d<x \text{ 또는 } x<d<0).$$

$\lim_{n\to\infty}|R_n(x)|=\lim_{n\to\infty}\left|\frac{x^{n+1}}{(n+1)!}\right||e^d|=e^d\lim_{n\to\infty}\frac{|x^{n+1}|}{(n+1)!}=0$이고

비판정법에 의해 $r=\lim_{n\to\infty}\left|\frac{x^{n+1}}{(n+1)!}\cdot\frac{n!}{x^n}\right|=\lim_{n\to\infty}\left|\frac{x}{n+1}\right|=0$

이므로 무한급수는 수렴하며 $e^x=\sum_{n=0}^{\infty}\frac{x^n}{n!}$ 이다.

e의 근삿값을 구하기 위해 $x=1$이라 두면 $d<1$이므로

$$|R_n(1)|<\frac{e^d}{(n+1)!}<\frac{3}{(n+1)!}$$

이다. 오차가 10^{-5}을 넘지 않으려면 부등식 $9!=362{,}880>3\times10^5$로부터 $\frac{3}{(n+1)!}<10^{-5}$을 만족하는 최소한의 n은 8임을 알 수 있다. 따라서 8 번째 자리 숫자까지는 정확하며

$$\begin{aligned}e\approx P_8(1)&=1+1+\frac{1}{2!}+\cdots+\frac{1}{8!}\\&=2.71828\end{aligned}$$

이고 오차는 10^{-5}미만이다.

(b) $c=0$에서 $\sin x$의 Lagrange 잉여를 계산하면

$$|R_n(x)|=\left|\frac{f^{(n+1)}(d)}{(n+1)!}x^{n+1}\right|\le\frac{|x|^{n+1}}{(n+1)!}$$

이므로 $\lim_{n\to\infty}R_n(x)=0$이다. 그러므로 $\sin x$는 자신의 Taylor 급수합과 같다. 즉,

$$\begin{aligned}\sin x&=\sin0+\frac{\cos0}{1}x-\frac{\sin0}{2!}x^2+\cdots+\frac{f^{(n)}(0)}{n!}x^n+\cdots\\&=x-\frac{x^3}{3!}+\frac{x^5}{5!}-\cdots+(-1)^n\frac{x^{2n+1}}{(2n+1)!}+\cdots\end{aligned}$$

이다.

(c) $\cos x=\frac{d(\sin x)}{dx}=\frac{d}{dx}\left(\sum_{n-1}^{\infty}(-1)^n\frac{x^{2n+1}}{(2n+1)!}\right)$ 이므로 (b)에서 양변을 미

분하면 (c)를 얻는다.

예제 16 e의 근삿값을 구하되 오차가 10^{-5}미만이 되도록 하시오.

풀이 $f(x)=e^x$이면, $f^{(k)}(x)=e^x$이므로 $f^{(k)}(0)=1\ (k\in\mathbb{N})$이다.

$x=0$에서의 n차 Taylor 다항식은

$$P_n(x)=\sum_{k=0}^{n}\frac{x^k}{k!},$$

$$R_n(x)=\frac{e^c}{(n+1)!}x^{n+1}$$

$$R_n(1)=\frac{e^c}{(n+1)!}\quad (0<c<1)$$

이다. $e^c<3\ (0<c<1)$이므로 $\dfrac{3}{(n+1)!}<10^{-5}$을 만족하는 n을 구하면 된다.

$$(8+1)!=9!=362{,}880>3\times 10^5\text{이고}$$

$$(7+1)!=8!=40{,}320<3\times 10^5\text{이므로}$$

$$e\approx P_8(1)=1+1+\frac{1}{2!}+\cdots+\frac{1}{8!}=2.71888$$

이 되어 오차는 10^{-5}미만이다.

Taylor 정리는 다음과 같이 f의 극값 판정에 유용하게 이용된다.

정리 6.15

f는 c를 포함한 $(a,\ b)$에서 C^n급 함수이고

$$f'(c)=\cdots=f^{(n-1)}(c)=0,\qquad f^{(n)}(c)\neq 0$$

이라 하자.

(a) n이 짝수이고 $f^{(n)}(c)>0$이면 f는 c에서 극소가 된다.

(b) n이 짝수이고 $f^{(n)}(c)<0$이면 f는 c에서 극대가 된다.

(c) n이 홀수이면 f는 c에서 극대나 극소가 되지 않는다.

》**증명** $P_n(x)$를 c에서의 f의 Taylor 다항식이라 하면 Taylor 정리에 의해

$$f(x)=P_{n-1}(x)+R_{n-1}(x)=f(c)+\frac{f^{(n)}(d)}{n!}(x-c)^n$$

$$(c < d < x \text{ 또는 } x < d < c)$$

이다. 여기서 $f^{(n)}(x)$는 연속이므로 $x \to c$이면 $f^{(n)}(x) \to f^{(n)}(c)$이다. $f^{(n)}(c) \neq 0$이면 ε을 $0 < \varepsilon < |f^n(c)|$인 양수로 잡으면 적당한 $\delta > 0$가 존재하여

$$|x-c| < \delta \text{이면 } |f^{(n)}(x) - f^{(n)}(c)| < \varepsilon$$

을 만족한다. 따라서 $(c-\delta,\ c+\delta)$에서 $f^{(n)}(x)$는 $f^{(n)}(c)$와 같은 부호를 가진다.

(a) n이 짝수이고 $f^{(n)}(c) > 0$라 하자.
$x \in (c-\delta,\ c+\delta) \setminus \{c\}$에서 $f^{(n)}(d) > 0$이고 $(x-c)^n > 0$이므로

$$f(x) - f(c) = \frac{f^{(n)}(d)}{n!}(x-c)^n > 0$$

이다. 즉 c의 근방에 있는 모든 $x \in (c-\delta,\ c+\delta) \setminus \{c\}$에 대해 $f(x) > f(c)$이므로 f는 $x = c$에서 극소값을 가진다.

(b) n이 짝수이고 $f^{(n)}(c) < 0$이면 $x \in (c-\delta,\ c+\delta) \setminus \{c\}$에 대해 $f^{(n)}(d) < 0$이고 $(x-c)^n > 0$이므로

$$f(x) - f(c) = \frac{f^{(n)}(d)}{n!}(x-c)^n < 0$$

이다. 즉, c의 근방 $(c-\delta,\ c+\delta)$에 속하는 모든 $x \neq c$에 대해 $f(x) < f(c)$에서 f는 $x = c$에서 극대값을 가진다.

(c) n이 홀수이면 $x \in (c-\delta,\ c)$이면 $(x-c)^n < 0$이고 $x \in (c,\ c+\delta)$이면 $(x-c)^n > 0$이므로 c의 어떤 근방 U에서도 모든 $x \in U$에 대해 $f(x) < f(c)$이거나 모든 $x \subset U$에 대해 $f(x) > f(c)$가 성립하지 않는다. 즉 c에서 f는 극대나 극소가 되지 않는다.

연 습 문 제

1. $x \in \mathbb{R}$일 때 부등식 $1 - \frac{1}{2}x^2 \leq \cos x$가 성립함을 Taylor 정리를 이용해서 보이시오.

2. Taylor 정리를 사용해서 부등식

$$x-\frac{1}{2}x^2+\cdots-\frac{1}{2k}x^{2k}<\ln(1+x)<x-\frac{1}{2}x^2+\cdots+\frac{1}{(2k+1)}x^{2k+1}$$

이 성립함을 보이시오 ($x>0,\ k\in\mathbb{N}$).

3. **[2003학년도 임용문제]** 실수의 집합 $\mathbb{R}$ 에서 정의된 함수

$$f(x)=\begin{cases} e^{-\frac{1}{x}}, & x\neq 0 \\ 0, & x=0 \end{cases}$$

에 대하여 다음 물음에 답하시오.

(1) 모든 n에 대하여 n계 도함수 $f^{(n)}(x)$가 존재함을 보이고, 함수 f의 $x=0$에서의 테일러 급수를 구하시오.

(2) (1)의 결과를 이용하여 실함수(function of a real variable)와 복소함수(function of a complex variable)의 미분가능성이 갖는 특징의 차이를 서술하시오.

제7장 적분

◈ 학습 내용

이 장에서는 임의 유계 닫힌구간 $[a, b]$에서 정의된 유계함수에 대한 리만(Riemann) 적분을 다룬다. 따라서 불연속인 유계함수도 학습대상이 된다. 유계 닫힌구간에서 연속인 함수는 최대치-최소치 정리에 의해 유계이므로 이전의 유계 닫힌구간에서 정의된 연속함수에 관한 리만(Riemann) 적분의 수학적 특성이 모두 유계함수에 관한 리만(Riemann) 적분의 수학적 특성에 관한 학습에 포함된다.

먼저 제1과에서는 상합(upper sum)과 하합(lower sum)의 개념을 이용해서 리만 적분가능성(Riemann integrability)을 다룬다. 제2과에서는 적분가능한 함수들의 집합으로 단소함수들의 십합과 연속함수들의 집합을 소개하고 적분가능성과 관련된 몇 가지 특성을 다룬다. 적분에 관한 기본정리와 부정적분은 제3과에서 다룬다.

7.1 Riemann 적분

정의 7.1 구간 $[a, b]$에 속하는 유한개의 점 $a = x_0$, x_1, $\cdots$, x_{i-1}, x_i, $\cdots$, $x_n = b$들의 집합 P가 $a = x_0 < x_1 < \cdots < x_{i-1} < x_i < \cdots < x_n = b$를 만족할 때 P를 $[a, b]$의 분할(partition)이라고 하며 $P = \{x_0, x_1, \cdots, x_{i-1}, x_i, \cdots, x_n\}$으로 나타낸다. 만일 $[a, b]$의 분할 P와 Q가 $P \subseteq Q$를 만족할 때 Q를 P의 세분할(refinement)이라 한다. 그리고 구간 $[a, b]$의 모든 분할들의 집합을 $P[a, b]$로 나타낸다. $\Delta x_i = x_i - x_{i-1}$, t_i를 구간 $[x_{i-1}, x_i](i = 1, 2, \cdots, n)$의 임의 한 점이라고 한다.

정의 7.2 $P = \{x_0, x_1, \cdots, x_{i-1}, x_i, \cdots, x_n\}$가 $[a, b]$의 분할이고 $f : [a, b] \to \mathbb{R}$이라 하자.
n개의 직사각형 면적 $f(t_1) \cdot \Delta x_1$, $f(t_2) \cdot \Delta x_2$, $\cdots$, $f(t_i) \cdot \Delta x_i$, $\cdots$, $f(t_n) \cdot \Delta x_n$의 합을

$$S(f, P) = \sum_{i=1}^{n} f(t_i) \Delta x_i$$

라 표시하고 P에 관한 f의 리만 합(Riemann Sum)이라 한다.

예제 1 함수 $f : [0, 1] \to \mathbb{R}$를 $f(x) = \sqrt{1 - x^2}$로 정의하자.

$$P = \left\{0, \frac{1}{5}, \frac{2}{5}, \frac{3}{5}, \frac{4}{5}, 1\right\}$$

이라 두고

$$Q = \left\{0, \frac{1}{10}, \frac{2}{10}, \frac{4}{10}, \frac{5}{10}, \frac{6}{10}, \frac{8}{10}, 1\right\}$$ 이라고 하면

P와 Q는 $[0, 1]$의 분할이고 Q는 P의 세분할이다.
각각 분할의 오른쪽 끝점을 t_i로 잡으면

$$S(f, P) = \frac{1}{5}\left(\sqrt{1 - \left(\frac{1}{5}\right)^2} + \sqrt{1 - \left(\frac{2}{5}\right)^2} + \sqrt{1 - \left(\frac{3}{5}\right)^2} + \sqrt{1 - \left(\frac{4}{5}\right)^2}\right)$$

이고

$$S(f,Q)=\frac{1}{10}\sqrt{1-\left(\frac{1}{10}\right)^2}+\frac{1}{10}\sqrt{1-\left(\frac{2}{10}\right)^2}+\frac{2}{10}\sqrt{1-\left(\frac{4}{10}\right)^2}+\frac{1}{10}\sqrt{1-\left(\frac{5}{10}\right)^2}$$
$$+\frac{1}{10}\sqrt{1-\left(\frac{6}{10}\right)^2}+\frac{2}{10}\sqrt{1-\left(\frac{8}{10}\right)^2}$$

이다.

$S(f,\ P)<S(f,\ Q)<\frac{\pi}{4}$이므로 $S(f,\ Q)$가 $S(f,\ P)$보다 사분원의 면적에 가깝다.

정의 7.3 함수 f가 $[a,\ b]$에서 유계이고 $P=\{x_0,\ x_1,\ \cdots,\ x_{i-1},\ x_i,\ \cdots,\ x_n\}$가 $[a,\ b]$의 분할이라고 하자. 구간 $[x_{i-1},\ x_i]$에서의 상한과 하한을 각각

$$M_i=\sup\{f(x):x\in[x_{i-1},\ x_i]\}$$
$$m_i=\inf\{f(x):\ x\in[x_{i-1},\ x_i]\}\ (i=1,\ 2,\ \cdots,\ n)$$

라 할 때

$$U(f,\ P)=\sum_{i=1}^{n}M_i\Delta x_i$$

와

$$L(f,\ P)=\sum_{i=1}^{n}m_i\Delta x_i$$

를 각각 분할 P에 관한 함수 f의 리만 상합(Riemann upper sum), 리만 하합(Riemann lower sum)이라 하며, 앞으로는 간단히, 상합, 하합이라고 한다.

함수 f가 $[a,\ b]$에서 유계이므로 임의 $x\in[a,\ b]$에 대해

$$m\le f(x)\le M$$

을 만족하는 실수 m과 M이 존재한다. 따라서 구간 $[a,\ b]$의 임의 분할 P에 대해

$$m(b-a)\le L(f,\ P)\le U(f,\ P)\le M(b-a)$$

가 성립한다. f에 관한 상합들의 집합 $\{U(f,\ P):\ P\in\wp[a,\ b]\}$은 $m(b-a)$를 하계로 가지는 아래로 유계인 집합이므로 완비성 공리에 의해 하한 $\inf\{U(f,\ P):\ P\in\wp[a,\ b]\}$이 존재하고 f이 하합들의 집합 $\{L(f,\ P):\ P\subset\wp[a,\ b]\}$은 $M(b-a)$에 의해 위로 유계

이므로 상한 $\sup\{L(f, P): P\in\wp[a, b]\}$이 존재한다. 이와 같이 f가 유계함수이면 f의 상합 집합의 하한과 하합 집합의 상한은 언제나 존재하므로 이를 이용해서 다음과 같이 f의 Riemann 적분을 정의한다.

$S=\{U(f, P): P\in\wp[a, b]\}$ $T=\{L(f, P): P\in\wp[a, b]\}$라 하면, 임의 $P\in\wp[a, b]$에 대해 $L(f, P)\le U(f, P)$이므로 $\sup T\le\inf S$가 성립한다.

정리 7.1

함수 $f: [a, b]\to\mathbb{R}$가 유계 함수라고 하자. P와 Q가 $[a, b]$의 분할이고 Q가 P의 세분할이면,

$$L(f, P)\le L(f, Q)\le U(f, Q)\le U(f, P)$$

이다.

》증명스케치 먼저 Q는 P보다 하나 더 많은 점을 포함하는 세분할인 경우부터 증명한다. $P=\{x_0, x_1, \cdots, x_{j-1}, x_j, \cdots, x_n\}$이고 $Q=\{x_0, x_1, \cdots, x_{j-1}, x^*, x_j, \cdots, x_n\}$이라 하자.

$$\begin{aligned} m_i &= \inf\{f(x): x\in[x_{i-1}, x_i]\}\ (i=1, 2, \cdots, n), \\ m_j{}' &= \inf\{f(x): x\in[x_{j-1}, x^*]\}, \\ m_j{}'' &= \inf\{f(x): x\in[x^*, x_j]\} \end{aligned}$$

라 두면 $m_j=\min\{m_j{}', m_j{}''\}$이므로

$$\begin{aligned} L(f, P) &= \sum_{i=1}^{n} m_i\Delta x_i = \sum_{\substack{i=1 \\ i\ne j}}^{n} m_i\Delta x_i + m_j\Delta x_j \\ &= \sum_{i\ne j}^{n} m_i\Delta x_i + m_j(x^*-x_{j-1}) + m_j(x_j-x^*) \\ &\le \sum_{i\ne j}^{n} m_i\Delta x_i + m_j{}'(x^*-x_{j-1}) + m_j{}''(x_j-x^*) \\ &= L(f, Q) \end{aligned}$$

이다.

Q가 P보다 k개 많은 점을 가진 세분할이면 귀납법을 써서 $L(f, P)\le L(f, Q)$임을 보일 수 있다. m_j, $m_{j'}$, $m_j{}''$ 대신

$$M_i = \sup\{f(x) : x \in [x_{i-1},\ x_i]\}\ (i = 1, 2, \cdots, n),$$
$$M_j' = \sup\{f(x) : x \in [x_{j-1},\ x^*]\},$$
$$M_j'' = \sup\{f(x) : x \in [x^*,\ x_j]\}$$

을 사용하면 $M_j = \max\{M_j',\ M_j''\}$이고 위의 부등식 방향이 바뀌게 되므로 $U(f,\ Q) \geq U(f,\ P)$이다.

따름정리 7.2

함수 f가 $[a,\ b]$에서 유계라고 하자. 만일 $P,\ Q \in \wp[a,\ b]$이면

$$L(f,\ P) \leq\ U(f,\ Q)$$

가 성립한다.

〉〉**증명** $P \cup Q \in \wp[a,\ b]$이고 $P,\ Q \subset P \cup Q$이므로

$$L(f,\ P) \leq\ L(f,\ P \cup\ Q) \leq\ U(f,\ P \cup\ Q) \leq\ U(f,\ Q)$$

이 성립한다.

정의 7.4 f가 $[a,\ b]$에서 정의된 유계함수라 하자.

$$\inf\{U(f,\ P) :\ P \in \wp[a,\ b]\}\text{와}$$
$$\sup\{L(f,\ P) : P \in \wp[a,\ b]\}\text{를}$$

각각 구간 $[a,\ b]$에서 함수 f의 상적분(upper integral)과 하적분(lower integral)이라 하고 $\overline{\int_a^b} f(x)dx$와 $\underline{\int_a^b} f(x)dx$로 쓴다. 만일 $\overline{\int_a^b} f(x)dx = \underline{\int_a^b} f(x)dx$이면 함수 f가 $[a,\ b]$에서 (리만) 적분가능하다(Riemann integrable)라 하고, 그 값을 $\int_a^b f$ 혹은 $\int_a^b f(x)dx$라고 쓰며 구간 $[a,\ b]$에서 함수 f의 리만 적분(Riemann integral)이라고 한다.

구간 $[a,\ b]$에서 $f \geq 0$이면 $\int_a^b f$는 함수 f의 그래프와 $x = a$, $x = b$로 둘러싸인 부분의 면적이다. 면적을 A라 하면 임의의 분할 $P \in \wp[a,\ b]$에 대해

$$L(f,\ P) \leq A \leq U(f,\ P)$$

이 성립한다. 따라서 $\int_a^b f$가 존재한다면, 그 값은 모든 분할 $P \in \wp[a, b]$에 대해

$$L(f, P) \le \int_a^b f \le U(f, P)$$

를 만족하는 유일한 값이다.

예제 2 c, d는 $c > d$인 실수이고 함수 $f : [0, 1] \to \{c, d\}$는 다음과 같이 정의된 함수

$$f(x) = \begin{cases} c & (x\text{는 유리수}), \\ d & (x\text{는 무리수}) \end{cases}$$

라 하면 $[0, 1]$의 임의 분할 P에 대해 f의 상합은 c이고 하합은 d이다.
실제로 임의 분할 $P = \{x_0, x_1, \cdots, x_n\}$에 대한 부분구간 $[x_{i-1}, x_i]$ $(i = 1, 2, \cdots, n)$에는 유리수 집합의 조밀성과 무리수 집합의 조밀성에 의해 무한히 많은 유리수와 무리수가 존재한다. 따라서 $M_i = c$이고 $m_i = d$이므로 $[0, 1]$에서 f의 상합은 $U(f, P) = c(1-0) = c$이고 하합은 $L(f, P) = d(1-0) = d$이 되어 f는 적분불가능하다.

정리 7.3

함수 f가 $[a, b]$에서 유계이면 $\underline{\int_a^b} f(x)dx \le \overline{\int_a^b} f(x)dx$이다.

≫ **증명** 임의 분할 $P, Q \in \wp[a, b]$에 대해 $L(f, P) \le U(f, Q)$이 항상 성립하므로 분할 Q에 대한 f의 상합 $U(f, Q)$는 $\mathbb{R}$의 부분집합 $S = \{L(f, P) : P \in \wp[a, b]\}$의 상계이다. S는 공집합이 아니므로 $\sup S = \underline{\int_a^b} f(x)dx$가 존재하며, 임의 분할 $Q \in \wp[a, b]$에 대해 $\underline{\int_a^b} f(x)dx \le U(f, Q)$가 성립한다. 따라서 $\underline{\int_a^b} f(x)dx$는 집합 $T = \{U(f, Q) : Q \in \wp[a, b]\}$의 하계이며 T는 $\mathbb{R}$의 공집합이 아닌 부분집합이므로 $\inf T = \overline{\int_a^b} f(x)dx$가 존재한다. 따라서 $\underline{\int_a^b} f(x)dx \le \overline{\int_a^b} f(x)dx$가 성립한다.

예제 3 $a < b$일 때 함수 $f(x) = x$의 리만 적분값은 $\int_a^b x\,dx = \frac{1}{2}(b^2 - a^2)$이다.

풀이 n이 양의 정수일 때 P_n을 $[a,\ b]$를 n등분한 분할이라 하면

$$P_n = \left\{a,\ a + \frac{(b-a)}{n}\ a + \frac{2(b-a)}{n},\ \cdots,\ a + \frac{n(b-a)}{n} = b\right\}$$

이다. $f(x) = x$는 증가함수이므로 소구간 $[x_{i-1},\ x_i] = \left[a + \frac{(i-1)(b-a)}{n},\ a + \right.$ $\left. + \frac{i(b-a)}{n}\right]$ 에서 $m_i = a + \frac{(i-1)(b-a)}{n}$이고 $M_i = a + \frac{i(b-a)}{n}$ 이다. 그러므로 f의 리만 하합은

$$\begin{aligned} L(f,\ P_n) &= \sum_{i=1}^{n} m_i \Delta x_i \\ &= \sum_{i=1}^{n} \left(a + \frac{(i-1)(b-a)}{n}\right)\left(\frac{b-a}{n}\right) \\ &= a(b-a) + \frac{(b-a)^2}{n^2} \sum_{i=1}^{n} (i-1) \\ &= a(b-a) + \frac{(b-a)^2}{n^2} \frac{(n-1)n}{2} \\ &= a(b-a) + \frac{(b-a)^2}{2}\left(1 - \frac{1}{n}\right) \end{aligned}$$

이고, 같은 방법으로 f의 리만 상합은

$$U(f,\ P_n) = a(b-a) + \frac{(b-a)^2}{2}\left(1 + \frac{1}{n}\right)$$

이다. $n \le m$이면 $L(f,\ P_n) \le L(f,\ P_m)$이고 $U(f,\ P_n) \ge U(f,\ P_m)$이므로, 집합 $\{L(f,\ P_n) : n \in \mathbb{N}\}$은 증가하고, 집합 $\{U(f,\ P_n) : n \in \mathbb{N}\}$은 감소한다. 따라서

$$\sup_{n \in \mathbb{N}} L(f,\ P_n) = \lim_{n \to \infty} L(f,\ P_n) = \frac{b^2 - a^2}{2}$$

$$\inf_{n \in \mathbb{N}} U(f,\ P_n) = \lim_{n \to \infty} U(f,\ P_n) = \frac{b^2 - a^2}{2}$$

이 성립한다. 또한 $\{P_n : n \in \mathbb{N}\}$는 $[a,\ b]$의 분할 전체의 부분 집합이므로

$$\sup_{n \in \mathbb{N}} L(f,\ P_n) \le \sup\{L(f,\ P) : P \in \wp[a,\ b]\}$$

$$\inf_{n \in \mathbb{N}} U(f,\ P_n) \ge \inf\{U(f,\ P) : P \in \wp[a,\ b]\}$$

이므로 다음과 같은 결과를 얻을 수 있다.

$$\frac{b^2-a^2}{2} \le \underline{\int_a^b} f\,dx \le \overline{\int_a^b} f\,dx \le \frac{b^2-a^2}{2}.$$

여기서

$$\underline{\int_a^b} f\,dx = \overline{\int_a^b} f\,dx$$

이므로 함수 $f(x)=x$는 리만 적분가능하고 $\int_a^b f\,dx = \int_a^b x\,dx = \frac{b^2-a^2}{2}$ 이다.

예제 4 함수 $f(x)=x^2$은 구간 $[0,\ 1]$에서 유계이다. 그리고 $\int_0^b x^2 = \frac{2}{3}$이다.

풀이 구간 $[0,\ 1]$를 n등분하여 얻은 분할을 $P_n = \left\{0,\ \frac{1}{n},\ \frac{2}{n},\ \cdots,\ \frac{i-1}{n},\ \frac{i}{n},\ \cdots,\ \frac{n-1}{n},\ 1\right\}$이라고 하자. 함수 $f(x)=x^2$은 구간 $[0,\ 1]$에서 증가하므로, 모든 부분 구간 $\left[\frac{i-1}{n},\ \frac{i}{n}\right]$ $(i=1,\ 2,\ \cdots,\ n)$에서도 증가한다. 따라서

$$M_i = \sup\left\{f(x) : x \in \left[\frac{i-1}{n},\ \frac{i}{n}\right]\right\} = f\left(\frac{i}{n}\right) = \left(\frac{i}{n}\right)^2,$$

$$m_i = \inf\left\{f(x) : x \in \left[\frac{i-1}{n},\ \frac{i}{n}\right]\right\} = f\left(\frac{i-1}{n}\right) = \left(\frac{i-1}{n}\right)^2$$

이다. 그러므로

$$\begin{aligned} U(f,\ P_n) &= \sum_{i=1}^{n}\left(\frac{i}{n}\right)^2 \cdot \frac{1}{n} \\ &= \frac{1}{n^3}(1^2+2^2+\cdots+n^2) \\ &= \frac{1}{n^3}\left[\frac{1}{6}n \cdot (n+1)(2n+1)\right] \\ &= \frac{1}{3}\left(\frac{n+1}{n}\right)\left(\frac{2n+1}{2n}\right) \end{aligned}$$

이고

$$\begin{aligned} L(f,\ P_n) &= \sum_{i=1}^{n}\left(\frac{i-1}{n}\right)^2 \cdot \frac{1}{n} \\ &= \frac{1}{n^3}[0^2+1^2+\cdots+(n-1)^2] \end{aligned}$$

$$= \frac{1}{n^3}\left[\frac{1}{6}(n-1)\cdot n\cdot(2n-1)\right]$$
$$= \frac{1}{3}\left(\frac{n-1}{n}\right)\left(\frac{2n-1}{2n}\right)$$

이다. 한편

$$\lim_{n\to\infty} U(f,\ P_n) = \lim_{n\to\infty}\left[\frac{1}{3}\left(\frac{n+1}{n}\right)\left(\frac{2n+1}{2n}\right)\right] = \frac{1}{3}$$

이며, 수열 $\{U(f,\ P_k):\ P_k \in \wp[0,\ 1]\}_{k=n}^{\infty}$ 은 감소하므로

$$\begin{aligned}\overline{\int_a^b} f(x)\,dx &= \inf\{U(f,\ Q):\ Q\in\wp[0,\ 1]\}\\ &\le \inf\{U(f,\ P_k):\ P_k\in\wp[0,\ 1],\ k\ge n,\ k\in\mathrm{N}\}\\ &= \lim_{n\to\infty} U(f,\ P_n)\\ &= \frac{1}{3}\end{aligned}$$

이다. 또한

$$\lim_{n\to\infty} L(f,\ P_n) = \lim_{n\to\infty}\left[\frac{1}{3}\cdot\left(\frac{n-1}{n}\right)\cdot\left(\frac{2n-1}{2n}\right)\right] = \frac{1}{3}$$

이며, 수열 $\{L(f,\ P_k):\ P_k \in \wp[0,\ 1]\}_{k=n}^{\infty}$ 는 증가하므로

$$\begin{aligned}\underline{\int_a^b} f(x)\,dx &= \sup\{L(f,\ Q):\ Q\in\wp[0,\ 1]\}\\ &\ge \sup\{L(f,\ P_k):\ P_k\in\wp[0,\ 1],\ k\ge n,\ k\in\mathrm{N}\}\\ &= \lim_{n\to\infty} L(f,\ P_n)\\ &= \frac{1}{3}\end{aligned}$$

이다. 그러므로 $\overline{\int_a^b} f(x)\,dx \le \frac{1}{3} \le \underline{\int_a^b} f(x)\,dx$.

$\underline{\int_a^b} f(x)\,dx \le \overline{\int_a^b} f(x)\,dx$ 이므로, $\overline{\int_a^b} f(x)\,dx = \underline{\int_a^b} f(x)\,dx = \frac{1}{3}$ 이다. 따라서 $\int_0^1 x^2 dx = \frac{1}{3}$ 이다.

모든 함수가 다 적분가능한 것은 아니므로 적분가능한 함수의 존재성에 대한 필요충분조건을 다루는 것은 수학적 의미가 있다.

정리 7.4

Riemann 적분판정법

구간 $[a, b]$에서 유계인 함수 f가 적분가능할 필요충분조건은 임의 양수 ε에 대해 분할 $P \in \wp[a, b]$가 존재해서

$$U(f, P) - L(f, P) < \varepsilon$$

를 만족하는 것이다.

》증명 ($\Rightarrow$) f가 적분가능하면 $\underline{\int_a^b} f(x)\,dx = \overline{\int_a^b} f(x)\,dx$ 이다.

$\underline{\int_a^b} f(x)\,dx =$ 이므로 supremum의 정의에 의해 임의 양수 ε에 대해 분할 $P_1 \in \wp[a, b]$가 존재해서

$$L(f, P_1) > \underline{\int_a^b} f(x)\,dx - \frac{\varepsilon}{2}$$

성립한다. 또한 $\overline{\int_a^b} f(x)\,dx = \inf\{U(f, P) : P \in \wp[a, b]\}$이므로 infimum의 정의에 의해 임의 양수 ε에 대해 분할 $P_2 \in \wp[a, b]$가 존재해서

$$U(f, P_2) < \overline{\int_a^b} f(x)\,dx + \frac{\varepsilon}{2}$$

성립한다.

$P = P_1 \cup P_2$라 하면 $P \in \wp[a, b]$이고, 또한

$$\begin{aligned} U(f, P) - L(f, P) &\le U(f, P_2) - L(f, P_1) \\ &< \left(\overline{\int_a^b} f(x)\,dx + \frac{\varepsilon}{2}\right) - \left(\underline{\int_a^b} f(x)\,dx - \frac{\varepsilon}{2}\right) \\ &= \overline{\int_a^b} f(x)\,dx - \underline{\int_a^b} f(x)\,dx + \varepsilon \\ &= \varepsilon \end{aligned}$$

이다.

($\Leftarrow$) 임의 ε에 대해 분할 $P \in \wp[a, b]$가 존재해서 $U(f, P) - L(f, P) < \varepsilon$이라고 가정하면,

$$\overline{\int_a^b} f(x)\,dx \le U(f, P) < L(f, P) + \varepsilon \le \underline{\int_a^b} f(x)\,dx + \varepsilon$$

이 성립한다. ε은 임의 양수이므로 $\overline{\int_a^b} f(x)\,dx \le \underline{\int_a^b} f(x)\,dx$가 성립한다. 한편, 유계 닫힌구간 $[a,\ b]$에서 유계인 함수 f는 항상 $\underline{\int_a^b} f(x)\,dx \le \overline{\int_a^b} f(x)\,dx$를 만족하므로 $\overline{\int_a^b} f(x)\,dx = \underline{\int_a^b} f(x)\,dx$가 성립한다.

예제 5 $\langle x \rangle$는 x보다 작은 최대 정수일 때 $f(x) = \langle x^2 \rangle$은 유계 닫힌구간 $[0,\ 2]$에서 리만 적분가능하다. 왜냐하면 $[0,\ 2]$의 분할 P를 $P = \{0,\ 1,\ \sqrt{2},\ \sqrt{3},\ 2\}$로 잡으면

$$\begin{aligned} U(f,\ P) = U(f,\ P) &= 0(1-0) + 1(\sqrt{2}-1) + 2(\sqrt{3}-\sqrt{2}) + 3(2-\sqrt{3}) \\ &= 5 - \sqrt{2} - \sqrt{3} \end{aligned}$$

이므로 임의의 $\varepsilon > 0$에 대해

$$U(f,\ P) - L(f,\ P) = 0 < \varepsilon$$

이 성립한다.

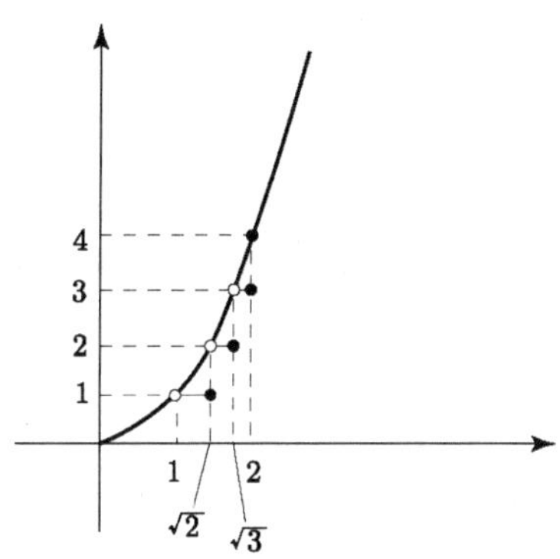

정리 7.5

> 함수 f가 $[a,\ b]$에서 유계이고 임의 $c \in (a,\ b)$에 대해 $[c,\ b]$에서 적분가능하면 f는 $[a,\ b]$에서 적분가능하다.

》**증명** 임의 $c \in (a,\ b)$에 대해 함수 f가 $[c,\ b]$에서 적분가능하므로 임의 양수 ε에 대해 $[c,\ b]$의 분할 $P_\varepsilon \in \wp[c,\ b]$가 존재하여

$$U(f,\ P_\varepsilon) - L(f,\ P_\varepsilon) < \varepsilon$$

이 성립한다. $P_\varepsilon{}' = \{a\} \cup P_\varepsilon$라 하면 $P_\varepsilon{}' \in \wp[a,\ b]$이고

$$U(f,\ P_\varepsilon{}') - L(f,\ P_\varepsilon{}') \le U(f,\ P_\varepsilon) - L(f,\ P_\varepsilon) < \varepsilon$$

이 성립한다. 따라서 f는 $[a,\ b]$에서 적분가능하다.

연습문제

1. **[2001학년도 임용문제]** 함수 $f: [0,\ 1] \to \mathbb{R}$가 연속일 때, 리만적분의 정의를 이용하여 극한 $\lim_{n\to\infty} \frac{1}{n} \sum_{k=1}^{n} f\left(\frac{k}{n}\right)$가 존재함을 보이시오.

2. **[2003학년도 임용문제]** $f(x) = \sum_{n=0}^{\infty} \frac{1}{2^n} \cos(3^n x)$라 할 때 f의 리만적분가능성을 판별하고 $\int_0^{2\pi} f(x)dx$를 구하시오.

3. **[2004학년도 임용문제]** 닫힌구간 $[0,\ 2]$에서 정의된 함수 f가 아래와 같을 때, 함수 f의 리만(Riemann) 적분가능성을 판별하시오.

$$f(x) = \begin{cases} x, & x\text{가 유리수} \\ x^2, & x\text{가 무리수} \end{cases}$$

7.2 Riemann 적분의 수학적 특성

이 과에서는 리만 적분의 몇 가지 기본적인 대수적 특성을 다루고, 단조증가함수와 연속함수가 적분가능함을 보인다.

정의 7.5 $P=\{x_0, x_1, \cdots, x_n\}$가 $[a, b]$의 분할일 때

$$\| P \| = \max_{1 \le i \le n} \Delta x_i$$

를 P의 놈(norm)이라 한다.

예제 6 구간 $[0, 1]$의 분할 $P=\left\{0, \frac{1}{5}, \frac{1}{4}, \frac{1}{3}, \frac{1}{2}, 1\right\}$의 놈(norm)은

$$\begin{aligned}\| P \| &= \max\left(\frac{1}{5}, \frac{1}{4}-\frac{1}{5}, \frac{1}{3}-\frac{1}{4}, \frac{1}{2}-\frac{1}{3}, 1-\frac{1}{2}\right)\\ &= \frac{1}{2}\end{aligned}$$

이다.

다음의 정리는 정적분 기호 $\int_a^b f$가 선형연산자(linear operator)임을 보여주고 있다.

정리 7.6

$k \in \mathbb{R}$이고 $f, g \in I[a, b]$이면

(a) $kf \in I[a, b]$이고 $\int_a^b kf = k\int_a^b f$ 이다.

(b) $f+g \in I[a, b]$이고 $\int_a^b (f+g) = \int_a^b f + \int_a^b g$ 이다.

》 **증명** $[a, b]$의 임의 분할 $P=\{x_0, x_1, \cdots, x_{i-1}, x_i, \cdots, x_n\}$에 대해

(a) (i) 만일 $k \ge 0$이면,

$$\begin{aligned} U(kf, P) &= \sum_{i=1}^{n} \sup_{x \in [x_{i-1},\ x_i]} (kf)(x) \cdot \Delta x_i \\ &= \sum_{i=1}^{n} \sup_{x \in [x_{i-1},\ x_i]} kf(x) \cdot \Delta x_i \\ &= k \sum_{i=1}^{n} \sup_{x \in [x_{i-1},\ x_i]} f(x) \cdot \Delta x_i \\ &= kU(f,\ P) \end{aligned}$$

이므로

$$\begin{aligned} \overline{\int_a^b} kf &= \inf\{U(kf,\ P) :\ P \in \wp[a,\ b]\} \\ &= \inf\{k\,U(f,\ P) :\ P \in \wp[a,\ b]\} \\ &= k \cdot \inf\{U(f,\ P) :\ P \in \wp[a,\ b]\} \\ &= k \overline{\int_a^b} f \end{aligned}$$

이다. 한편,

$$\begin{aligned} L(kf,\ P) &= \sum_{i=1}^{n} \inf_{x \in [x_{i-1},\ x_i]} (kf)(x) \cdot \Delta x_i \\ &= \sum_{i=1}^{n} \inf_{x \in [x_{i-1},\ x_i]} kf(x) \cdot \Delta x_i \\ &= k \sum_{i=1}^{n} \inf_{x \in [x_{i-1},\ x_i]} f(x) \cdot \Delta x_i \\ &= kL(f,\ P) \end{aligned}$$

이므로

$$\begin{aligned} \underline{\int_a^b} kf &= \sup\{L(kf,\ P) :\ P \in \wp[a,\ b]\} \\ &= \sup\{kL(f,\ P) :\ P \in \wp[a,\ b]\} \\ &= k \cdot \sup\{L(f,\ P) :\ P \in \wp[a,\ b]\} \\ &= k \underline{\int_a^b} f \end{aligned}$$

이다. 함수 f의 적분가능성에 의해 $\overline{\int_a^b} f = \underline{\int_a^b} f$이므로

$$\overline{\int_a^b} kf = k\overline{\int_a^b} f = k\underline{\int_a^b} f = \underline{\int_a^b} kf$$

이다. 따라서 kf는 적분가능하며,

$$\int_a^b kf = \overline{\int_a^b} kf = k\overline{\int_a^b} f = k\int_a^b f$$

이다.

한편, (ii) 만일 $k<0$이면,

$$\begin{aligned} U(kf,\ P) &= \sum_{i=1}^{n} \sup_{x\in[x_{i-1},\ x_i]} (kf)(x) \cdot \Delta x_i \\ &= \sum_{i=1}^{n} \sup_{x\in[x_{i-1},\ x_i]} kf(x) \cdot \Delta x_i \\ &= \sum_{i=1}^{n} k \inf_{x\in[x_{i-1},x_i]} f(x) \cdot \Delta x_i \\ &= k\sum_{i=1}^{n} \inf_{x\in[x_{i-1},x_i]} f(x) \cdot \Delta x_i \\ &= kL(f,P) \end{aligned}$$

이므로

$$\begin{aligned} \overline{\int_a^b} kf &= \inf\{U(kf,\ P):\ P\in \wp[a,\ b]\} \\ &= \inf\{kL(f,\ P):\ P\in \wp[a,\ b]\} \\ &= k\cdot\sup\{L(f,\ P):\ P\in \wp[a,\ b]\} \\ &= k\underline{\int_a^b} f \end{aligned}$$

이다. 한편

$$\begin{aligned} L(kf,\ P) &= \sum_{i=1}^{n} \inf_{x\in[x_{i-1},\ x_i]} (kf)(x) \cdot \Delta x_i \\ &= \sum_{i=1}^{n} \inf_{x\in[x_{i-1},\ x_i]} kf(x) \cdot \Delta x_i \\ &= \sum_{i=1}^{n} k \sup_{x\in[x_{i-1},\ x_i]} f(x) \cdot \Delta x_i \\ &= k\sum_{i=1}^{n} \sup_{x\in[x_{i-1},\ x_i]} f(x) \cdot \Delta x_i \\ &= kU(f,\ P) \end{aligned}$$

이므로

$$\begin{aligned}\underline{\int_a^b} kf &= \{L(kf,\ P):\ P \in \wp[a,\ b]\} \\ &= \{k\,U(f,\ P):\ P \in \wp[a,\ b]\} \\ &= k \cdot \inf\{U(f,\ P):\ P \in \wp[a,\ b]\} \\ &= k\overline{\int_a^b} f\end{aligned}$$

이다. 그러므로

$$\overline{\int_a^b} kf = k\underline{\int_a^b} f = k\overline{\int_a^b} f = \underline{\int_a^b} kf$$

이 되어 kf는 적분가능하고

$$\int_a^b kf = \overline{\int_a^b} kf = k\overline{\int_a^b} f = k\int_a^b f$$

이다.

(b)
$$\begin{aligned} U(f+g,\ P) &= \sum_{i=1}^{n} \sup_{x \in [x_{i-1},\ x_i]} (f+g)(x) \cdot \Delta x_i \\ &= \sum_{i=1}^{n} \sup_{x \in [x_{i-1},\ x_i]} (f(x)+g(x)) \cdot \Delta x_i \\ &\le \sum_{i=1}^{n} \left(\sup_{x \in [x_{i-1},\ x_i]} f(x) + \sup_{x \in [x_{i-1},\ x_i]} g(x) \right) \cdot \Delta x_i \\ &= \sum_{i=1}^{n} \sup_{x \in [x_{i-1},\ x_i]} f(x) \cdot \Delta x_i + \sum_{i=1}^{n} \sup_{x \in [x_{i-1},\ x_i]} g(x) \cdot \Delta x_i \\ &= U(f,\ P) + U(g,\ P) \end{aligned} \tag{7.2.1}$$

이다. 또한,

$$\begin{aligned} L(f+g,\ P) &= \sum_{i=1}^{n} \inf_{x \in [x_{i-1},\ x_i]} (f+g)(x) \cdot \Delta x_i \\ &= \sum_{i=1}^{n} \inf_{x \in [x_{i-1},\ x_i]} (f(x)+g(x)) \cdot \Delta x_i \\ &\ge \sum_{i=1}^{n} \left(\inf_{x \in [x_{i-1},\ x_i]} f(x) + \inf_{x \in [x_{i-1},\ x_i]} g(x) \right) \cdot \Delta x_i \\ &= \sum_{i=1}^{n} \inf_{x \in [x_{i-1},\ x_i]} f(x) \cdot \Delta x_i + \sum_{i=1}^{n} \inf_{x \in [x_{i-1},\ x_i]} g(x) \cdot \Delta x_i \\ &= L(f,\ P) + L(g,\ P) \end{aligned} \tag{7.2.2}$$

이다.

한편, 함수 f와 g는 구간 $[a, b]$에서 적분가능하므로 임의 양수 ε에 대해 적당한 분할 $P_1, P_2 \in \wp[a, b]$가 존재해서

$$U(f, P_1) < L(f, P_1) + \frac{\varepsilon}{2} \text{와 } U(g, P_2) < L(g, P_2) + \frac{\varepsilon}{2}$$

이 성립한다.

$P = P_1 \cup P_2$라 하면,

$$U(f, P) < L(f, P) + \frac{\varepsilon}{2} \text{와 } U(g, P) < L(g, P) + \frac{\varepsilon}{2} \tag{7.2.3}$$

이 성립한다. 부등식 (7.2.1) ~ (7.2.3)에 의해

$$\begin{aligned} U(f+g, P) &\le U(f, P) + U(g, P) \\ &< L(f, P) + L(g, P) + \varepsilon \\ &\le L(f+g) + \varepsilon \end{aligned}$$

이다. 따라서 $f+g$는 적분가능하다. 더군다나

$$\begin{aligned} \int_a^b (f+g) &= \overline{\int_a^b} (f+g) \\ &\le U(f+g, P) \\ &< L(f, P) + L(g, P) + \varepsilon \\ &\le \left(\underline{\int_a^b} f + \underline{\int_a^b} g \right) + \varepsilon \\ &= \left(\int_a^b f + \int_a^b g \right) + \varepsilon \end{aligned} \tag{7.2.4}$$

이고

$$\begin{aligned} \int_a^b (f+g) &= \int_a^b (f+g) \\ &\ge L(f+g, P) \\ &> U(f, P) + U(g, P) - \varepsilon \\ &\ge \left(\overline{\int_a^b} f + \overline{\int_a^b} g \right) - \varepsilon \\ &= \left(\int_a^b f + \int_a^b g \right) - \varepsilon \end{aligned} \tag{7.2.5}$$

이다. (7.2.4)와 (7.2.5)에 의해

$$\left(\int_a^b f + \int_a^b g \right) - \varepsilon < \int_a^b (f+g) < \left(\int_a^b f + \int_a^b g \right) + \varepsilon$$

이다. ε은 임의 양수이므로

$$\int_a^b (f+g) = \int_a^b f + \int_a^b g$$

이다.

따름정리로 다음의 정리를 얻는다.

따름정리 7.7

함수 f와 g가 $[a, b]$에서 적분가능하고 임의 $x \in [a, b]$에 대해 $f(x) \le g(x)$이면 $\int_a^b f \le \int_a^b g$ 이다.

〉〉**증명** 정리 7.6에 의해 $g-f$는 적분가능하고, $\int_a^b (g-f) = \overline{\int_a^b} (g-f) = \underline{\int_a^b} (g-f)$이다. $[a, b]$의 임의 분할 P에 대해 $\int_a^b (g-f) \ge L(g-f, P) \ge 0$이다.

보조정리 7.8

$P_1, P_2 \in \wp[a, b]$, $P = P_1 \cup P_2$, $P_1 \cap P_2 = \{c\}$이면,
$P \in \wp[a, b]$ 이고
$U(f, P) = U(f, P_1 \cup P_2) = U(f, P_1) + U(f, P_2)$,
$L(f, P) = L(f, P_1) + L(f, P_2)$이다.

정리 7.9

함수 f가 유계 닫힌구간 $[a, b]$에서 연속이면 f는 $[a, b]$에서 적분가능하다.

〉〉**증명** f가 콤팩트(compact) 집합 $[a, b]$에서 연속이므로 평등연속이다. 따라서 임의 양수 ε에 대해 적당한 양수 δ가 존재해서 x, $y \in [a, b]$이고 $|x-y| < \delta$이면 $|f(x) - f(y)| < \dfrac{\varepsilon}{b-a}$이 성립한다. 자신의 놈(norm) $\| P \|$ 가 δ보다 작은 분할 $P = \{x_0, x_1, \cdots, x_{i-1}, x_i, \cdots, x_n\}$를 택하자. f는 부분구간 $[x_{i-1}, x_i]$ $(i = 1,$

2, $\cdots$, n)에서 최댓값 M_i, 최솟값 m_i를 가지므로 $m_i = f(s_i)$, $M_i = f(t_i)$를 만족하는 s_i, t_i가 구간 $[x_{i-1}, x_i]$에 존재한다 ($i = 1, 2, \cdots, n$). $\Delta x_i = x_i - x_{i-1} < \delta$이므로 $|s_i - t_i| < \delta$이고

$$0 \le M_i - m_i = f(t_i) - f(s_i) < \frac{\varepsilon}{b-a} \quad (i = 1, 2, \cdots, n)$$

가 성립한다. 따라서

$$U(f, P) - L(f, P) = \sum_{i=1}^{n} (M_i - m_i) \Delta x_i < \frac{\varepsilon}{b-a} \sum_{i=1}^{n} \Delta x_i = \varepsilon.$$

구간 $[a, b]$에서 단조인 함수들의 집합을 $M[a, b]$, 연속인 함수들의 집합을 $C[a, b]$, 적분가능한 함수들의 집합을 $I[a, b]$라고 하면 $M[a, b] \subset I[a, b]$이고 $C[a, b] \subset I[a, b]$이다. 그러나 그 역은 일반적으로 성립하지 않는다.

다음의 예제는 $I[a, b] \not\subset M[a, b]$이고 $I[a, b] \not\subset C[a, b]$임을 보여준다.

예제 7 함수 $f : [0, 1] \to \mathbb{R}$를

$$f(x) = \begin{cases} \dfrac{1}{n}, & x = \dfrac{m}{n},\ (n, m) = 1, \\ 0, & x : \text{무리수} \end{cases}$$

로 정의하면 $f \notin C[0, 1]$이고, $f \notin M[0, 1]$이다. 그러나 $f \in I[0, 1]$이다.

임의 주어진 양수 ε에 대해 $U(f, P) - L(f, P) < \varepsilon$를 만족하는 $[0, 1]$의 분할 $P \in \wp[0, 1]$의 존재성을 보이면 된다.

임의의 양수 ε에 대해, Archimedean 특성에 의해 $\dfrac{1}{N} < \dfrac{\varepsilon}{2}$을 만족하는 자연수 N가 존재한다. 집합 $Y := \left\{\dfrac{q}{p} \in Q \cap [0, 1] : p < N,\ (p, q) = 1\right\}$는 유한집합이므로 $Y = \{y_i : i = 1, 2, \cdots, m\}$이라고 하자. 자연수 n이 부등식 $n > 2m/\varepsilon$과 $n > N$를 만족하는 소수라고 하자. $P = \{x_0, x_1, \cdots, x_{i-1}, x_i, \cdots, x_n\}$를 $x_i = \dfrac{i}{n}$ $(i = 1, 2, \cdots, n)$인 $[0, 1]$의 한 분할이라 하면 $\Delta x_i = \dfrac{1}{n}$이다. n가 $n \ge N$인 소수이므로 $P \cap Y = \{0, 1\}$이 된다.

$A = \{i : [x_{i-1}, x_i] \cap Y = \varnothing\}$, $B = \{i : [x_{i-1}, x_i] \cap Y \neq \varnothing\}$라 하자. 만일 $i \in A$이면 부분 구간 $[x_{i-1}, x_i]$에 속하는 유리수는 모두 분모가 N보다 크지 않는 자연수이다. 따라서 $M_i \le \dfrac{1}{N} \le \varepsilon/2$이다. 또한 Y에 속하는 원소의 개수는

m이므로

$$\sum_{i\in B}\Delta x_i \le m\cdot\frac{1}{n} < m\cdot\frac{\varepsilon}{2m}=\frac{\varepsilon}{2}$$

이다. 따라서

$$\begin{aligned}U(f,\ P) &= \sum_{i=1}^{n}M_i\cdot\Delta x_i\\ &= \sum_{i\in A}M_i\cdot\Delta x_i+\sum_{i\in B}M_i\cdot\Delta x_i\\ &< \frac{\varepsilon}{2}\sum_{i\in A}\Delta x_i+\sum_{i\in B}1\cdot\Delta x_i\ \text{(모든 } i\text{에 대해 } M_i<1\text{이므로)}\\ &< \frac{\varepsilon}{2}+\frac{\varepsilon}{2}=\varepsilon.\end{aligned}$$

그리고

$$L(f,\ P)=0$$

이다. 따라서 $U(f,P)-L(f,P)<\varepsilon$이 되어 f는 적분가능하다.

정리 7.10

함수 f가 구간 $[a,\ b]$에서 단조이면 f는 적분가능하다.

》증명 (i) 함수 f가 $[a,\ b]$에서 단조증가한다고 하자. 그러면 임의 원소 $x\in[a,\ b]$에 대해 $f(a)\le f(x)\le f(b)$가 성립한다. 따라서 f는 $[a,\ b]$에서 유계이다. 먼저 임의 양수 ε에 대해 $\frac{(b-a)(f(b)-f(a))}{\varepsilon}<n$을 만족하는 자연수 n을 택하고 $[a,\ b]$의 등분할 $P=\{x_0,\ x_1,\ \cdots\ x_n\}$을 취하자.

$$\begin{aligned}U(f,\ P)-L(f,\ P) &= \sum_{i=1}^{n}[f(x_i)-f(x_{i-1})]\Delta x_i\\ &= \frac{b-a}{n}\sum_{i=1}^{n}[f(x_i)-f(x_{i-1})]\\ &= \frac{b-a}{n}[f(b)-f(a)]\\ &< \varepsilon\end{aligned}$$

이 성립한다.

(ii) f가 단조감소하면 $-f$는 단조증가한다.

정리 7.11

f가 $[a, b]$에서 리만 적분가능하면 $[c, d] \subset [a, b]$인 모든 닫힌구간 $[c, d]$에서 리만적분가능하고, 모든 $c \in (a, b)$에 대해서

$$\int_a^b f\,dx = \int_a^c f\,dx + \int_c^b f\,dx$$

가 성립한다.

〉〉증명 먼저 c가 열린구간 (a, b)에 속하는 실수이면 f는 $[a, c]$와 $[c, b]$에서 각각 리만 적분가능함을 보이자. P를 $[a, b]$의 임의의 분할이라 하고 $P^* = P \cup \{c\}$라 두면, $P_1 = P^* \cap [a, c]$와 $P_2 = P^* \cap [c, b]$는 각각 $[a, c]$와 $[c, b]$의 분할이다. 그러므로

$$\overline{\int_a^c} f\,dx + \overline{\int_c^b} f\,dx \le U(f, P_1) + U(f, P_2) = U(f, P^*) \le U(f, P)$$

이다. 임의의 분할 P에 대해 성립하므로

$$\overline{\int_a^c} f\,dx + \overline{\int_c^b} f\,dx \le \int_a^b f\,dx$$

이다. 또한 임의의 분할 P에 대해

$$L(f, P) \le L(f, P^*) = L(f, P_1) + L(f, P_2) \le \underline{\int_a^c} f\,dx + \underline{\int_c^b} f\,dx$$

이므로

$$\int_a^b f\,dx \le \underline{\int_a^c} f\,dx + \underline{\int_c^b} f\,dx$$

이 성립한다.

$$\begin{aligned}\int_a^b f\,dx &\le \underline{\int_a^c} f\,dx + \underline{\int_c^b} f\,dx \le \overline{\int_a^c} f\,dx + \underline{\int_c^b} f\,dx \\ &\le \overline{\int_a^c} f\,dx + \overline{\int_c^b} f\,dx \le \int_a^b f\,dx\end{aligned}$$

이므로,

$$\underline{\int_a^c} f\,dx + \underline{\int_c^b} f\,dx = \overline{\int_a^c} f\,dx + \underline{\int_c^b} f\,dx = \overline{\int_a^c} f\,dx + \overline{\int_c^b} f\,dx$$

로부터 등식 $\overline{\int_a^c} f\,dx = \underline{\int_a^c} f\,dx$와 $\overline{\int_c^b} f\,dx = \underline{\int_c^b} f\,dx$을 얻는다. 그러므로 f는 $[a, c]$와 $[b, c]$에서 리만 적분가능하다. 따라서

$$\int_a^b f\,dx = \int_a^c f\,dx + \int_c^b f\,dx$$

이다. $[c, d]$를 $[a, b]$의 폐부분구간이라고 하면, $d \in [c, b]$이므로 위의 결과를 한 번 더 적용하면, f는 $[c, d]$와 $[a, b]$에서 적분가능하다.

정리 7.12

함수 f가 두 유계 닫힌구간 $[a, c]$와 $[c, b]$에서 적분가능하면 그것들의 합집합 $[a, b]$에서도 적분가능하고, $\int_a^b f = \int_a^c f + \int_c^b f$이다.

〉〉증명 함수 f가 $[a, c]$와 $[c, b]$에서 적분가능하므로 임의 양수 ε에 대해 적당한 분할 $P_1 \in \wp[a, c]$와 $P_2 \in \wp[c, b]$가 존재해서

$$U(f,\ P_1) - L(f,\ P_1) < \frac{\varepsilon}{2} \text{와 } U(f,\ P_2) - L(f,\ P_2) < \frac{\varepsilon}{2}$$

이 성립한다. $P = P_1 \cup P_2$라 하면 $P \in \wp[a, b]$이고

$$\begin{aligned} U(f,\ P) - L(f,\ P) &= U(f,\ P_1) + U(f,\ P_2) - L(f,\ P_1) - L(f,\ P_2) \\ &= [U(f,\ P_1) - L(f,\ P_1) + U(f,\ P_2) - L(f,\ P_2)] \\ &< \frac{\varepsilon}{2} + \frac{\varepsilon}{2} = \varepsilon \end{aligned}$$

이다. 따라서 f는 $[a, b]$에서 적분가능하다. 또한

$$\begin{aligned} \int_a^b f \le\ U(f,\ P) &= U(f,\ P_1) + U(f,\ P_2) \\ &< L(f,\ P_1) + L(f,\ P_2) + \varepsilon \\ &\le \left(\int_a^c f + \int_c^b f\right) + \varepsilon \end{aligned}$$

이고

$$\int_a^b f \geq L(f,\ P) = L(f,\ P_1) + L(f,\ P_2)$$
$$> U(f,\ P_1) + U(f,\ P_2) - \varepsilon$$
$$\geq \left(\int_a^c f + \int_c^b f\right) - \varepsilon$$

이다. 그러므로

$$\left(\int_a^c f + \int_c^b f\right) + \varepsilon \geq \int_a^b f \geq \left(\int_a^c f + \int_c^b f\right) - \varepsilon$$

이다. ε은 임의 양수이므로

$$\int_a^b f = \int_a^c f + \int_c^b f$$

이다.

이제 적분가능한 두 함수의 합성함수가 적분가능한가? 또는 적분가능한 함수와 연속인 함수의 합성함수는 적분가능한가?를 첫째, $f,\ g \in I[a,\ b]$인 경우, 둘째, $f \in C[a,\ b]$이고 $g \in I[a,\ b]$인 경우, 셋째, $f \in I[a,\ b]$이고 $g \in C[a,\ b]$인 경우로 나누어 다루어 볼 필요가 있다.

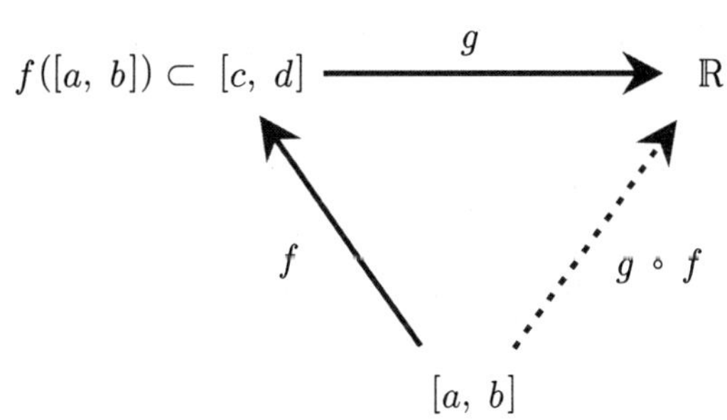

첫째의 경우는 $g \circ f$가 항상 적분가능하지 않음을 다음의 예제로써 알 수 있다.

예제 8 함수 $f : [0,\ 1] \to \mathbb{R}$ 을

$$f(x)=\begin{cases}1, & x=0\\ 0, & x\text{는 무리수}\\ \dfrac{1}{n}, & x=\dfrac{m}{n}, \text{단}\,(m,\ n)=1\end{cases}$$

로 정의하면 f는 $[0,\ 1]$에서 적분가능하며 $\int_0^1 f\,dx=0$이다.

함수 $g:[0,\ 1]\ \to \mathbb{R}$를

$$g(x)=\begin{cases}0, & x=0\\ 1, & x\in(0,\ 1]\end{cases}$$

로 정의하면 g는 $[0,\ 1]$에서 적분가능하고 $(0,\ 1]$의 모든 점에서 연속이다. 그러나 합성함수 $g\circ f:[0,\ 1]\to\mathbb{R}$은

$$(g\circ f)(x)=\begin{cases}0, & x\text{는 무리수}\\ 1, & x\text{는 유리수}\end{cases}$$

이므로 적분 불가능하다.

셋째의 경우는 다음의 정리로써 성립함을 알 수 있다.

정리 7.13

함수 f가 $[a,\ b]$에서 적분가능하고 함수 g가 $[c,\ d]$에서 연속이며, $f([a,\ b])\subset[c,\ d]$일 때 합성함수 $g\circ f$는 $[a,\ b]$에서 적분가능하다.

〉〉증명 $K=\sup\{|g(t)|:t\in[c,\ d]\}$라 하자. ε을 임의 주어진 양수, ε'를 $\varepsilon'(b-a+2K)<\varepsilon$을 만족하는 양수하고 하자. 함수 g가 $[c,\ d]$에서 평등연속이므로 ε'보다 작은 적당한 양수 δ가 존재해서 $s,\ t\in[c,\ d]$이고 $|s-t|<\delta$이면 $|g(s)-g(t)|<\varepsilon'$이 성립한다. 한편, 함수 f가 $[a,\ b]$에서 적분가능하므로, $[a,\ b]$의 적당한 분할 $P=\{x_0,\ \cdots,\ x_{i-1},\ x_i,\ \cdots,\ x_n\}\in\wp[a,\ b]$가 존재해서

$$U(f,\ P)-L(f,\ P)<\delta^2$$

이 성립한다. 합성함수 $g\circ f$의 적분가능성을 밝히기 위해 이 분할 P에 대해 $U(g\circ f,\ P)-L(g\circ f,\ P)<\varepsilon$이 성립함을 보이면 된다.

$$A=\{i\in\{1,\ 2,\ \cdots,\ n\}:M_i-m_i<\delta\}$$
$$B=\{i\in\{1,\ 2,\ \cdots,\ n\}:M_i-m_i\geq\delta\}$$

라 하자. 만일 $i \in A$이고 $x,\ y \in [x_{i-1},\ x_i]$이면

$$|f(x)-f(y)| \leq M_i - m_i < \delta$$

이다. 따라서

$$|(g \circ f)(x)-(g \circ f)(y)| = |g(f(x))-g(f(y))| < \varepsilon'$$

이다.

$$M_i(g \circ f) = \sup\{(g \circ f)(x) : x \in [x_{i-1},\ x_i]\},$$
$$m_i(g \circ f) = \inf\{(g \circ f)(x) : x \in [x_{i-1},\ x_i]\}$$

라 하면

$$M_i(g \circ f) - m_i(g \circ f) \leq \varepsilon'$$

이 되어

$$\sum_{i \in A}[M_i(g \circ f)-m_i(g \circ f)]\Delta x_i \leq \varepsilon' \sum_{i \in A} \Delta x_i \leq \varepsilon'(b-a) \qquad (7.2.6)$$

이 된다.

한편, 만일 $i \in B$이면 $(M_i - m_i)/\delta \geq 1$이므로

$$\sum_{i \in B} \Delta x_i \leq \frac{1}{\delta}\sum_{i \in B}(M_i - m_i) \cdot \Delta x_i \leq \frac{1}{\delta}[U(f,\ P)-L(f,\ P)] < \delta < \varepsilon'.$$

따라서 $i \in B$에 대해 $M_i(g \circ f)-m_i(g \circ f) \leq 2K$가 되어

$$\sum_{i \in B}[M_i(g \circ f)-m_i(g \circ f)]\Delta x_i \leq 2K \sum_{i \in B} \Delta x_i \leq 2K\varepsilon' \qquad (7.2.7)$$

이 된다. (7.2.6)와 (7.2.7)에 의해서

$$\begin{aligned} U(g \circ f,\ P) - L(g \circ f,\ P) &= \sum_{i \in A}[M_i(g \circ f)-m_i(g \circ f)]\Delta x_i \\ &\quad + \sum_{i \in B}[M_i(g \circ f)-m_i(g \circ f)]\Delta x_i \\ &\leq \varepsilon'(b-a)+2K\varepsilon' \\ &= \varepsilon'(b-a+2K) \\ &< \varepsilon \end{aligned}$$

이다. 따라서 $g \circ f$는 구간 $[a,\ b]$에서 적분가능하다.

따름정리 7.14

함수 f가 $[a, b]$에서 연속이면, $|f|$는 $[a, b]$에서 적분가능하고,

$$\left|\int_a^b f\right| \leq \int_a^b |f|$$

가 성립한다.

》증명 f가 $[a, b]$에서 연속이므로 임의 $x \in [a, b]$에 대해 $|f(x)| \leq B$를 만족하는 양수 B가 존재한다. 함수 $g : [-B, B] \to \mathbb{R}$을 $g(t) = |t|$로 정의하면 g는 $[-B, B]$에서 연속이므로 $|f| = g \circ f$는 적분가능하다. 또한 임의 $x \in [a, b]$에 부등식

$$-|f(x)| \leq f(x) \leq |f(x)|$$

이 성립하므로

$$-\int_a^b |f| \leq \int_a^b f \leq \int_a^b |f|$$

이 되어

$$\left|\int_a^b f\right| \leq \int_a^b |f|$$

이다.

따름정리7.15

f, $g \in I[a, b]$이면 $fg \in I[a, b]$이다.

》증명 함수 $h : \mathbb{R} \to \mathbb{R}$를 $h(x) = x^2$으로 정의하면, $f \in I[a, b]$이므로 정리 7.13에 의해

$$h \circ f = f^2 \in I[a, b]$$

이다. 또한, $f+g$, $f-g \in I[a, b]$이므로 $(f+g)^2$, $(f-g)^2 \in I[a, b]$이다. 그러므로

$$fg \in I[a, b]$$

이다.

정리 7.16

적분에 관한 일반화된 평균값정리

$f : [a, b] \to \mathbb{R}$ 이 연속함수이고, $g : [a, b] \to \mathbb{R}$ 이 0 이상의 값을 가지는 적분가능한 함수라고 하자. 그러면

$$\int_a^b f\,g\,dx = f(c)\int_a^b g\,dx$$

를 만족하는 점 $c \in [a, b]$가 존재한다.

》증명 함수 f의 최댓값을 M, 최솟값을 m이라 하면 모든 $x \in [a, b]$에 대해

$$mg(x) \le f(x)g(x) \le Mg(x)$$

이고 두 함수의 곱 fg는 적분가능하므로

$$m\int_a^b g\,dx \le \int_a^b f\,g\,dx \le M\int_a^b g\,dx$$

가 성립한다. 만일 $\int_a^b g\,dx = 0$이면 증명은 쉽게 끝난다. 만일 $\int_a^b g\,dx \neq 0$이면

$$m \le \frac{\int_a^b f\,g\,dx}{\int_a^b g\,dx} \le M$$

이므로 Bolzano의 중간값정리에 의해 $f(c) = \dfrac{\int_a^b f\,g\,dx}{\int_a^b g\,dx}$를 만족하는 점 $c \in [a, b]$가 존재한다.

함수 $g(x) = 1$은 정리 7.16의 조건을 만족하므로 다음의 적분에 관한 평균값정리를 얻을 수 있다.

정리 7.17

적분에 관한 평균값정리

f가 $[a, b]$에서 연속함수이면

$$\int_a^b f\,dx = f(c)(b-a)$$

를 만족하는 실수 c가 $[a, b]$에 존재한다.

연 습 문 제

1. **[2006학년도 임용문제]** 실수 집합 $\mathbb{R}$ 이라 하자. n차 다항식 x^n이 주어질 때, 함수 $f : [0, 1] \to \mathbb{R}$ 가 연속이면 다음 식을 만족하는 $c \in [0, 1]$가 존재함을 보이시오.

$$(n+1)\int_0^1 f(x)x^n dx = f(c)$$

2. 유계 닫힌구간 $[a, b]$에서 정의된 함수 f의 절대치 함수 $|f|$는 Riemann 적분가능하고 f 자신은 Riemann 적분 불가능한 함수를 구하시오.

3. 적분에 관한 평균값정리를 이용하여 다음의 미분에 관한 평균값정리를 증명하시오.
   $f \in C^1[a, b]$ 이면,

$$f(b) - f(a) = (b-a)f'(x_o)$$

   을 만족하는 $x_0 \in (a, b)$가 적어도 하나 존재한다.

4. 함수 f가 구간 $[a, b]$에서 단조감소하면 f는 적분가능함을 보이시오.

7.3 미적분학의 기본정리

다음의 정리 7.18의 (i)에서 다루는 적분과정은 함수의 상태를 적분가능에서 연속인 상태로 변화시켰으며 (ii)에서는 함수의 연속상태를 미분가능한 상태로 변화시켰다.

미적분학에는 두 연산 미분과 적분이 서로 역연산의 의미를 가지고 있는 두 가지의 기본정리가 있다. 하나는 "함수의 적분의 도함수는 원함수이다"이고 다른 하나는 "함수의 도함수의 적분은 원함수이다"이다.

정리 7.18

(i) 함수 f가 $[a, b]$에서 연속이라고 하자. 각 $x \in [a, b]$에 대해 $F(x) = \int_a^x f(t)dt$ 라 하면 함수 F는 $[a, b]$에서 평등연속이다.

(ii) 함수 f가 (a, b)상의 한 점 c에서 연속이면, F는 c에서 미분가능하고 $F'(c) = f(c)$이다.

》증명 (i) f가 $[a, b]$에서 연속이므로 $[a, b]$에서 유계이다. 즉, 임의 $x \in [a, b]$에 대해 $|f(x)| \le M$를 만족하는 양수 M가 존재한다. ε을 임의 양수라 하고 $[a, b]$의 임의 두 원소 x, y가 $x < y$이고 $|x-y| < \frac{\varepsilon}{M}$를 만족한다고 하면

$$\begin{aligned}
|F(y) - F(x)| &= \left|\int_a^y f(t)dt - \int_a^x f(t)dt\right| \\
&= \left|\int_x^y f(t)dt\right| \\
&\le \int_x^y |f(t)|dt \\
&\le \int_x^y M \cdot dt \\
&= M(y-x) \\
&< \varepsilon
\end{aligned}$$

따라서 F는 $[a, b]$에서 평등연속이다.

(ii) f가 $c \in (a, b)$에서 연속이면 임의 양수 ε에 대해 적당한 양수 δ가 존재해서 $t \in (a, b)$이고 $|t-c| < \delta$이면 $|f(t)-f(c)| < \varepsilon$가 성립한다. 따라서 $0 < |x-c| < \delta$를 만족하는 임의 $x \in (a, b)$에 대해

$$\begin{aligned}\left|\frac{F(x)-F(c)}{x-c} - f(c)\right| &= \left|\frac{1}{x-c}\left[\int_a^x f(t)dt - \int_a^c f(t)dt\right] - f(c)\right| \\ &= \left|\frac{1}{x-c}\int_c^x f(t)dt - \frac{1}{x-c}\int_c^x f(c)dt\right| \\ &= \left|\frac{1}{x-c}\int_c^x [f(t)-f(c)]dt\right| \\ &\le \left|\frac{1}{x-c}\right|\int_c^x |f(t)-f(c)|dt \\ &\le \left|\frac{1}{x-c}\right|\varepsilon\,|x-c| \\ &= \varepsilon\end{aligned}$$

이 성립한다. ε은 임의 양수이므로

$$F'(c) = \lim_{x \to c}\frac{F(x)-F(c)}{x-c} = f(c)$$

이다.

예제 9 $[x]$가 x를 넘지 않는 최대정수라 하고 함수 $f : [-1, 1] \to \mathbb{R}$를

$$f(x) = x - [x],\ x \in [-1, 1]$$

로 정의하면 f는 $[-1, 1]$에서 적분가능하다. 여기서

$$F(x) = \int_{-1}^x f(t)dt = \int_{-1}^x (t-[t])\,dt$$

라 두면 $F(x)$는 x축과 $y=f(x)$ 사이의 면적이므로 다음과 같다.

$$F(x) = \begin{cases} \dfrac{1}{2x^2}, & -1 \le x \le 0, \\ \dfrac{1}{2} + \dfrac{1}{2}x^2, & 0 \le x \le 1, \end{cases}$$

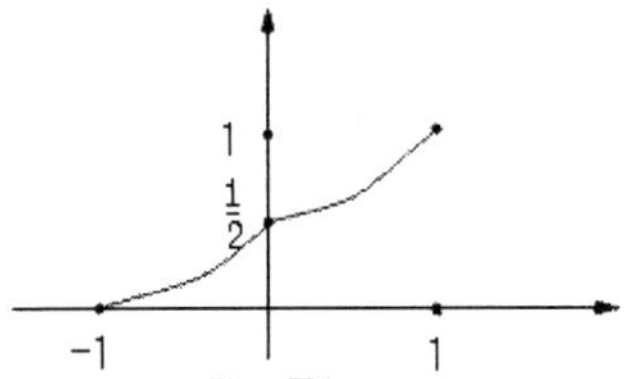

$y = F(x)$

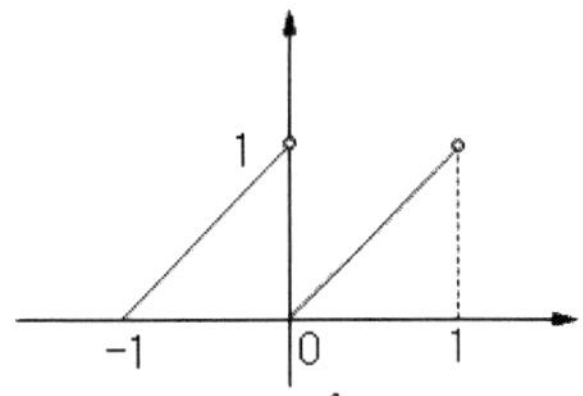

$y = f(x)$

여기서 f는 $x=0$에서 불연속이더라도 f의 적분함수 F는 $x=0$에서 연속이나 미분 불가능이다.

정리 7.19

미적분학의 기본정리 I

만일 함수 f가 $[a, b]$에서 미분가능하고 그 도함수 f'가 $[a, b]$에서 적분가능하면,

$$\int_a^b f'(x)dx = f(b) - f(a)$$

가 성립한다.

》**증명** $P = \{x_0, x_1, \cdots, x_{i-1}, x_i, \cdots, x_n\}$를 $[a, b]$의 한 분할이라고 하자. 각 부분구간 $[x_{i-1}, x_i]$ $(i = 1, 2, \cdots, n)$에서 평균값정리를 적용하면

$$f(x_i) - f(x_{i-1}) = f'(t_i)(x_i - x_{i-1})$$

를 만족하는 점 $t_i \in (x_{i-1}, x_i)$를 얻을 수 있고 따라서

$$\begin{aligned} f(b) - f(a) &= \sum_{i=1}^{n} [f(x_i) - f(x_{i-1})] \\ &= \sum_{i=1}^{n} [f'(t_i)(x_i - x_{i-1})] \end{aligned}$$

임을 보일 수 있다. $m_i(f') = \inf\limits_{x \in [x_{i-1}, x_i]} f'(x) \le f'(t_i) \le \sup\limits_{x \in [x_{i-1}, x_i]} f'(x) = M_i(f')$ $(i = 1, 2, \cdots, n)$이므로

$$L(f', P) \le f(b) - f(a) \le U(f', P)$$

가 성립한다. 분할 P는 $[a, b]$의 임의 분할이므로

$$\underline{\int_a^b} f'(x)dx \le f(b) - f(a) \le \overline{\int_a^b} f'(x)dx$$

가 성립한다. 가정에서 $f'(x)$는 $[a, b]$에서 적분가능하므로

$$\underline{\int_a^b} f'(x)dx = \overline{\int_a^b} f'(x)dx = \int_a^b f'(x)dx$$

가 되어

$$f(b) - f(a) = \int_a^b f'(x)dx$$

가 성립한다.

정리 7.20

미적분학의 기본정리 II

f가 $[a, b]$에서 연속이면 구간 $[a, b]$에서 $F(x) = \int_a^x f(t)\,dt$로 정의된 함수 F는 미분가능하고

$$F'(x) = \frac{d}{dx}\int_a^x f(t)\,dt = f(x)$$

이다.

》 **증명** f는 $[a, b]$에서 평등연속이므로 임의 양수 ε에 대해 t, $x \in [a, b]$이고 $0 \le |t-x| < \delta$이면 $|f(t)-f(x)| < \varepsilon$이 성립하는 $\delta > 0$가 존재한다. h를 $0 < h < \delta$인 수라 하면

$$\begin{aligned} F(x+h) - F(x) &= \int_a^{x+h} f(t)\,dt - \int_a^x f(t)\,dt \\ &= \int_a^x f(t)dt + \int_x^{x+h} f(t)dt - \int_a^x f(t)dt \\ &= \int_x^{x+h} f(t)dt \end{aligned}$$

이고 $f(x) = \frac{1}{h}\int_x^{x+h} f(x)dt$ 이다. $0 < h < \delta$이므로

$$\begin{aligned} \left|\frac{F(x+h)-F(x)}{h} - f(x)\right| &= \left|\frac{1}{h}\int_x^{x+h} f(t)\,dt - \frac{1}{h}\int_x^{x+h} f(x)\,dt\right| \\ &= \left|\frac{1}{h}\int_x^{x+h} (f(t)-f(x))dt\right| \end{aligned}$$

$$\begin{aligned} &\le \frac{1}{h}\int_x^{x+h} | f(t)-f(x) | \, dt \\ &< \frac{1}{h}\int_x^{x+h} \varepsilon \, dt \\ &= \varepsilon . \end{aligned}$$

그러므로

$$\lim_{h\to 0^+}\frac{F(x+h)-F(x)}{h}=f(x)$$

이다. $-\delta < h < 0$ 인 경우도 같은 방법으로 하면 다음 식을 얻을 수 있다.

$$\lim_{h\to 0^-}\frac{F(x+h)-F(x)}{h}=f(x).$$

좌극한치와 우극한치가 같으므로 위 정리가 성립한다.

미적분학의 제 1정리는 f를 적분한 다음, 그 결과를 미분하면 본래의 함수 f가 되는 것으로 미분이 적분의 역조작임을 보여준다.

또한 연속성은 함수가 원시함수를 가질 충분조건이며 f가 연속이면 f의 원시함수는 항상

$$F(x)=\int_a^x f(t)\,dt + C$$

인 형태임을 이 정리를 통해 알 수 있다. 그러나 다음의 예는 연속성은 함수가 원시함수를 가질 필요조건은 아님을 보여준다.

예제 10 함수 f와 F를 $[-1, 1]$에서 다음과 같이 정의된 함수라 하자.

$$f(x)=\begin{cases} \sin\frac{1}{x}-\frac{1}{x}\cos\frac{1}{x}, & x\neq 0 \\ 0, & x=0, \end{cases}$$

$$F(x)=\begin{cases} x\sin\frac{1}{x}, & x\neq 0 \\ 0, & x=0. \end{cases}$$

그러면 $F'(x)=f(x)$이지만 f는 $[-1, 1]$에서 불연속인 함수이다.

미적분학의 기본정리를 이용하면 부분적분과 치환적분과 같은 적분공식을 얻을 수 있다.

정리 7.21

부분 적분법

f와 g가 $[a, b]$에서 미분가능하고 f'와 g'가 $[a, b]$에서 적분가능하면

$$\int_a^b f(x)\,g'(x)\,dx = f(b)\,g(b) - f(a)\,g(a) - \int_a^b f'(x)\,g(x)dx$$

이 성립한다.

〉〉**증명** 함수 f, g가 미분가능하므로 fg는 미분가능하고

$$[f(x)\,g(x)]' = f'(x)\,g(x) + f(x)\,g'(x), \quad x \in [a, b]$$

이다. 여기서 f와 g는 유계 닫힌구간에서 연속이므로 적분가능하고 f'와 g'는 가정에 의해 적분가능하므로 $(fg)' = f'g + fg'$도 적분가능하다. 이때, 미적분학 기본정리 I을 적용하면

$$\int_a^b [f(x)\,g(x)]'\,dx = f(b)\,g(b) - f(a)g(a)$$

이므로

$$\int_a^b f'(x)g(x)dx + \int_a^b f(x)g'(x)dx = f(b)g(b) - f(a)g(a)$$

이다. 양변에 $\int_a^b f'(x)g(x)dx$를 빼면 우리가 구하고자 하는 결과를 얻는다.

$f:[a, b] \to \mathbb{R}$과 $g:[c, d] \to [a, b]$가 미분가능하면 합성함수 $f \circ g:[c, d] \to \mathbb{R}$는 미분에서는 연쇄법칙이 성립하고 적분에서는 치환 적분 공식이 이에 대응된다.

정리 7.22

치환 적분법

함수 f는 $[a, b]$에서 연속이고 함수 $g:[c, d] \to [a, b]$는 미분가능하며 $g(c) = a$, $g(d) = b$이면

$$\int_a^b f(x)dx = \int_c^d f(g(t))g'(t)dt.$$

이 성립한다.

》증명 임의의 $x \in [a, b]$에 대해

$$F(x) = \int_a^x f(t)dt$$

로 정의하면 미적분학 기본정리 Ⅰ에 의해 함수 F는 $[a, b]$에서 미분가능하다. 미분의 연쇄법칙에 의해

$$(F(g(t)))' = F'(g(t))\,g'(t) = f(g(t))g'(t)$$

이므로 미적분학 기본정리 Ⅱ에 의해

$$\int_c^d f(g(t))\,g'(t)dt = F(g(d)) - F(g(c))$$

$$= F(b) - F(a) = \int_a^b f(x)\,dx$$

이 성립한다.

연습문제

1. a) $g : \mathbb{R} \to \mathbb{R}$가 연속일 때, $\dfrac{d}{dx}\displaystyle\int_0^t g(x-t)dt$를 구하시오.

b) $f(x) = \displaystyle\int_0^x e^{-x^2t^2}dt$일 때, $xF'(x) + f(x) = 2xe^{-x^4}$, $x \in \mathbb{R}$을 증명하시오.

c) $f(x) = \displaystyle\int_0^{x^3} e^{t^2}dt$일 때, $6\displaystyle\int_0^1 x^2 f(x)dx - 2\int_0^1 e^{x^2} f(x)dx = 1 - e$임을 보이시오.

2. $\displaystyle\int_1^2 \frac{t}{1+t^2}dt$를 구하시오.

3. $\displaystyle\int_{-1}^1 xf(x^2)dx$을 계산하시오. (단, f는 $[0, 1]$에서 연속)

7.4 이상적분(Improper integrals)

지금까지 학습한 적분에서는 피적분함수의 적분 범위가 유계구간이고 피적분함수 자체가 주어진 정의역에서 유계였다. 이때 적분값이 존재한다면 그 적분을 정상적분(proper integral)이라고 한다. 그러나 함수의 유계성과 적분 범위인 정의역의 유계성 중 어느 하나라도 만족하지 않으면 앞에서 다룬 정상적인 적분을 구할 수 없다. 대신에 정상적분의 극한으로 나타나는 이상적분(improper integral)을 얻는다.

정의 7.6 함수 $f(x)$가 반열림·닫힘구간 $(a, b]$에서 정의되고, 임의 $c \in (a, b]$에 대해 유계 닫힌 구간 $[c, b]$에서 적분가능하다고 하자. 만일 극한 $\lim_{c \to a^+} \int_c^b f(x)dx$가 존재한다면, 그 극한값을 $\int_a^b f(x)dx$로 표시하고, 구간 $(a, b]$에서의 함수 $f(x)$의 이상적분(improper integral)이라고 한다. 만일 $L = \lim_{c \to a^+} \int_c^b f(x)dx$가 유한이면 이상적분 $\int_a^b f(x)dx$가 L에 수렴한다고 하고, $L = \infty$ (혹은 $-\infty$)이면 이상적분은 ∞ (혹은 $-\infty$)로 발산한다고 한다.

예제 11 $f(x) = \dfrac{1}{\sqrt{x}}$ 는 유계 닫힌구간 $[0, 1]$에서 유계가 아니다. 그러나 $(0, 1]$에서 이상적분가능함을 보이시오.

풀이 정의에 의해서

$$\int_0^1 \frac{1}{\sqrt{x}} dx = \lim_{c \to 0+} \int_c^1 \frac{1}{\sqrt{x}} dx = \lim_{c \to 0+} (2 - 2\sqrt{c}) = 2$$

이다.

정리 7.23

f가 $[a, b]$에서 적분가능하면, $\forall c, d \in (a, b)$, $c < d$에 대해

$$\int_a^b f(x)\,dx = \lim_{c \to a+} \left(\lim_{d \to b-} \int_c^d f(x)\,dx \right)$$

이다.

》증명 구간 $[a, b]$에서 임의 $x \in [a, b]$에 대해 $F(x) = \int_a^x f(t)dt$로 정의된 함수 $F: [a, b] \to \mathbb{R}$은 $[a, b]$에서 연속이다. 그러므로

$$\int_a^b f(x)\,dx = F(b) - F(a) = \lim_{c \to a+}\left(\lim_{d \to b-}(F(d) - F(c))\right)$$
$$= \lim_{c \to a+}\left(\lim_{d \to b-}\int_c^d f(x)\,dx\right)$$

이다.

정의 7.7 함수 $f(x)$가 비유계구간 $[a, \infty)$에서 정의되고 임의의 $c > a$에 대해 $f(x)$가 $[a, b]$에서 적분가능하다고 하자. 만일 $\lim_{c \to \infty}\int_a^c f(x)dx$가 존재한다면, 그 존재하는 극한값을 함수 $f(x)$의 구간 $[a, \infty)$에서의 이상적분이라고 하며 $\int_a^\infty f(x)dx$로 나타낸다.

예제 12 함수 $f(x) = x^{-2}$이 비유계구간 $[1, \infty)$에서 (이상)적분가능하다.

풀이 임의의 $c > 1$에 대해

$$\int_1^\infty x^{-2}dx = \lim_{c \to \infty}\int_1^c x^{-2}dx = \lim_{c \to \infty}\left(-\frac{1}{x}\right)\Bigg|_1^c$$
$$= \lim_{c \to \infty}\left(1 - \frac{1}{c}\right) = 1$$

이므로 $f(x) = x^{-2}$는 $[1, \infty)$에서 이상적분가능하다.

연습문제

1. $f(x) = |\sin x / \sqrt{x^3}|$은 $(0, 1]$에서 이상적분가능함을 보이시오.

2. $\int_0^1 \frac{1}{x}dx = \infty$ 임을 증명하시오.

3. $f(x) = \frac{1}{\sqrt{x}}$ 는 $(0, 1]$에서 이상적분가능함을 보이시오.

제8장 함수열과 함수항급수

◈ 학습 내용

함수열의 점별수렴성과 평등수렴성을 소개하고 함수열의 Cauchy 수렴판정법과 함수항급수의 여러 가지 수렴판정법, 예를 들면, Cauchy 판정법, Weierstrass M-판정법 등을 다룬다.

8.1 함수열의 점별수렴

$\mathbb{R}$의 부분집합 B에서 정의된 실가함수 $f_n: B \to \mathbb{R}$ $(n \in \mathbb{N})$들의 열을 B에서 $\mathbb{R}$로의 함수열(sequence of functions)이라 하고 $\langle f_n \rangle$으로 쓴다. 함수열 $\langle f_n \rangle$을 이용하여 각 원소 $x \in B$에 대한 수열 $\langle f_n(x) \rangle$를 얻을 수 있다. 따라서 각 원소 $x \in B$에 따라 $\langle f_n(x) \rangle$가 수렴할 수도 있고 발산할 수도 있다. 수렴하는 점들의 집합을 A라 할 때 극한은 유일하므로 $x \in A$에 대해 수열 $\langle f_n(x) \rangle$의 극한 $\lim_n f_n(x)$을 함숫값으로 가지는 함수 $f: A \to \mathbb{R}$, $f(x) = \lim_n f_n(x)$를 정의할 수 있다.

정의 8.1 B는 $\mathbb{R}$의 부분집합이고 $f_n: B \to \mathbb{R}$ $(n \in \mathbb{N})$은 함수일 때 집합 $A = \left\{x \in B : \lim_n f_n(x)\text{가 존재}\right\}$에서 $f(x) = \lim_n f_n(x)$로 정의된 함수 $f: A \to \mathbb{R}$를 함수열 $\langle f_n \rangle$의 집합 A에서의 점별극한함수(pointwise limit function)라 하고 함수열 $\langle f_n \rangle$이 A에서 함수 f에 점별수렴한다(converges pointwise)고 하며 $f = (p)\lim_n f_n$ 또는 $f_n \xrightarrow{p} f (n \to \infty)$, $\lim_n f_n = f$ 등으로 쓴다.

예제 1 각 자연수 n에 대해 함수 $f_n: [0, 1] \to \mathbb{R}$를 $f_n(x) = x^n$으로 정의하면 함수열 $\langle f_n \rangle$은 정의역 $[0, 1]$에서

$$f(x) = \begin{cases} 0, & x \neq 1 \\ 1, & x = 1 \end{cases}$$

과 같이 정의된 함수 $f: A \to \mathbb{R}$에 점별수렴한다. 실제로, $0 \le x < 1$이면 $\lim_n f_n(x) = \lim_n x^n = 0$이고 $x = 1$이면 $\lim_n f_n(x) = \lim_n 1 = 1$이다.

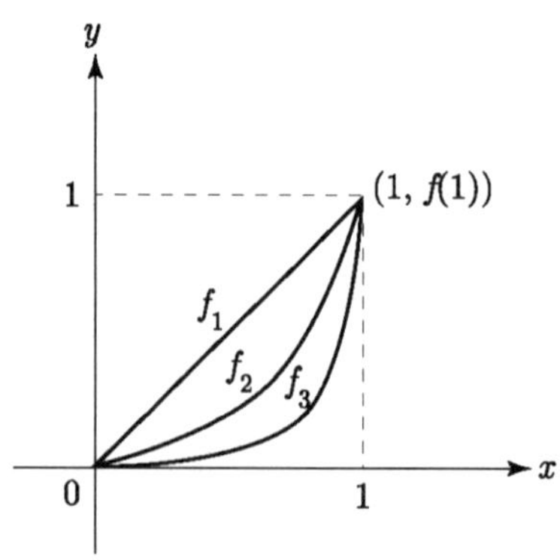

다음의 정리는 정의 8.1과 동치이다.

정리 8.1

$\mathbb{R}$ 의 부분집합 B에서 정의된 함수열 $\langle f_n(x)\rangle$가 B의 $A=\left\{x\in B: \lim_{n\to\infty} f_n(x) \text{ 존재}\right\}$. 위에서 함수 $f: A\to\mathbb{R}$ 에 점별수렴할 필요충분조건은 임의 양수 ε과 A에 속하는 임의의 고정된 x에 대해 적당한 자연수 $K(\varepsilon, x)$가 존재해서 $n\geq K(\varepsilon, x)$이면 $|f_n(x)-f(x)|<\varepsilon$가 성립하는 것이다.

》증명 $f_n \xrightarrow{p} f$ 이면 각 점 $x\in A$가 결정된 상태에서 수열 $\langle f_n(x)\rangle$가 실수 $f(x)$에 수렴하는 것이므로 임의 주어진 양수 ε에 대해 적절한 자연수 $K(x, \varepsilon)$이 존재해서 $n\geq K(x, \varepsilon)$이면 $|f_n(x)-f(x)|<\varepsilon$을 만족한다.

예제 2 $\mathbb{R}$ 에서 정의된 모든 함수열 $\langle f_n(x)\rangle=\left\langle \frac{x}{n}\right\rangle$은 모든 실수 x 각각에 대해 $\lim_n \frac{x}{n}=x\lim_n \frac{1}{n}=0$이므로 점별극한함수는 $f\equiv 0$이다.

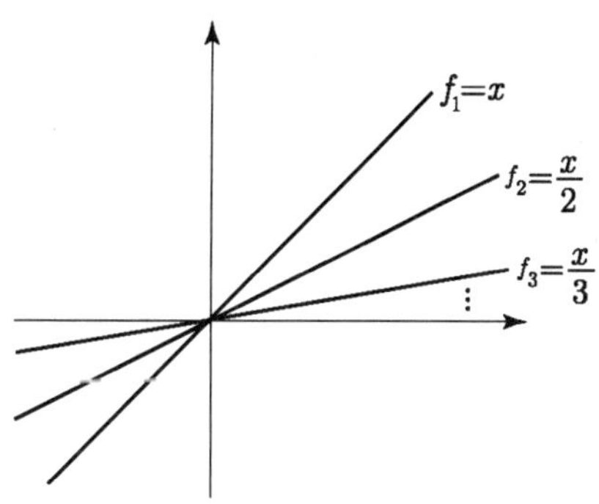

실제로, 임의 고정된 실수 x와 양수 ε에 대해 $N(\varepsilon, x)>\frac{|x|}{\varepsilon}$를 만족하는 자연수 $K(\varepsilon, x)$가 존재해서 $n\geq K(\varepsilon, x)$이면 $\left|\frac{x}{n}\right|\leq\frac{|x|}{K(\varepsilon, x)}<\varepsilon$이다.

예제 3 함수열 $\langle f_n(x)\rangle=\left\langle\frac{x^2+nx}{n}\right\rangle$은 임의 고정된 실수 x에 대해

$$\lim_n \frac{x^2+nx}{n} = x^2\lim_n \frac{1}{n} + x\lim_n \frac{n}{n} = x$$

이므로 점별극한함수는 $f = x$이다.

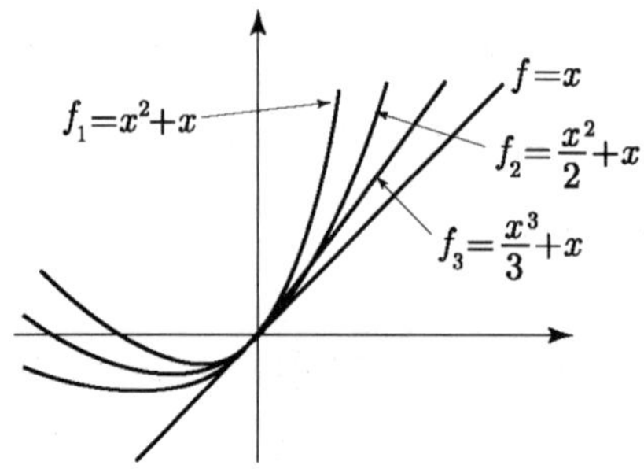

예제 4 $\mathbb{R}$ 에서 정의된 함수열 $\langle f_n(x)\rangle = \dfrac{nx}{1+n^2x^2}$는 $f \equiv 0$에 점별수렴한다. $x=0$이면 $\langle f_n(0)\rangle = \langle 0\rangle$이므로 $\lim_n f_n(0)=0$이다. 임의 0이 아닌 고정된 실수 x와 임의 양수 ε에 대해 $\dfrac{1}{K(\epsilon,\ x)} < \epsilon \cdot |x|$을 만족하는 자연수 $K(\varepsilon,\ x)$를 택하면, 모든 $n \ge K(\varepsilon,\ x)$에 대해

$$\left|\frac{nx}{1+n^2x^2}\right| < \left|\frac{nx}{n^2x^2}\right| = \frac{1}{n(x)} \le \frac{1}{K(\varepsilon,x)\cdot|x|} < \varepsilon$$

이다. 따라서 $\lim_n f_n(x) = 0$이다.

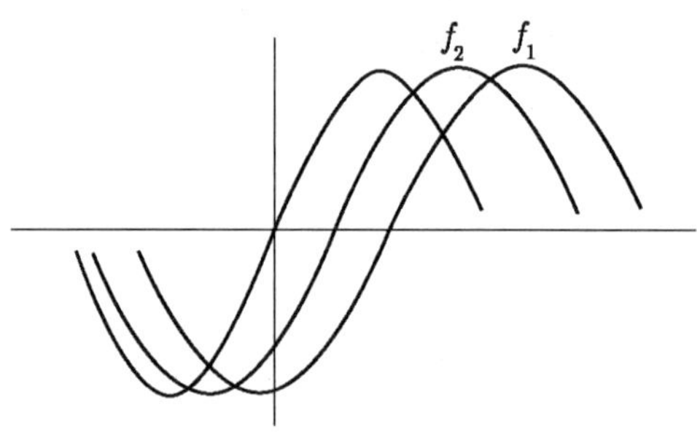

정리 8.2

함수열 $\langle f_n \rangle$가 정의역 B에서 점별수렴하지 않을 필요충분조건은 어떤 특정한 원소 $x_0 \in B$가 존재해서 수열 $\langle f_n(x_0) \rangle$의 극한이 존재하지 않는 것이다.

》증명 정리 8.1의 부정이다.

예제 5 유계 닫힌구간 $[-1, 0]$에서 $f_n(x) = x^n$ $(n \in \mathbb{N})$으로 정의된 함수열 $\langle f_n \rangle$은 $x = -1$에서 수열 $\langle f_n(-1) \rangle = \langle (-1)^n \rangle$이 수렴하지 않으므로 함수열 $\langle f_n \rangle$은 $[-1, 0]$에서 점별 수렴하지 않는다.

예제 6 함수열 $\langle f_n(x) \rangle = \langle x^n \rangle$의 정의역을 $[-1, 1]$로 확대할 경우에는 $(-1, 0) \cup (0, 1)$에 속하는 각 점 x와 임의 양수 ε에 대해 $K(x, \varepsilon) > \dfrac{\log\varepsilon}{\log x}$를 만족하는 자연수 $K(x, \varepsilon)$을 택하면 $n \geq K(x, \varepsilon)$일 때 $|x^n - 0| < \varepsilon$이 성립한다. 한편, $x = 0$ 혹은 $x = 1$일 때 임의 양수 ε에 대해 $K(x, \varepsilon) = 1$로 택하면 모든 자연수에 대해 $|x^n - 0| = 0 < \varepsilon$ 혹은 $|x^n - 1| = 0 < \varepsilon$이 성립한다. 반면 $x = -1$일 때는 발산한다.

정리 8.3

$B \subset \mathbb{R}$이고, B에서 정의된 함수열 $\langle f_n \rangle$, $\langle g_n \rangle : B \to \mathbb{R}$이 B의 부분집합 A에서 각각 함수 f, $g : A \to \mathbb{R}$에 점별수렴한다고 하자. 그리고 $k \in \mathbb{R}$이라 하면

(1) 함수열 $\langle f_n + g_n \rangle = \langle f_n \rangle \oplus \langle g_n \rangle$은 $f \oplus g$에 점별수렴하며

(2) 함수열 $\langle kf_n \rangle = k \odot \langle f_n \rangle$은 $k \odot f$에 점별수렴한다.

정리 8.4

$\mathbb{R}$의 부분집합 B에서 정의된 함수열 $\langle f_n \rangle$이 함수 $f : A(\subset B) \to \mathbb{R}$에 점별수렴할 때 이러한 함수열 $\langle f_n \rangle$들의 집합은 하나의 벡터공간이 된다.

》증명 수렴하는 수열들의 집합이 하나의 벡터공간이 되는 경우와 같다.

연습문제

1. **[2001학년도 임용문제]** 자연수 n에 대하여 $f_n : [0, 1] \to \mathbb{R}$ 을

$$f_n(x) = n(1-x)x^n$$

으로 정의할 때, 함수열 $\langle f_n \rangle$이 점별수렴(pointwise convergence)하는 함수 f를 구하시오.

2. $f_n(x) = \dfrac{x^2}{2n}$ $(n \in \mathbb{N})$으로 정의된 함수 $f_n : \mathbb{R} \to \mathbb{R}$ 이 주어졌을 때 함수열 $\langle f_n \rangle$은 $\mathbb{R}$ 에서 함수 $f \equiv 0$에 점별수렴함을 증명하시오.

3. $f_n(x) = \sum_{k=0}^{n} x^k$로 정의된 함수열 $\langle f_n \rangle : (-1, 1) \to \mathbb{R}$ $(n \in \mathbb{N})$의 수렴여부를 확인하고 극한함수를 구하시오.

8.2 함수열의 평등수렴

정의 8.2 $\mathbb{R}$ 의 부분집합 B에서 정의된 함수열 $\langle f_n \rangle$이 B의 부분집합 A에서 함수 $f : A \to \mathbb{R}$ 에 평등수렴한다(converges uniformly)함은 임의 양수 ε에 대해 적당한 자연수 $K(\varepsilon)$이 존재해서 $n \geq K(\varepsilon)$이면 A에 속하는 모든 x에 대해 $|f_n(x) - f(x)| < \varepsilon$이 성립함을 의미한다. 이때, $f_n \xrightarrow{u} f$ $(n \to \infty)$ 혹은 $f = (u)\lim_n f_n$이라 쓴다.

평등수렴하는 경우 임의 양수 ε에 대해 적당한 $K(\varepsilon)$이 존재해서 $n \geq K(\varepsilon)$이면 $|f_n(x) - f(x)| < \varepsilon$, $x \in A$이므로 부등식 $|f_n(x) - f(x)| < \varepsilon$은 A의 모든 원소 x에 대해 공통으로 적용된다. 그러나 점별수렴하는 경우 임의 양수 ε과 임의 고정된 실수 $x \in A$에 따라

적당한 자연수 $K(\varepsilon, x)$가 존재해서 $n \ge K(\varepsilon, x)$이면 $|f_n(x) - f(x)| < \varepsilon$이므로 부등식 $|f_n(x) - f(x)| < \varepsilon$은 A의 원소 x에 따라 각각 다르게 적용된다. 따라서 함수열 $\langle f_n \rangle$이 집합 A에서 함수 f에 평등수렴하면 그것은 점별수렴한다. 그러나 그 역은 성립하지 않는다.

예제 7 유계 닫힌구간 $[0, b]$ $(0 < b < 1)$에서 $f_n(x) = x^n$으로 정의된 실가 함수열 $\langle f_n \rangle$은, 주어진 양수 ε에 대해서 $K(\varepsilon) < \log_b \varepsilon$을 만족하는 자연수 $K(\varepsilon)$을 택하면, $n \ge K(\varepsilon)$이고 $x \in [0, b]$일 때

$$|x^n - 0| = b^n \le b^{K(\varepsilon)} < \varepsilon$$

이다. 따라서 함수열 $\langle f_n \rangle$은 $[0, b]$에서 평등수렴한다.

예제 8 $\mathbb{R}$에서 정의된 함수열 $\langle f_n(x) \rangle = \left\langle \frac{1}{n}\sin(nx+n) \right\rangle$은 $\mathbb{R}$에서 함수 $f \equiv 0$에 평등수렴한다. 실제로, 임의 양수 ε에 대해 $\frac{1}{K(\varepsilon)} < \varepsilon$를 만족하는 자연수 $K(\varepsilon)$이 존재해서 $n \ge K(\varepsilon)$이면 모든 실수 x에 대해

$$|f_n(x) - f(x)| = \left|\frac{1}{n}\sin(nx+n) - 0\right| \le \frac{1}{n} \le \frac{1}{K(\varepsilon)} < \varepsilon$$

이다.

함수열의 평등수렴성을 판정하는 다음의 Cauchy 판정법은 매우 요긴한 내용 중의 하나이다.

정리 8.5

함수열의 Cauchy 평등수렴판정법

$B \subset \mathbb{R}$이고 함수열 $\langle f_n \rangle$이 B의 부분집합 A에서 함수 $f : A \to \mathbb{R}$에 평등수렴할 필요충분조건은 임의의 양수 ε에 대해 적당한 자연수 $K(\varepsilon)$이 존재해서 $n, m \ge K(\varepsilon)$이고 $x \in A$이면

$$|f_n(x) - f_m(x)| < \varepsilon$$

이 성립하는 것이다 (이것을 코시 조건이라고 한다).

》 **증명스케치** ($\Rightarrow$) 평등수렴성의 정의에 의해 쉽게 증명된다.

($\Leftarrow$) 함수열 $\langle f_n \rangle$이 Cauchy 조건을 만족하면 각 $x \subset A$에 대해 $\langle f_n(x) \rangle$은

Cauchy 수열이 되어 수렴한다. 함수 $f: A \to \mathbb{R}$ 를 $f(x) = \lim_n f_n(x)$로 정의하면 코시 조건에서 n을 고정하고 $m \to \infty$하면 A의 모든 x에 대해

$$|f_n(x) - f(x)| = \lim_{m \to \infty} |f_n(x) - f_m(x)| \le \frac{\varepsilon}{2} < \varepsilon$$

이 된다. 따라서 $n \ge K$인 모든 자연수 n과 모든 $x \in A$에 대해 $|f_n(x) - f(x)| < \varepsilon$이 되어 $\langle f_n \rangle$은 A에서 f에 평등수렴한다.

함수열 $\langle f_n \rangle$이 주어진 영역에서 평등수렴하지 않음을 보이기 위해서는 정의 8.2를 부정한 명제가 필요하다. 다음의 정리는 평등수렴을 부정한 명제이다.

정리 8.6

$B \subset \mathbb{R}$ 이고 함수열 $\langle f_n \rangle$이 B의 부분집합 A에서 함수 $f: A \to \mathbb{R}$ 에 평등수렴하지 않을 필요충분조건은 적당한 양수 ε_0가 존재해서 임의 자연수 $k \in \mathbb{N}$ 에 대해, 적당한 자연수 $n_k \ge k$와 원소 $x_k \in A$가 존재하여

$$|f_{n_k}(x_k) - f(x_k)| \ge \varepsilon_0$$

가 성립하는 것이다.

즉, $f_n \overset{u}{\not\to} f$은 적당한 양수 ε_0에 대해, 함수열 $\langle f_n \rangle$의 부분함수열 $\langle f_{n_k} \rangle$와 A에 속하는 수열 $\langle x_k \rangle$가 존재해서 $|f_{n_k}(x_k) - f(x_k)| \ge \varepsilon_0$가 성립하는 것이다.

예제 9 $\mathbb{R}$ 에서 정의된 함수열 $\langle f_n(x) \rangle = \left\langle \frac{x}{n} \right\rangle$는 함수 $f \equiv 0$에 평등수렴하지 않는다.

실제로, 모든 자연수 $k \in \mathbb{N}$ 에 대해 $n_k = k$, $x_k = k$라 두면,

$$f_{n_k}(x_k) = \frac{x_k}{n_k} = \frac{k}{k} = 1$$

이므로

$$|f_{n_k}(x_k) - f(x_k)| = |1 - 0| = 1 (= \varepsilon_0)$$

이다.

예제 10 $[0, 1]$에서 정의된 함수열 $\langle f_n(x)\rangle = \langle x^n\rangle$은 함수

$$f(x) = \begin{cases} 0, & 0 \le x < 1 \\ 1, & x = 1 \end{cases}$$

에 평등수렴하지 않는다. 실제로, 임의 자연수 $k \in \mathbb{N}$에 대해 $n_k = k$, $x_k = \left(\frac{1}{2}\right)^{1/k}$ 라 두면

$$\begin{aligned} |f_{n_k}(x_k) - f(x_k)| &= \left| f_k\left(\left(\frac{1}{2}\right)^{1/k}\right) - f\left(\left(\frac{1}{2}\right)^{1/k}\right)\right| \\ &= \frac{1}{2} (= \varepsilon_0) \end{aligned}$$

이다.

예제 11 $f_n(x) = \dfrac{nx}{1+n^2x^2}$ $(n \in \mathbb{N})$으로 정의된 함수 $f_n : \mathbb{R} \to \mathbb{R}$의 함수열 $\langle f_n\rangle$은 $\mathbb{R}$에서 $f \equiv 0$에 평등수렴하지 않는다.

》증명 $\varepsilon_0 = \frac{1}{2}$, 임의 자연수 $k \in \mathbb{N}$에 대해 $n_k = k$, $x_k = \frac{1}{k}$이라 하면

$$|f_{n_k}(x_k) - f(x_k)| = |f_k(x_k) - f(x_k)| = \left| \frac{k \cdot \frac{1}{k}}{1 + k^2 \cdot \frac{1}{k^2}} \right| = \frac{1}{2}$$

이다. 따라서 함수열 $\langle f_n\rangle$은 $f \equiv 0$에 평등수렴하지 않는다.

예제 12 $f_n(x) = x^n$ $(n \in \mathbb{N})$으로 정의된 함수 $f_n : [0, 1) \to \mathbb{R}$의 함수열 $\langle f_n\rangle$은 구간 $[0, 1)$에서 $f \equiv 0$에 평등수렴하지 않는다.

》증명 만일 정의역 $[0, 1)$에서 함수열 $\langle f_n(x)\rangle = \langle x^n\rangle$이 $f \equiv 0$에 평등수렴한다면, 임의 양수 $\varepsilon < \frac{1}{2}$에 대해 적절한 자연수 $N(\varepsilon)$이 존재해서 $x \in [0, 1)$이면 $|x^{N(\varepsilon)}| < \varepsilon$이 성립한다. 한편, $x^{N(\varepsilon)} \to 1$ $(x \to 1-0)$이므로 $x_0^{N(\varepsilon)} > \varepsilon$을 만족하는 실수 $x_0 \in (0, 1)$가 존재한다. 따라서 $\varepsilon < |x^{N(\varepsilon)}| < \varepsilon$ 되어 모순이다. 따라서 $\langle f_n\rangle = \langle x^n\rangle$은 $[0, 1)$에서 함수 $f \equiv 0$에 평등수렴하지 않는다.

예제 13 함수열 $\langle f_n(x)\rangle = \langle x^n\rangle$ $(n \in \mathbb{N})$은 $[0, 1]$에서 평등수렴하지 않는다.

풀이 만일 $2^{-n} < x < 1$ $(n \in \mathbb{N})$이면

$$f_n(x) \geq f_n(2^{-n}) = (2^{-n})^n = \frac{1}{2} \quad (n \in \mathbb{N})$$

이다. 따라서 함수열 $\langle f_n \rangle$은 $[0,\ 1]$에서 0에 평등수렴하지 않는다.

예제 14 $g_n(x) = \dfrac{x^2 + nx}{n}$ $(n \in \mathbb{N})$로 정의된 함수 $g_n : \mathbb{R} \to \mathbb{R}$의 함수열 $\langle g_n \rangle$은 항등 함수 $g : \mathbb{R} \to \mathbb{R}$에 평등수렴하지 않는다.

》 증명

$$\begin{aligned} \lim_{n\to\infty} g_n(x) &= \lim_{n\to\infty} \frac{x^2 + nx}{n} \\ &= x + \lim_{n\to\infty} \frac{x^2}{n} \\ &= x \end{aligned}$$

임의 자연수 k에 대해 $n_k = k$, $x_k = -k$라 하면 $g_{n_k}(x_k) = 0$, $g(x_k) = -k$이다. 따라서

$$|g_{n_k}(x_k) - g(x_k)| = |0 - (-k)| = k$$

이다. 따라서 $\langle g_n \rangle$은 g에 평등수렴하지 않는다.

연 습 문 제

1. **[2006학년도 임용문제]** 실수 집합을 $\mathbb{R}$이라 할 때, 모든 자연수 n에 대하여 함수 f_n을 다음과 같이 정의하자.

$$f_n : [0,\ 2] \to \mathbb{R}, \ f_n(x) = \frac{3x^n}{2x^n + 1}$$

함수열 (f_n)의 극한함수 f를 구하고 (f_n)이 f로 평등수렴(uniform convergence) 하는지 판정하시오.

2. **[2001학년도 임용문제]** 자연수 n에 대하여 $f_n : [0,\ 1] \to \mathbb{R}$을

$$f_n(x) = n(1-x)x^n$$

으로 정의할 때, 함수열 $\{f_n\}$이 f로 평등수렴(uniform convergence)하는지를 판별하시오.

3. $f_n(x) = x \cdot e^{-nx} + \dfrac{n+1}{n}\sin x \ (n \in \mathbb{N})$으로 정의된 함수열 $\langle f_n \rangle : [0, \infty) \to \mathbb{R}$ 이 평등수렴함을 증명하고 평등수렴 극한함수를 구하시오.

8.3 함수항급수와 수렴판정법

수열의 수렴·발산을 이용해서 무한급수의 수렴·발산을 논하듯이 함수열의 수렴 (점별수렴과 평등수렴)을 이용해서 함수항급수의 수렴·발산을 논한다.

정의 8.3 $\mathbb{R}$ 의 부분집합 B에서 정의된 함수열 $\langle f_n \rangle$을 순서대로 합한 식 $\sum_{n=1}^{\infty} f_n$ (앞으로 특별한 경우를 제외하고는 $\sum f_n$으로 쓴다)을 B에서 정의된 함수항급수(series of functions)라 하고 각 자연수 n에 대해, 함수 $S_n : B \to \mathbb{R}$ 을

$$S_n(x) = \sum_{k=1}^{n} f_k(x), \ x \in B$$

로 정의한 함수열 $\langle S_n \rangle$을 $\sum f_n$의 부분합 함수열이라고 한다.

(1) 부분합 함수열 $\langle S_n \rangle$이 B에서 함수 f에 점별수렴할 때 $\sum f_n$은 B에서 f에 점별 수렴한다고 하며 함수 f를 $\sum f_n$의 합이라 하고 $f = \sum f_n$으로 쓴다.

(2) 부분합 함수열 $\langle S_n \rangle$이 B에서 함수 f에 평등수렴할 때 $\sum f_n$은 B에서 f에 평등수렴한다고 한다.

(3) B의 각 원소 x에 대해 $\sum |f_n(x)|$가 수렴하면 $\sum f_n$이 B에서 절대수렴한다고 한다.

함수항급수 $\sum f_n$의 부분합 함수열 $\langle S_n \rangle$이 f에 평등수렴하면, 점별수렴하므로 $\sum f_n$이 평등수렴하면 $\sum f_n$은 점별수렴한다. 그러나 그 역은 성립하지 않는다.

함수항급수 $\sum f_n$의 평등수렴 여부를 알 수 있는 판정법은 매우 요긴하다.

정리 8.7

함수항급수의 Cauchy 평등수렴판정법

$\mathbb{R}$의 부분집합 B에서 정의된 함수항급수 $\sum f_n$이 B에서 평등수렴할 필요충분조건은 임의 양수 ε에 대해 적당한 자연수 $K = K(\varepsilon)$이 존재해서 $m > n \geq K(\varepsilon)$이고 $x \in B$이면

$$|S_m(x) - S_n(x)| = |f_{n+1}(x) + \cdots + f_m(x)| < \varepsilon$$

이 성립하는 것이다.

〉〉증명 함수항급수 $\sum f_n$이 B 위에서 평등수렴할 필요충분조건은 $\sum f_n$의 부분합 함수열 $\langle S_n \rangle$이 B에서 평등수렴하는 것이므로 함수열의 평등수렴성에 대한 Cauchy 판정법에 의해 성립한다.

정리 8.8

Weierstrass M-판정법

$\mathbb{R}$의 부분집합 B 위에서 정의된 함수열 $\langle f_n \rangle$이 모든 $x \in B$와 모든 $n \in \mathbb{N}$에 대해 양수 M_n에 의해 유계일 때, 즉 $|f_n(x)| \leq M_n$일 때, 수급수 $\sum M_n$이 수렴하면 함수항급수 $\sum f_n$은 B 위에서 평등수렴한다.

〉〉증명 $\sum M_n$이 수렴하면, 임의 양수 ε에 대해 적당한 자연수 $K(\varepsilon)$이 존재해서 $m > n \geq K(\varepsilon)$이면 $\sum_{k=n+1}^{m} M_k < \varepsilon$이 성립한다. B에 속하는 모든 x에 대해

$$\left|\sum_{k=n+1}^{m} f_k(x)\right| \leq \sum_{k=n+1}^{m} |f_k(x)| \leq \sum_{k=n+1}^{m} M_k < \varepsilon$$

이므로 함수항급수에 대한 Cauchy 판정법에 의해 $\sum f_n$은 B 위에서 평등수렴한다.

예제 15 (1) 함수항급수 $\sum \frac{x^n}{n^3}$은 구간 $[-1, 1]$에서 평등수렴한다.

(2) 함수항급수 $\sum \frac{\sin nx}{n^2}$와 $\sum \frac{\cos nx}{n^2}$은 $\mathbb{R}$ 에서 평등수렴한다.

지금부터는 일반적인 함수항급수가 가지고 있지 못하는 중요한 특성을 가진 멱급수를 다룬다.

정의 8.4 수열 $\langle a_n \rangle$와 실수 c에 대해,

$$f_n(x) = a_n(x-c)^n, \ n \in \mathrm{N}$$

으로 정의된 실가함수 $f_n : \mathbb{R} \to \mathbb{R}$ 의 함수항급수

$$\sum_{n=0}^{\infty} f_n(x) = \sum_{n=0}^{\infty} a_n(x-c)^n$$
$$= a_0 + a_1(x-c) + a_2(x-c)^2 + \cdots$$

을 $x-c$에 관한 멱급수(power series)라고 한다.

예제 16 $\sum_{n=0}^{\infty} a_n x^n$는 x에 관한 멱급수이다.

특히, $a_n = n!$이면 $\sum_{n=0}^{\infty} n! x^n$은 집합 $\{0\}$에서 수렴한다 (비판정법).

$a_n = 1$ $(n \in \mathrm{N} \cup \{0\})$이면 $\sum_{n=0}^{\infty} x^n$은 집합 $\{x \in \mathbb{R} : |x| < 1\}$에서 수렴한다.

$a_n = \frac{1}{n!}$이면 $\sum_{n=0}^{\infty} \frac{x^n}{n!}$은 집합 $\mathbb{R}$ 에서 수렴한다 (비판정법).

$a_n = \frac{1}{r^n}$이면 $\sum_{n=0}^{\infty} \frac{x^n}{r^n}$은 집합 $\{x \in \mathbb{R} : |x| < r\}$에서 수렴한다 (비판정법).

유계수열 $\langle x_n \rangle$에 대해 $s_n = \sup\{x_k : k \geq n\}$, $t_n = \inf\{x_k : k \geq n\}$이라고 하면 새로운 수열 $\langle s_n \rangle$은 감소하고 $\langle t_n \rangle$은 증가한다. 또한 $\langle s_n \rangle$과 $\langle t_n \rangle$은 유계이므로

$$\lim s_n = \inf_n s_n \text{이고 } \lim t_n = \sup_n t_n$$

이다.

정의 8.5 극한 $\lim s_n$을 유계수열 $\langle x_n \rangle$의 상극한(limit superior)이라 하고 $\overline{\lim} x_n$ 또는 $\limsup\limits_n x_n$로 쓰며 극한 $\lim t_n$을 유계수열 $\langle x_n \rangle$의 하극한(limit inferior)이라 하고 $\underline{\lim} x_n$ 또는 $\liminf\limits_n x_n$라 쓴다.

정의 8.6 주어진 멱급수 $\sum a_n x^n$에서 수열 $\left\langle |a_n|^{\frac{1}{n}} \right\rangle$이 유계이면 $\alpha = \overline{\lim}\left(|a_n|^{\frac{1}{n}}\right)$, 비유계이면 $\alpha = +\infty$라 둘 때,

$$R = \begin{cases} 0, & \alpha = +\infty \\ \dfrac{1}{\alpha}, & 0 < \alpha < +\infty \\ +\infty, & \alpha = 0 \end{cases}$$

로 주어진 R을 멱급수 $\sum a_n x^n$의 수렴반경(radius of convergence)이라 하고 열린구간 $(-R, R)$을 수렴구간(interval of convergence)라 한다.

정리 8.9

Cauchy-Hadamard 정리

멱급수 $\sum\limits_{n=0}^{\infty} a_n x^n$의 수렴반경 R에 대해,

$|x| < R$인 모든 점 x에서 $\sum\limits_{n=0}^{\infty} a_n x^n$은 절대수렴하고

$|x| > R$인 모든 점 x에서 $\sum\limits_{n=0}^{\infty} a_n x^n$은 발사한다.

》증명 (1) $0 < R < +\infty$인 경우,

만일 $0 < |x| < R$이면 $|x| < cR$을 만족하는 1보다 작은 상수 $c < 1$가 존재한다. $\alpha < \dfrac{c}{|x|}$이므로 충분히 큰 $n \in \mathbb{N}$에 대해 $|a_n|^{\frac{1}{n}} < \dfrac{c}{|x|}$이다. 따라서 충분히 큰 $n \in \mathbb{N}$에 대해 $|a_n x^n| \le c^n$이다. $c < 1$이므로 비교판정법에 의해 $\sum\limits_{n=0}^{\infty} a_n x^n$은 수렴한다. 만일 $|x| > R = \dfrac{1}{\alpha}$이면 무한히 많은 자연수 $n \in \mathbb{N}$에 대해 $|a_n|^{\frac{1}{n}} > \dfrac{1}{|x|}$이다. 따라서 무한히 많은 n에 대해 $|a_n x^n| > 1$이 되어 $\lim a_n x^n \neq 0$이다.

(2) $R = 0$인 경우,

수열 $\left\langle |a_n|^{\frac{1}{n}} \right\rangle$은 유계가 아니다. 따라서 만일 $|x_0| > 0$이면 무한히 많은 $n \in \mathbb{N}$이 존재해서 $|a_n| > \dfrac{1}{|x_0|}$이므로 $|a_n x_0^n| > 1$이다. 그러므로 $x_0 \neq 0$일 때 $\sum_{n=0}^{\infty} a_n x^n$은 수렴하지 않는다.

(3) $R = +\infty$인 경우,

만일 $x_0 \neq 0$이면 모든 $n \geq n_0$에 대해 $|a_n|^{\frac{1}{n}} < \dfrac{1}{2|x_0|}$이므로 $|a_n x_0^n| < \dfrac{1}{2^n}$, $n \geq n_0$이다. 그러므로 $\sum_{n=0}^{\infty} a_n x_0^n$은 수렴한다.

정리 8.9에서 $|x| = R$인 경우에는 수렴 판정의 기준이 없다. 다음의 예들이 그것을 말해준다.

예제 17 (1) 급수 $\sum_{n=0}^{\infty} x^n$에서 $\alpha = 1$이며 수렴반경은 $R = 1$이다. 따라서 $|x| < 1$에서 절대수렴하고 $|x| > 1$에서 발산한다. 또한 $x = \pm 1$에서 발산한다.

(2) 급수 $\sum_{n=0}^{\infty} \dfrac{x^n}{n}$에서 $\alpha = 1$이며 $R = 1$이다. 따라서 $|x| < 1$에서 절대수렴하고 $|x| > 1$에서 발산한다. 한편, $x = -1$일 때 수렴하고, $x = 1$일 때 발산한다.

(3) 급수 $\sum_{n=0}^{\infty} \dfrac{x^2}{n^2}$에서 $\alpha = 1$이며 $R = 1$이다. 따라서 $|x| < 1$에서 절대수렴하고 $|x| > 1$에서 발산한다. 한편 $x = \pm 1$에서 수렴한다.

정리 8.10

급수 $\sum_{n=0}^{\infty} a_n x^n$이

(1) 점 $x = x_1$에서 수렴하면 부등식 $|x| < |x_1|$을 만족하는 모든 점 $x \in \mathbb{R}$에서 절대수렴하고

(2) 점 $x = x_2$에서 발산하면 부등식 $|x| > |x_2|$을 만족하는 모든 점 $x \in \mathbb{R}$에서 발산한다.

》증명 (1) $\lim_n a_n x_1^n = 0$이므로 수열 $\langle a_n x_1^n \rangle$은 유계이다. 따라서 적당한 $M > 0$이 존재해서 $|a_n x_1^n| < M$이 성립한다. $x \neq 0$, $x_1 \neq 0$이면

$$|a_n x^n| = |a_n x_1^n| \frac{|a_n x^n|}{|a_n x_1^n|} < M \cdot \left|\frac{x}{x_1}\right|^n$$

이므로 만일 $|x| < |x_1|$이면 $\left|\frac{x}{x_1}\right| < 1$이므로 등비급수 $\sum_{n=0}^{\infty} M \cdot \left|\frac{x}{x_1}\right|^n$은 수렴한다. 따라서 $\sum_{n=0}^{\infty} |a_n x^n|$은 수렴한다.

(2) 만일 부등식 $|x| > |x_2|$를 만족하는 어떤 한 점 $x \in \mathbb{R}$에서 $\sum_{n=0}^{\infty} a_n x^n$가 수렴한다면 (1)에 의해 $\sum_{n=0}^{\infty} a_n x_2^n$은 절대수렴하게 되어 가정에 모순이다.

정리 8.11

급수 $\sum_{n=0}^{\infty} a_n x^n$의 수렴반경이 $0 < R \le +\infty$일 때

(1) $\sum_{n=0}^{\infty} a_n x^n$은 수렴구간 $(-R, R)$에서 절대수렴한다.

(2) $\sum_{n=0}^{\infty} a_n x^n$은 수렴구간 $(-R, R)$의 임의 폐부분구간 K 위에서 평등수렴한다.

〉〉증명 (1) 임의의 점 $y \in (-R, R)$에 대해 $|y| < x < R$을 만족하는 점 x가 존재하므로 정리 8.10 (1)에 의해 $\sum_{n=0}^{\infty} |a_n y^n|$은 수렴한다.

(2) $K = [a, b]$, a, $b \in \mathbb{R}$라 하자. $c = \max\{|a|, |b|\}$라 하면 $0 < c < R$이다. 그러므로 (1)에 의해 $\sum_{n=0}^{\infty} |a_n c^n|$은 수렴한다. 또한 $0 < \alpha < R$이면 급수 $\sum_{n=0}^{\infty} |a_n \alpha^n|$은 수렴하므로 모든 자연수 n에 대해 $|a_n \alpha^n| \le M$을 만족시키는 양수 M이 존재한다. 따라서 모든 $x \in [a, b]$와 모든 자연수 n에 대해

$$|a_n x^n| \le |a_n c^n| = \left|a_n \alpha^n \left(\frac{c^n}{\alpha^n}\right)\right| \le M \left|\frac{c}{\alpha}\right|^n$$

이 성립한다. 무한급수 $\sum_{n=0}^{\infty} \left|\frac{c}{\alpha}\right|^n$은 수렴하므로 $\sum_{n=0}^{\infty} a_n x^n$은 $K = [a, b]$ 위에서 평등수렴한다.

연 습 문 제

1. **[2003학년도 임용문제]** 함수항급수 $\sum_{n=0}^{\infty} \frac{1}{2^n} \cos(3^n x)$가 실수의 집합 $\mathbb{R}$에서 평등수렴(uniform convergence)함을 보이시오.

제9장 함수열과 함수항 급수의 극한함수

학습 내용

연속하는 함수열, 유계인 함수열, 미분가능한 함수열 그리고 적분가능한 함수열의 점별극한함수가 각각 연속이 아니고, 유계가 아니며, 미분가능하지 않으며, 적분가능하지 않는 예를 보이고, 연속함수열의 극한, 유계함수열의 극한, 미분가능한 함수열의 극한, 적분가능한 함수열의 극한이 각각 연속함수, 유계함수, 미분가능한 함수, 적분가능한 함수이기 위한 조건을 다룬다.

수열 $\langle x_n \rangle$의 극한이 x이면 연속함수 f에 의한 상의 열 $\langle f(x_n) \rangle$도 x의 상 $f(x)$에 수렴한다. 이것은 $\lim_{n\to\infty} f(x_n) = f\left(\lim_{n\to\infty} x_n\right)$을 의미한다. 예를 들면, $y = \sqrt{x}$는 연속함수이므로 점화식 $x_{n+1} = \sqrt{2x_n}$ $(x \in \mathbb{N})$, $x_1 = 1$을 만족하는 수열 $\langle x_n \rangle$의 극한이 2임을 확인하는 데 활용된다. 수열과 급수의 항들은 실수이지만 함수열과 함수항급수의 항들은 모두 변수 x의 함수이다. 따라서 x의 값에 따라 수렴하는 속도나 범위가 일반적으로 다르며 또한 정의역의 모든 x에 대해 평등수렴하는 경우도 있다. 따라서 함수열 또는 함수항급수의 수렴범위를 다루는 것이 한 주제가 된다.

함수열 $\langle f_n \rangle$이 공통적으로 가지고 있는 수학적 특성이 점별극한함수 f에서 그대로 보존될 수 있을까?가 우리의 관심사이다. 예를 들면, f_n $(n \in \mathbb{N})$가 집합 $A(\subset \mathbb{R})$ 위에서 모두 연속함수 (유계함수, 미분가능한 함수, 적분가능한 함수)일 때 f가 연속함수 (유계함수, 미분가능한 함수, 적분가능한 함수)인가? 이다.

함수열 $\langle f_n \rangle$가 f에 점별수렴하면, 각 $x \in A$에 대해 $\lim_{n\to\infty} f_n(x) = f(x)$이고, 또한 f_n $(n \in \mathbb{N})$가 점 x에서 연속이면 $\lim_{t\to x} f_n(t) = f_n(x)$ $(n \in \mathbb{N})$이므로 f가 점 x에서 연속이기 위해서는

$$\lim_{t\to x} f(t) = \lim_{t\to x}\left(\lim_{n\to\infty} f_n(t)\right) \text{와 } f(x) = \lim_{n\to\infty} f_n(x) = \lim_{n\to\infty}\left(\lim_{t\to x} f_n(t)\right)$$

로부터

$$\lim_{n\to\infty}\left(\lim_{t\to x} f_n(t)\right) = \lim_{t\to x}\left(\lim_{n\to\infty} f_n(t)\right)$$

이어야 한다. 즉 $\lim_{n\to\infty}$와 $\lim_{t\to x}$가 서로 교환이 가능해야 한다.

유계인 함수열, 미분가능한 함수열, 적분가능한 함수열에 대해서도 똑같은 의문을 가질 수 있다. 즉 $\langle f_n \rangle$이 A에서 미분가능한 함수열일 때 점별극한함수 f가 A에서 미분가능한가? 그리하여 $\lim_{n\to\infty} f_n'(x) = \left(\lim_{n\to\infty} f_n(x)\right)'$가 성립하는가? 또한 $\langle f_n \rangle$이 A에서 적분가능한 함수열일 때 점별극한함수 f가 A에서 적분가능한가? 그리하여 $\lim_{n\to\infty} \int_a^b f_n(x)dx = \int_a^b \left(\lim_{n\to\infty} f_n(x)\right)dx$가 성립하는가?가 주 관심사이다.

9.1 연속함수열의 수렴

이 과에서는 $\mathbb{R}$의 부분집합 A에서 정의된 연속함수열 $\langle f_n \rangle$의 평등수렴에 의한 극한함수가 연속함수임을 보인다.

예제 1 예제 8.1에서 다룬 함수열의 각 함수 $f_n(x) = x^n$ $(n \in \mathbb{N})$은 연속이지만 점별수렴에 의한 극한함수

$$f(x) = \begin{cases} 0, & 0 \le x < 1 \\ 1, & x = 1 \end{cases}$$

는 연속함수가 아니다.

다음 정리는 연속함수열의 평등수렴에 의한 극한함수는 연속이 됨을 보이고 있다.

정리 9.1

$\mathbb{R}$의 부분 집합 A에서 정의된 연속함수열 $\langle f_n \rangle$이 역시 A에서 정의된 함수 $f: A \to \mathbb{R}$에 평등수렴하면, 그 극한함수 f는 A에서 연속이다.

》**증명** 함수열 $\langle f_n \rangle$이 함수 f에 평등수렴하므로 정의에 의해서 임의 주어진 양수 ε에 대해 충분히 큰 자연수 N가 존재해서 $n \ge N$이고 $x \in A$이면 $|f_n(x) - f(x)| < \dfrac{\varepsilon}{3}$이 성립하며, 특별히 $|f_N(x) - f(x)| < \dfrac{\varepsilon}{3}$가 성립한다. 한편, 함수 f_N은 임의 한 점 $c \in A$에서 연속이므로 주어진 $\varepsilon > 0$에 대해 적당한 양수 δ가 존재해서 $|x - c| < \delta$이고 $x \in A$이면 $|f_N(x) - f_N(c)| < \dfrac{\varepsilon}{3}$이 성립한다. 따라서 $|x - c| < \delta$이고 $x \in A$이면

$$\begin{aligned} |f(x) - f(c)| &\le |f(x) - f_N(x)| + |f_N(x) - f_N(c)| + |f_N(c) - f(c)| \\ &< \frac{1}{3}\varepsilon + \frac{1}{3}\varepsilon + \frac{1}{3}\varepsilon = \varepsilon \end{aligned}$$

이 성립한다. f는 A의 임의 한 점 c에서 연속이므로 A에서 연속함수가 된다.

정리 9.1에서 다룬 함수 f_n $(n\in\mathbb{N})$과 극한함수 f가 집합 A에서 연속이므로, A의 모든 점 c가 집적점이면 A에서 다음의 등식

$$\begin{aligned}\lim_{x\to c}\lim_{n\to\infty}f_n(x) &= \lim_{x\to c}\left(\lim_{n\to\infty}f_n\right)(x)=\lim_{x\to c}f(x)\\ &= f(c)=\left(\lim_{n\to\infty}f_n\right)(c)\\ &= \lim_{n\to\infty}f_n(c)=\lim_{n\to\infty}\lim_{x\to c}f_n(x)\end{aligned}$$

이 성립하여 두 극한 과정 $\lim\limits_{x\to c}$와 $\lim\limits_{n\to\infty}$가 서로 교환이 가능함을 보이고 있다.

예제 2 예제 8.4에서 다룬 연속함수열 $\langle f_n(x)\rangle=\left\langle \dfrac{nx}{1+n^2x^2}\right\rangle$은 구간 $[0,\ 1]$에서도 연속함수 $f\equiv 0$에 평등수렴하지 않는다. 왜냐하면, 모든 n에 대해 $f_n\left(\dfrac{1}{n}\right)=\dfrac{1}{2}$이므로 특정한 $\varepsilon=\dfrac{1}{3}$과 임의 자연수 K보다 큰 어떤 n에 대해

$$\left(f_n\left(\frac{1}{n}\right)-0\right)=\frac{1}{2}>\frac{1}{3}$$

이기 때문이다.

정리 9.1과 예제 9.2는 평등수렴성은 연속함수열의 극한함수가 연속이기 위한 충분조건이지 필요조건은 아님을 보여준다.

연 습 문 제

1. 연속함수에 평등수렴하지만 자신들은 어떤 점에서도 연속이 아닌 함수열의 예를 드시오.

2. 함수 $f:\mathbb{R}\to\mathbb{R}$가 평등연속일 때 새로운 함수 $f_n:\mathbb{R}\to\mathbb{R}$ $(n\in\mathbb{N})$을 $f_n(x)=f\left(x+\dfrac{4}{n}\right)$로 정의하면 함수열 $\langle f_n\rangle$은 f에 평등수렴함을 증명하시오.

3. $f_n(x)=\dfrac{x^n}{1+x^n}$ $(n\in\mathbb{N})$으로 정의된 연속함수열 $f_n:[0,\ 2]\to\mathbb{R}$ $(n\in\mathbb{N})$의 극한 함수를 구하고 함수열 $\langle f_n\rangle$이 f에 평등수렴하지 않음을 보이시오.

9.2 유계인 함수열의 수렴

$\mathbb{R}$의 부분집합 A에서 정의된 유계인 함수들의 집합을 $B(A)$라 하고 $B(A)$에서 덧셈 $+$와 스칼라 곱셈 $\cdot$를 임의의 원소 $f,\ g\in B(A)$와 임의 실수 c에 대해 각각

$$(f+g)(x)=f(x)+g(x)$$
$$(cf)(x)=cf(x),\ \ x\in A$$

로 정의하면 $B(A)$는 하나의 벡터공간이 된다.

$B(A)$의 임의 원소 f의 크기를 이용해서 $B(A)$에서의 함수열 $\langle f_n\rangle$의 평등수렴성을 다루는 것은 매우 효율적이다. 만일 $f\in B(A)$이면 f는 유계인 함수이므로 $f(A)$는 $\mathbb{R}$의 유계인 부분집합이다. 즉 적당한 양수 M이 존재해서 임의의 $x\in A$에 대해 $|f(x)|\le M$을 만족한다.

이 과에서는 $\mathbb{R}$의 부분집합 A에서 정의된 유계인 함수열 $\langle f_n\rangle$의 점별수렴극한함수가 유계가 아닌 예를 소개하며, $\langle f_n\rangle$의 평등수렴에 의한 극한함수 f가 유계임을 보인다.

예제 3 구간 $[0,\ 1)$에서

$$h_n(x)=\begin{cases}\dfrac{1}{x}, & \dfrac{1}{n}\le x<1\\ n^2x, & 0\le x<\dfrac{1}{n}\end{cases}$$

와 같이 정의된 함수열 $\langle h_n\rangle:[0,\ 1)\to\mathbb{R}$ $(n\in\mathbb{N}\setminus\{1\})$은

$$h(x)=\begin{cases}\dfrac{1}{x}, & 0<x<1\\ 0, & x=0\end{cases}$$

와 같이 정의된 함수 $h:[0,\ 1)\to\mathbb{R}$에 점별수렴한다. 모든 함수 h_n $(n\in\mathbb{N})$

은 구간 $[0, 1)$에서 연속이며 따라서 유계이다. 그러나 점별극한함수 h는 유계가 아니다.

다음 정리는 유계인 함수열의 평등수렴에 의한 극한함수가 유계임을 보이고 있다.

정리 9.2

함수 $f_n : A \to \mathbb{R}$ $(n \in \mathbb{N})$이 A에서 유계함수라고 하자. 그리고 함수 $f : A \to \mathbb{R}$이 유계함수열 $\langle f_n \rangle$의 평등수렴에 의한 극한함수라고 하자. 그러면 f는 유계이다.

〉〉 **증명** $\varepsilon = 1$이라고 하면 평등수렴의 정의에 의해 충분히 큰 자연수 N가 존재해서 $x \in A$이면

$$|f_N(x) - f(x)| < 1$$

이 성립한다. 함수 f_N은 유계이므로 모든 $x \in A$에 대해 $|f_N(x)| \le M$을 만족시키는 실수 M을 취할 수 있다. 따라서 모든 $x \in A$에 대해

$$\begin{aligned} |f(x)| &\le |f(x) - f_N(x)| + |f_N(x)| \\ &\le 1 + M \end{aligned}$$

이 되어 f는 유계이다.

다음에 소개하는 함수의 크기 개념인 평등 놈(uniform norm)은 유계인 함수열의 평등수렴을 다룰 때 요긴하게 쓰인다.

정의 9.1 $f \in B(A)$일 때, 함수 $f : A(\subset \mathbb{R}) \to \mathbb{R}$의 크기를

$$\| f \|_A = \sup\{|f(x)| : x \in A\}$$

로 정의하고 이것을 집합 A에서 함수 f의 평등 놈(uniform norm)이라고 한다.

예제 4 구간 $A = [-3, 2]$에서 함수 $f(x) = x^2$의 평등 놈은

$$\begin{aligned} \| f \|_A &= \sup\{|f(x)| : x \in A\} \\ &= \sup\{|x^2| : x \in A\} \end{aligned}$$

$$= 9$$

이다.

정리 9.3

만일 $\varepsilon > 0$이면 다음의 두 명제 (i)과 (ii)는 서로 동치이다.

(i) $\|f\|_A \le \varepsilon$

(ii) $|f(x)| \le \varepsilon,\ x \in A$.

위의 정리로부터 함수열의 평등수렴과 관련된 여러 가지 정리들을 다룰 때는 $B(A)$에서 정의된 평등 놈(uniform norm)을 이용하는 것이 편리하다.

정리 9.4

$c \in \mathbb{R}$ 이고 $f,\ g \in B(A)$이면

(i) $cf \in B(A)$이고 $\| cf \|_A = |c| \| f \|_A$이며,

(ii) $f+g \in B(A)$이고 $\| f+g \|_A \le \| f \|_A + \| g \|_A$이다.

》증명 (i)
$$\begin{aligned} \| cf \|_A &= \sup\{|(cf)(x)| : x \in A\} \\ &= \sup\{|cf(x)| : x \in A\} \\ &= |c|\sup\{|f(x)| : x \in A\} \\ &= |c| \| f \|_A. \end{aligned}$$

(ii)
$$\begin{aligned} \| f+g \|_A &= \sup\{|(f+g)(x)| : x \in A\} \\ &= \sup\{|f(x)+g(x)| : x \in A\} \\ &\le \sup\{|f(x)| : x \in A\} + \sup\{|g(x)| : x \in A\} \\ &= \| f \|_A + \| g \|_A \end{aligned}$$

이다. 따라서 $f+g \in B(A)$이다.

정리 9.5

집합 $A(\subset \mathbb{R})$에서 유계인 함수열 $\langle f_n \rangle$이 함수 f에 평등수렴할 필요충분조건은 $\lim_{n\to\infty} \| f_n - f \|_A = 0$이다.

》증명 (⇒) 정리 9.2에 의해 함수 f는 유계이므로 $\langle f_n - f\rangle$은 유계함수열이다. 함수열 $\langle f_n\rangle$이 함수 f에 평등수렴하면 임의 양수 ε에 대해 적당한 자연수 $K(\varepsilon)$이 존재해서 $n \geq K(\varepsilon)$이고 $x \in A$이면 $|f_n(x) - f(x)| \leq \varepsilon$이 성립한다. 따라서 $n \geq K(\varepsilon)$이면

$$\| f_n - f \|_A = \sup\{|f_n(x) - f(x)| : x \in A\} \leq \varepsilon$$

이다. 그러므로 $\lim\limits_{n\to\infty} \| f_n - f \|_A = 0$이다.

(⇐) 만일 $\lim\limits_{n\to\infty} \| f_n - f \|_A = 0$이면, 임의 양수 ε에 대해 적절한 자연수 $H(\varepsilon)$이 존재해서 $n \geq H(\varepsilon)$이면 $\| f_n - f \|_A \leq \varepsilon$이 성립한다. 따라서 정리 9.3에 의해 $n \geq H(\varepsilon)$이고 $x \in A$이면 $|f_n(x) - f(x)| < \varepsilon$이 성립한다. 즉 함수열 $\langle f_n\rangle$은 집합 A에서 함수 f에 평등수렴한다.

예제 5 예제 8.9에서는 $\mathbb{R}$ 에서 $f_n(x) = \dfrac{x}{n}$로 정의된 함수열 $\langle f_n\rangle$은 함수 $f \equiv 0$에 평등수렴하지 않음을 보았다. 그러나 f_n $(n \in \mathbb{N})$의 정의역을 집합 $A = [0, 2]$로 제한하면 $\| f_n - f \|_A = \sup\left\{\left|\dfrac{x}{n} - 0\right| : 0 \leq x \leq 2\right\} = \dfrac{2}{n}$이므로

$$\lim_{n\to\infty} \| f_n - f \|_A = \lim_{n\to\infty} \frac{2}{n} = 0$$

가 되어 함수열 $\langle f_n\rangle$은 집합 $A = [0, 2]$에서 함수 $f \equiv 0$에 평등수렴한다.

함수열 $\langle f_n(x)\rangle = \left\langle \dfrac{x}{n} \right\rangle$는 집합 $\mathbb{R}$ 에서는 유계가 아니며 또한 $f \equiv 0$에 평등수렴하지 않는 것은 함수열 $\langle f_n\rangle$이 평등수렴하기 위해서는 무엇보다도 먼저 유계성이 필요조건임을 암시하고 있다.

예제 6 $g_n(x) = x^n$ $(n \in \mathbb{N})$으로 정의된 함수 $g_n : [0, 1] \to \mathbb{R}$ 의 함수열 $\langle g_n(x)\rangle$는 집합 $[0, 1]$에서

$$g(x) = \begin{cases} 0, & 0 \leq x < 1 \\ 1, & x = 1 \end{cases}$$

으로 정의된 함수 g에 평등수렴하지 않는다.

》증명 함수열 $\langle g_n(x)\rangle$는 $[0, 1]$에서 유계이고

$$
\begin{aligned}
\|g_n - g\|_{[0,\,1]} &= \sup_{x\in[0,\,1]} |g_n(x) - g(x)| \\
&= \max\left(\sup_{x\in[0,\,1)} |x^n - 0|,\ 0\right) \\
&= 1
\end{aligned}
$$

이다. 따라서 $\|g_n - g\|_{[0,\,1]}$는 0에 수렴하지 않으므로 함수열 $\langle g_n\rangle$은 $[0,\,1]$에서 함수 g에 평등수렴하지 않는다.

예제 7 함수 $h_n:\ \mathbb{R}\to\mathbb{R}\ \ (n\in\mathbb{N})$을 $h_n(x)=\dfrac{x^2+nx}{n}$로 정의하고 함수 $h:\ \mathbb{R}\to\mathbb{R}$을 $h(x)=x$로 정의하면, 함수열 $\langle h_n\rangle$은 함수 h에 점별수렴한다. 한편 함수 $h_n(x)$와 $h_n(x)-h(x)=\dfrac{x^2}{n}$은 정의역 $\mathbb{R}$에서 유계가 아니므로 정리 9.5를 적용하여 $\langle h_n\rangle$의 평등수렴 여부를 확인할 수 없다. 그러나 만일 정의역 $\mathbb{R}$을 줄여서 $D=[0,\,8]$로 제한하면,

$$
\begin{aligned}
\|h_n - h\|_{[0,\,8]} &= \sup_{0\le x\le 8} \frac{x^2}{n} \\
&= \frac{64}{n} \to 0\,(n\to\infty)
\end{aligned}
$$

이므로 영역 $D=[0,\,8]$에서는 함수열 $\langle h_n\rangle$이 항등함수 h에 평등수렴한다.

예제 8 함수 $h_n:\ \mathbb{R}\to\mathbb{R}\ \ (n\in\mathbb{N})$을 $h_n(x)=\dfrac{\sin(nx+n)}{n}$으로 정의하고 $h(x)\equiv 0$라 하면

$$
\begin{aligned}
\|\,h_n - h\,\|_{\mathbb{R}} &= \sup_{x\in\mathbb{R}} \left|\frac{1}{n}\sin(nx+n)\right| \\
&= \frac{1}{n}\sup_{x\in\mathbb{R}}|\sin(nx+n)| \\
&\le \frac{1}{n}\times 1 \\
&= \frac{1}{n}\to 0 \quad (n\to\infty)
\end{aligned}
$$

이다. 따라서 함수열 $\langle h_n\rangle$은 $\mathbb{R}$에서 $h\equiv 0$에 평등수렴한다.

정리 9.6

평등수렴에 관한 Cauchy 판정법

A가 $\mathbb{R}$의 부분 집합이고, 함수 $f_n : A \to \mathbb{R}$ $(n \in \mathbb{N})$이 A에서 유계라고 하자. 다음의 두 명제는 서로 동치이다.

(i) 유계 함수열 $\langle f_n \rangle$가 어떤 함수 $f : A \to \mathbb{R}$에 평등수렴한다.

(ii) 임의 양수 ε에 대해 적절한 자연수 $K(\varepsilon)$이 존재해서 $m,\ n \geq K(\varepsilon)$이면 $\|f_m - f_n\|_A \leq \varepsilon$이 성립한다.

》증명 (i) ⇒ (ii) 정리 9.2에 의해 $f_n - f$ $(n \in \mathbb{N})$은 유계이다. 만일 $m,\ n \geq K(\varepsilon)$이면 $f_m - f_n$도 유계이므로 정리 9.4와 정리 9.5에 의해

$$\begin{aligned}\| f_m - f_n \|_A &= \| f_m - f + f - f_n \|_A \\ &\leq \| f_m - f \|_A + \| f_n - f \|_A \\ &\leq \frac{\varepsilon}{2} + \frac{\varepsilon}{2} = \varepsilon\end{aligned}$$

(ii) ⇒ (i) 역으로 임의 양수 ε에 대해 적당한 자연수 $K(\varepsilon)$이 존재해서 m, $n \geq K(\varepsilon)$이면 $\|f_m - f_n\|_A \leq \varepsilon$이 성립한다고 가정하자. 그러면 임의 원소 $x \in A$에 대해

$$|f_m(x) - f_n(x)| \leq \|f_m - f_n\|_A \leq \varepsilon,\ m,\ n \geq K(\varepsilon)$$

이 성립한다. 그러므로 $\langle f_n(x) \rangle$는 $\mathbb{R}$에서 Cauchy 수열이 되며 $\mathbb{R}$의 완비성에 의해 수열 $\langle f_n(x) \rangle$은 수렴한다. 함수 $f : A \to \mathbb{R}$을 각 원소 $x \in A$에 대해 $f(x) = \lim_{n \to \infty} f_n(x)$로 정의하면

$$f_m(x) - \varepsilon \leq \lim_{n \to \infty} f_n(x) \leq f_m(x) + \varepsilon$$

이 되어

$$f_m(x) - \varepsilon \leq f(x) \leq f_m(x) - \varepsilon$$

이다. 따라서 $m \geq K(\varepsilon)$이면 임의 원소 $x \in A$에 대해

$$|f_m(x) - f(x)| \leq \varepsilon$$

이므로 함수열 $\langle f_n \rangle$은 A에서 함수 f에 평등수렴한다. 따라서 f는 유계이다.

예제 9 함수 $f_n : [0, 1] \to \mathbb{R}$ $(n \in \mathbb{N})$을

$$f_n(x) = \begin{cases} x, & 0 \le x \le \dfrac{1}{n} \\ 0, & \dfrac{1}{n} < x \le 1 \end{cases}$$

로 정의하면, 불연속이고 유계인 함수열 $\langle f_n(x) \rangle$은 연속이고 유계인 함수 $f \equiv 0$에 평등수렴한다. 임의 양수 ε에 대해 $K(\varepsilon) > \dfrac{1}{\varepsilon}$을 만족하는 자연수 $K(\varepsilon)$을 잡으면 $m > n \ge K(\varepsilon)$에 대해

$$\begin{aligned}
&\| f_n - f_m \|_{[0,\,1]} \\
&= \sup_{x \in [0,\,1]} |f_n(x) - f_m(x)| \\
&= \max\Big(\sup_{x \in \left[0,\, \frac{1}{m}\right]} |f_n(x) - f_m(x)|,\ \sup_{x \in \left(\frac{1}{m},\, \frac{1}{n}\right]} |f_n(x) - f_m(x)|,\ \sup_{x \in \left(\frac{1}{n},\, 1\right]} |f_n(x) - f_m(x)| \Big) \\
&= \max\Big(\sup_{x \in \left[0,\, \frac{1}{m}\right]} x,\ \sup_{x \in \left(\frac{1}{m},\, \frac{1}{n}\right]} x,\ 0 \Big) \\
&= \max\left(\frac{1}{m},\ \frac{1}{n},\ 0 \right) \\
&= \frac{1}{n} \\
&\le \frac{1}{K(\varepsilon)} \\
&< \varepsilon.
\end{aligned}$$

연 습 문 제

1. 구간 $[0, 1]$에서 함수 $f \equiv 0$에 평등수렴하지 않는 유계 함수열을 구하시오.

2. 구간 $[0, 1)$에서 점별수렴극한함수가 유계가 아닌 유계 함수열을 구하시오.

3. 평등수렴에 관한 Cauchy 판정법을 이용해서 다음을 증명하시오.

(1) $a > 0$일 때 함수열 $\langle n^2 x^2 e^{-nx} \rangle$은 구간 $[a, \infty)$에서 평등수렴한다.

(2) 그러나 구간 $[0, \infty)$에서는 평등수렴하지 않는다.

4. $\lim_{n \to \infty} \int_1^2 e^{-nx^2} dx = 0$임을 보이시오.

9.3 미분가능한 함수열의 수렴

유계 닫힌구간 $[a, b]$에서 정의된 미분가능한 함수열 $\langle f_n \rangle$의 극한함수 (점별극한함수 혹은 평등극한함수) f가 존재한다면,

첫째, f의 미분가능성 여부를 확인하는 것과

둘째, 미분가능한 극한함수 f가 존재한다면 도함수열 $\langle f_n' \rangle$가 도함수 f'에 수렴하는가를 확인하는 것은 아주 자연스런 수학학습 태도이다.

예제 10 구간 $[0, 1]$에서 $f_n(x) = x^n$으로 정의된 함수열 $\langle f_n(x) \rangle$은

$$f(x) = \begin{cases} 0, & 0 \le x < 1 \\ 1, & x = 1 \end{cases}$$

로 정의된 함수 f에 점별수렴한다. 함수 $f_n(x) = x^n$ $(n \in \mathbb{N})$은 모두 집합 $[0, 1]$에서 미분가능하나. 점별극한함수 f는 $x = 1$에서 불연속이며 따라서 미분 불가능하다.

위의 예제는 미분가능한 함수열의 점별극한함수가 미분 불가능한 경우를 예시하고 있다. 따라서 미분가능한 함수열의 평등극한함수의 미분가능성 여부를 다루어 볼 필요가 있다.

예제 11 구간 $[0, 1]$에서 정의된 함수 $g_n(x) = \dfrac{\sin nx}{n}$ $(n \in \mathbb{N})$의 함수열 $\langle g_n(x) \rangle$는 $\left| \dfrac{\sin nx}{n} \right| \le \dfrac{1}{n}$이므로 $[0, 1]$에서 $g(x) = 0$로 평등수렴한다. 그러나 도함수열 $\langle g_n'(x) \rangle = \langle \cos nx \rangle$는 도함수 $g'(x) = 0$에 점별수렴하지 않는다. 따라서

$\langle g_n{}'(x)\rangle$는 집합 $[0, 1]$에서 평등수렴하지 않는다.

예제 11에서는 원함수열이 평등극한함수를 가지더라도 도함수열은 점별수렴조차도 하지 않는 경우를 보이고 있다.

예제 12 구간 $[0, 2\pi]$ 상에서 $f_n(x) = \dfrac{\sin nx}{\sqrt{n}}$ $(n \in \mathbb{N})$로 정의된 함수 $f_n(x)$는 $[0, 2\pi]$에서 미분가능하며 도함수는 $f_n{}'(x) = \sqrt{n}\cos nx$이다. 한편, 구간 $[0, 2\pi]$ 상에서 $|\cos nx| \le 1$이므로 $f(x) := \lim\limits_{n\to\infty} f_n(x) = 0$가 되어 $f'(x) = 0$이다. 따라서 $[0, 2\pi]$에서 도함수열 $\langle f_n{}'\rangle$는 f'에 점별수렴하지 않는다.

정리 9.7

함수 $f_n : [a, b] \to \mathbb{R}$ $(n \in \mathbb{N})$가 (a, b)에서 미분가능하다고 하자. 만일 $[a, b]$ 상의 어떤 한 점 x_0에서의 함숫값열 $\langle f_n(x_0)\rangle$가 수렴하고 도함수열 $\langle f_n{}'\rangle$가 (a, b) 상에서 평등수렴한다면,

(i) 원함수열 $\langle f_n\rangle$은 $[a, b]$ 상에서 평등수렴한다.

(ii) 원함수열 $\langle f_n\rangle$의 평등극한함수를 $f : [a, b] \to \mathbb{R}$이라고 하면 f는 미분가능하고, 임의 $x \in (a, b)$에 대해 수열 $\langle f_n{}'(x)\rangle$는 $f'(x)$에 수렴한다. 즉,

$$\lim_{n\to\infty} f_n{}'(x) = \left(\lim_{n\to\infty} f_n(x)\right)', \text{ 혹은 } \lim_{n\to\infty}\frac{df_n}{dx} = \frac{d\left(\lim\limits_{n\to\infty} f_n\right)}{dx}$$

임을 보인다.

》증명 (i) (a, b) 상의 임의 원소 c에 대해 함수열 $g_n : [a, b] \to \mathbb{R}$ $(n \in \mathbb{N})$을

$$\underset{(n \ge 2)}{g_n(x)} = \begin{cases} \dfrac{f_n(x) - f_n(c)}{x - c}, & x \ne c \\ f_n{}'(c), & x = c \end{cases}$$

으로 정의하면,

첫째, $x \ne c$일 때

$$f_n(x) = f_n(c) + (x - c)g_n(x),\ x \in [a, b],\ n \in \mathbb{N}$$

이다. ε은 임의 양수, m, $n \in \mathbb{N}$, $x \in [a, b] \setminus \{c\}$일 때 함수 $f_n - f_m$에

평균값정리를 적용하면

$$g_n(x)-g_m(c)=\frac{f_n(x)-f_m(x)-f_n(c)+f_m(c)}{x-c}=f_n{}'(t)-f_m{}'(t)$$

를 만족하는 점 t가 부분구간 $(x,\ c)$에 존재한다. 가정에서 도함수열 $\langle f_n{}' \rangle$가 $[a,\ b]$ 상에서 평등수렴하므로 충분히 큰 자연수 N가 존재해서 $m,\ n \in \mathbb{N}$ 이고 $x \in [a,\ b] \setminus \{c\}$이면 $|g_n(x)-g_m(x)|<\varepsilon$을 만족한다.

둘째, $x=c$인 경우에 $g_n(c)=f_n{}'(c)$, $(n \in \mathbb{N})$이다. 따라서 도함수열 $\langle f_n{}' \rangle$의 평등수렴성에 의해 함수열 $\langle g_n \rangle$의 평등수렴성이 증명된다. 한편 가정에 의해 수열 $\langle f_n(x_0) \rangle$가 수렴하므로 등식 $f_n(x)=f_n(x_0)+(x-x_0)g_n(x)$로부터 $\langle f_n \rangle$가 $[a,\ b]$ 상에서 평등수렴한다.

(ii) $c \in (a,\ b)$라 하고 함수 $f,\ g:[a,\ b] \to \mathbb{R}$를 $f(x)=\lim\limits_{n\to\infty} f_n(x)$, $g(x)=\lim\limits_{n\to\infty} g_n(x)$로 정의하면 함수열 $\langle g_n \rangle$이 점 $x=c$에서 연속이므로 정리 9.1에 의해 함수 g는 점 $x=c$에서 연속이다. $g_n(c)=f_n{}'(c)$이므로

$$\lim_{n\to\infty} f_n{}'(c)=\lim_{n\to\infty} g_n(c)=g(c)=\lim_{x\to c} g(x)$$

이다.

만일 $x \neq c$이면,

$$\begin{aligned}
f'(c) &= \lim_{x\to c}\frac{f(x)-f(c)}{x-c} \\
&= \lim_{x\to c}\lim_{n\to\infty}\frac{f_n(x)-f_n(c)}{x-c} \\
&= \lim_{x\to c}\lim_{n\to\infty} g_n(x) \\
&= \lim_{x\to c} g(x) \\
&= g(c) \\
&= \lim_{n\to\infty} g_n(c) \\
&= \lim_{n\to\infty} f_n{}'(c)
\end{aligned}$$

이다. 따라서

$$\left(\lim_{n\to\infty} f_n(c)\right)'=\lim_{n\to\infty} f_n{}'(c)$$

이다. 그러므로 임의 원소 $x \in (a,\ b)$에 의해

$$\left(\lim_{n\to\infty} f_n(x)\right)' = \lim_{n\to\infty} f_n'(x)$$

이다.

연습문제

1. 유계 구간 $[0,\ 1]$에서 정의된 함수열 $\langle f_n(x)\rangle = \left\langle \dfrac{x^n}{n} \right\rangle (n \in \mathbb{N})$이

(i) 평등수렴함을 보이고, $x=1$에서의 극한함숫값을 구하시오.

(ii) 도함수열 $\langle f_n(x)\rangle = \langle x^{n-1}\rangle$이 평등수렴하지 않으나, 점별수렴함을 보이고 $x=1$에서의 극한함숫값을 구하시오.

(iii) 위의 두 극한함숫값을 비교해 보고 평등수렴과 관련해서 수학적 특성을 발견하시오.

2. 구간 $[0,\ \infty)$에서 정의된 함수열 $\langle f_n(x)\rangle = \left\langle \dfrac{e^{-nx}}{n} \right\rangle (n \in \mathbb{N})$에 대해

(i) 함수열 $\langle f_n(x)\rangle$가 $[0,\ \infty)$에서 평등수렴함을 보이고 극한함수를 구하시오.

(ii) 도함수열 $\langle f_n'(x)\rangle$의 수렴 여부를 결정하시오.

(iii) $(\lim f_n)'$와 $\lim f_n'$를 비교 설명하시오.

9.4 적분가능한 함수열의 수렴

유계 닫힌구간 $[a,\ b]$에서 리만 적분가능한 함수열 $\langle f_n\rangle$의 극한함수 (점별극한함수 혹은 평등극한함수) f가 존재한다면,

첫째, 극한함수 f가 $[a,\ b]$에서 리만 적분가능한가의 여부와

둘째, 만일 f가 리만 적분가능하면 수열 $\left\langle \int_a^b f_n dx \right\rangle$은 $\int_a^b f\,dx$에 수렴할 것인가?가 주

관심사이다.

예제 13 구간 $[0,\ 1]$에서 다음과 같이 정의된 함수열 $\langle h_n \rangle$의

$$\begin{cases} h_1(x) = 1, \quad x \in [0,\ 1], \\ \begin{matrix} h_n(x) \\ (n \ge 2) \end{matrix} = \begin{cases} n^2 x, & 0 \le x < \dfrac{1}{n} \\ -n^2\left(x - \dfrac{2}{n}\right), & \dfrac{1}{n} \le x < \dfrac{2}{n} \\ 0, & \dfrac{2}{n} \le x \le 1 \end{cases} \end{cases}$$

점별극한함수는 $h \equiv 0$이다. 왜냐하면, $x > 0$인 경우, $n > M := \dfrac{2}{x}$이면 $\dfrac{2}{n} < \dfrac{2}{M} = x$이므로 $h_n(x) = 0\,(n \in \mathbb{N})$이다. 따라서 극한 함수는 $h(x) = 0$이다. 한편 $x = 0$일 때 $h_n(0) = 0\ (n \ge 2)$이므로 $h(0) = 0$이다.

함수열 $\langle h_n \rangle$의 각 항 h_n은 $[0,\ 1]$에서 리만 적분가능하며

$$\int_0^1 h_n dx = 1 \qquad (n \in \mathbb{N})$$

이다. 그러나 점별극한함수 $h \equiv 0$는 리만 적분값이 $\displaystyle\int_0^1 h\,dx = 0$ 이다.

예제 13은 리만 적분가능한 함수열 $\langle h_n \rangle$의 점별극한함수 h가 리만 적분가능하지만 수열 $\left\langle \displaystyle\int_0^1 h_n dx \right\rangle$은 $\displaystyle\int_0^1 h\,dx$에 수렴하지 않음을 보이고 있다. 따라서 이것은 수렴하기 위해선 좀 더 강한 조건이 필요함을 암시한다.

예제 14 구간 $[0,\ 1]$에서 다음과 같이 정의된 함수열 $\langle g_n \rangle$은 리만 적분가능하며 적분값은 $\displaystyle\int_0^1 g_n dx = 0\ \ (n \in \mathbb{N})$이지만 점별극한함수인 디리클레(Dirichlet) 함수 $g(x)$는 $[0,\ 1]$에서 리만 적분이 가능하지 않다.

$$g_n(x) = \begin{cases} 1, & x \in \{0\} \cup \left\{ \dfrac{m}{n} :\ m \le n,\ m,\ n \in \mathbb{N} \right\} \\ 0, & \text{그 이외의 점} \end{cases}$$

$$g(x) = \begin{cases} 1, & x \in [0,\ 1] \cap Q \\ 0, & x \in [0,\ 1] \cap Q^c \end{cases}$$

예제 15 구간 $[0, 1]$에 속하는 유리수 전체의 집합을 $\mathbb{Q} = \{r_n : n \in \mathbb{N}\}$으로 단조증가 순으로 배열하고 $\mathbb{Q}_n = \{r_1, r_2, \cdots, r_n\}(n \in \mathbb{N})$이라고 하자. 함수열 $f_n : [0, 1] \to \mathbb{R}\ (n \in \mathbb{N})$을

$$f_n(x) = \begin{cases} 1, & x \in Q_n \\ 0, & x \in [0,\ 1] \setminus Q_n \end{cases}$$

으로 정의하면 $f_n\ (n \in \mathbb{N})$은 리만 적분가능하다. 그러나

$$f(x) = \begin{cases} 1, & x \in \mathbb{Q} \\ 0, & x \in I \cap Q^c \end{cases}$$

로 정의된 점별극한함수 $f : [0, 1] \to \mathbb{R}$은 리만 적분가능하지 않다.

정리 9.8

유계 닫힌구간 $[a, b]$ 상에서 정의된 함수 $f_n\ (n \in \mathbb{N})$이 $[a, b]$ 상에서 적분가능하고, 함수열 $\langle f_n \rangle$이 $[a, b]$에서 함수 $f : [a, b] \to \mathbb{R}$에 평등수렴한다면, f는 $[a, b]$에서 적분가능하고

$$\lim_{n\to\infty} \int_a^b f_n dx = \int_a^b \left(\lim_{n\to\infty} f_n\right) dx$$

가 성립한다. 실제로 $[a, b]$의 임의 원소 x에 대해

$$\lim_{n\to\infty} \int_a^x f_n dt = \int_a^x \lim_{n\to\infty} f_n\, dt$$

이다.

〉〉**증명** 함수열 $\langle f_n \rangle$이 함수 f에 평등수렴하므로 임의의 주어진 양수 ε에 대해 충분히 큰 자연수 $N \in \mathbb{N}$이 존재해서 $n \ge N$이고 $x \in [a, b]$이면 $|f_n(x) - f(x)| < \dfrac{\varepsilon}{3(b-a)}$이 성립한다. 한편, 정리 9.2에 의해 f가 유계이므로 $f - f_N$은 유계이다. $-\dfrac{\varepsilon}{b-a} < f(x) - f_N(x) < \dfrac{\varepsilon}{3(b-a)}$이므로 임의 분할 $P \in \wp[a,b]$에 대해

$$U(f - f_N,\ P) \le \frac{\varepsilon}{3},\ L(f - f_N,\ P) \ge -\frac{\varepsilon}{3}$$

이 성립한다. 그리고 함수 f_N이 리만 적분가능하므로 적절한 분할 $P_N \in \wp[a, b]$가 존재해서

$$U(f_N,\ P_N)-L(f_N,\ P_N)<\frac{\varepsilon}{3}$$

을 만족한다. 따라서

$$\begin{aligned}U(f,\ P_N)-L(f,\ P_N)&=U(f-f_N+f_N,\ P_N)-L(f-f_N+f_N,\ P_N)\\&\le U(f-f_N,\ P_N)+U(f_N,\ P_N)\\&\quad-(L(f-f_N,\ P_N)+L(f_N,\ P_N))\\&\le U(f-f_N,\ P_N)+U(f_N,\ P_N)\\&\quad-L(f_N,\ P_N)-L(f-f_N,\ P_N)\\&\le\frac{\varepsilon}{3}+\frac{\varepsilon}{3}+\frac{\varepsilon}{3}\\&=\varepsilon\end{aligned}$$

그러므로 f는 $[a,\ b]$에서 리만 적분가능하다. 따라서
임의 $x\in[a,\ b]$에 대해

$$\begin{aligned}\left|\int_a^x f_n(t)dt-\int_a^x f(t)dt\right|&\le\int_a^x|f_n(t)-f(t)|dt\\&\le\frac{\varepsilon(x-a)}{3(b-a)}\\&<\varepsilon\ \ (\forall n\ge \mathrm{N})\end{aligned}$$

이 성립한다.

연 습 문 제

1. $f_n(x)=x^n\ \ (n\in\mathrm{N})$으로 정의된 실가 함수열 $\langle f_n\rangle : [0,\ 1]\rightarrow\mathbb{R}$에 대해

$$\lim_{n\to\infty}\int_0^1 f_n\cdot dx=\int_0^1\lim_{n\to\infty}f_n\cdot dx$$

가 성립함을 보이시오.

〉〉**참고** 위의 문제 1번에서 평등수렴이 적분의 수렴에 필요조건이 아님을 알 수 있다.

2. 함수열 $\langle f_n(x)\rangle$가 구간 $I=[a,\ b]$에서 함수 f에 수렴하고, 도함수열 $\langle f_n'(x)\rangle$는 I

에서 연속이며, 함수 g에 평등수렴한다고 하자.

(i) $f(x)-f(a)=\int_a^x g(t)dt,\ x\in I$

(ii) $f'(x)=g(x),\ x\in I$

가 성립함을 보이시오.

9.5 함수항급수의 평등수렴

정리 9.9

$\sum_{n=0}^{\infty} f_n$이 $\mathbb{R}$의 부분집합 A 위에서 정의된 함수들의 급수라고 하자. f_n $(n \geq 0)$이 A에서 연속이고 $\sum_{n=0}^{\infty} f_n$이 A상에서 정의된 실가함수 f에 평등수렴하면 $f=\sum_{n=0}^{\infty} f_n$는 A 위에서 연속이다.

》**증명** 부분합 함수 $S_n=\sum_{k=0}^{n} f_k$ $(n \geq 0)$이 연속이므로 부분합 함수열의 평등수렴극한 함수인 f는 A 위에서 연속이다.

정리 9.10

함수항급수 $\sum_{n=0}^{\infty} f_n$가 $[a, b]$상에서 함수 f에 수렴한다고 하자. 만일 f_n' $(n \geq 0)$가 존재하고 $[a, b]$에서 연속이며 도함수들의 급수 $\sum_{n=0}^{\infty} f_n'$가 $[a, b]$에서 평등수렴한다면

$$f'(x)=\sum_{n=0}^{\infty} f_n'(x),\ x\in[a, b]$$

가 성립한다.

정리 9.11

> $\sum_{n=0}^{\infty} f_n$가 $[a, b]$상에서 정의된 함수들의 무한급수라 하자. 만일 f_n가 $[a, b]$상에서 연속이고 $\sum_{n=0}^{\infty} f_n$가 $[a, b]$상에서 f에 평등수렴하면,
>
> $$\int_a^b f(x)dx = \sum_{k=0}^{\infty} \int_a^b f_n(x)dx$$
>
> 가 성립한다.

≫ **증명** $S_n = \sum_{k=0}^{n} f_k$이라 하면 부분합 함수열 $\langle S_n \rangle$은 $[a, b]$상에서 f에 평등수렴한다.

그러면

$$\int_a^b S_n(x)dx = \int_a^b \left[\sum_{k=0}^{n} f_k(x)\right]dx = \sum_{k=0}^{n}\left[\int_a^b f_k(x)dx\right]$$

이다. 따라서

$$\begin{aligned}\int_a^b f(x)dx &= \lim_{n\to\infty}\int_a^b S_n(x)dx \\ &= \lim_{n\to\infty}\sum_{k=0}^{n}\left[\int_a^b f_k(x)dx\right] \\ &= \sum_{k=0}^{\infty}\int_a^b f_n(x)dx\end{aligned}$$

$$\therefore \int_a^b \left[\lim_{n\to\infty}\sum_{k=0}^{n} f_k(x)\right]dx = \lim_{n\to\infty}\sum_{k=0}^{n}\int_a^b f_k(x)dx$$

이다.

예제 16 앞의 정리들을 이용해서 열린구간 $(-1, 1)$에 속하는 임의 x에 대해

$$\ln(1+x) = \sum_{n=1}^{\infty}(-1)^n\frac{x^{n+1}}{n+1} = x - \frac{x^2}{2} + \frac{x^3}{3} - \frac{x^4}{4} + \cdots$$

이 성립함을 보자.

풀이 $0 < r < 1$이고 $t \in [-r, r]$일 때 기하급수 $\sum_{n=0}^{\infty}(-t)^n$은 $\frac{1}{1+t}$에 수렴한다. Weierstrass M-판정법을 적용하면 그 수렴성은 $[-r, r]$에서 평등하다. 그래서 만일 $x \in (-1, 1)$이면

$$\int_0^x \frac{1}{1+t}dt = \sum_{n=1}^{\infty}\left[(-1)^n \int_0^x t^n dt\right] = \sum_{n=1}^{\infty}(-1)^n \frac{x^{n+1}}{n+1}$$

이다. 한편, $\int_0^x \frac{1}{1+t}dt = \ln(1+x)$이므로

$$\ln(1+x) = \sum_{n=1}^{\infty}(-1)^n \frac{x^{n+1}}{n+1}$$

이 성립한다.

부록

부록 A

기호 찾아보기

기 호	기호의 뜻
$\mathbb{Z}$	정수 집합
$\mathbb{Q}$	유리수 집합
$\mathbb{R}$	실수 집합
$F(X, Y)$	집합 X에서 집합 Y로의 함수들의 집합
$g \circ f$	f와 g의 합성함수
$\wp(X) = \{A : A \subset X\}$	X의 부분집합들의 족
$\mathbb{N}_n = \{1, 2, \cdots, n\}$	자연수 1에서 n까지의 집합
$\forall x P(x)$	모든 x에 대해 $P(x)$가 성립
$\exists x P(x)$	어떤 x에 대해 $P(x)$가 성립
$f(A)$	집합 A의 f에 의한 상
$f^{-1}(B)$	집합 B의 f에 의한 역상
Λ	첨자집합
$F(\mathbb{N})$	자연수 $\mathbb{N}$의 모든 유한 부분집합들의 족
$\mathbb{P}$	양수들의 집합
$-\mathbb{P}$	음수들의 집합
$\sup S$, $\operatorname{lub} S$	집합 S의 상한
$\inf S$, $\operatorname{glb} S$	집합 S의 하한
$N(a, \varepsilon)$	a의 ε-근방
$F_c(\mathbb{R})$	점 $x = c$에서 수렴하는 함수들의 집합
$M[a, b]$	구간 $[a, b]$에서 단조인 함수들의 집합
$C[a, b]$	구간 $[a, b]$에서 연속인 함수들의 집합
$I[a, b]$	구간 $[a, b]$에서 적분가능한 함수들의 집합
$D(I)$	구간 I에서 미분가능한 함수들의 집합
$N(c)$	c를 품는 열린집합
$C(A)$	집합 A에서 연속인 함수들의 집합
$C(c)$	점 c에서 연속인 함수들의 집합
$B(A)$	집합 A에서 유계인 함수들의 집합

$S(\mathbb{R})$	실수열의 집합
$BS(\mathbb{R})$	유계수열들의 집합
$CS(\mathbb{R})$	수렴하는 수열들의 집합
$\sum a_n$	수급수
$\sum(\mathbb{R})$	수렴하는 급수들의 집합
$\sum A(\mathbb{R})$	절대수렴하는 급수들의 집합
$\sum C(\mathbb{R})$	조건수렴하는 급수들의 집합
$B_n(f,x)$	함수 f의 n차 Berstein 다항식
$\wp[a,b]$	구간 $[a, b]$의 분할들의 집합
$\underline{\lim} x_n$ $(\liminf_n x_n)$	수열 $\langle x_n \rangle$의 하극한
$\overline{\lim} x_n$ $(\limsup_n x_n)$	수열 $\langle x_n \rangle$의 상극한
$C^n(I)$	C^n급 함수(구간 I에서 정의된 함수 f의 n차 도함수 $f^{(n)}$이 존재하고 $f^{(n)}$이 I에서 연속인 함수 f들의 집합)
$C^\infty(I)$	C^∞급 함수(구간 I에서 모든 자연수 n에 대해 $f^{(n)}$이 미분가능한 함수들의 집합)
$U(f, P)$	분할 P에 관한 함수 f의 리만 상합
$L(f, P)$	분할 P에 관한 함수 f의 리만 하합
$\overline{\int_a^b} f$	함수 f의 상적분
$\underline{\int_a^b} f$	함수 f의 하적분
$S(f, P)$	분할 P에 관한 f의 리만합
$\Vert P \Vert$	분할 P의 놈(norm)
$\Vert f \Vert_A$	함수 f의 집합 A에서의 평등 놈(uniform norm)
$f_n \xrightarrow{p} f$	함수열 $\langle f_n \rangle$의 함수 f로의 점별수렴
$f_n \xrightarrow{u} f$	함수열 $\langle f_n \rangle$의 함수 f로의 평등수렴

그리스 문자

A	α	Alpha	N	ν	Nu
B	β	Beta	Ξ	ξ	Xi
Γ	γ	Gamma	O	o	Omicron
Δ	δ	Delta	Π	π	Pi
E	ε	Epsilon	P	ρ	Rho
Z	ζ	Zeta	Σ	σ	Sigma
H	η	Eta	T	τ	Tau
Θ	θ	Theta	Y	υ	Upsilon
I	ι	Iota	Φ	ϕ	Phi
K	κ	Kappa	X	χ	Chi
Λ	λ	Lambda	Ψ	ψ	Psi
M	μ	Mu	Ω	ω	Omega

부록 B

연습문제 풀이 – 1장

연습문제 1.1

1. $\forall x \exists y\, y > x$는 임의 실수 x에 대해 $y > x$를 만족하는 실수 y가 존재함을 의미한다. 예를 들면 $y = x + 1$이다. 따라서 $\forall x \exists y\, y > x$는 항상 참이다. 이때 y는 x의 값에 따라 결정되므로 사실상 x의 함수이다. 반면 $\exists y \forall x\, y > x$는 어떤 실수 y가 존재해서 모든 실수 x에 대해 $y > x$를 의미하므로 $\exists y \forall x\, y > x$는 항상 거짓이다.

2. $\sim (\exists y \forall x\; xy \le 2)$

$$\begin{aligned}
&\equiv \forall y \sim (\forall x\; xy \le 2)\\
&\equiv \forall y \exists x \sim (xy \le 2)\\
&\equiv \forall y \exists x\; xy > 2.
\end{aligned}$$

3. $\sim (\forall x \exists y \forall z\; xy = z)$

$$\begin{aligned}
&\equiv \exists x \sim (\exists y \forall z\; xy = z)\\
&\equiv \exists x \forall y \sim (\forall z\; xy = z)\\
&\equiv \exists x \forall y \exists z \sim (xy = x)\\
&\equiv \exists x \forall y \exists z\; xy \ne z.
\end{aligned}$$

연습문제 1.2

1. $P(x, y)$를 $y < x$, 대상영역을 $\mathbb{R} \times \mathbb{R}$이라 할 때 임의 실수 a에 대해 "$\exists y\, y < a$는 참"이므로 "$\forall x \exists y\, y < x$는 참"이다. 반면, 어떤 실수 b에 대해 "$\forall x\, b < x$는 거짓"이므로 "$\exists y \forall x\, y < x$는 거짓"이다.

   따라서 "$\forall x \exists y\, P(x, y) \rightarrow \exists y \forall x\, P(x, y)$는 거짓"이다. 하지만, $P(x, y)$를 $xy = 0$라 하면 $\forall x \exists y\, xy = 0$과 $\exists y \forall x\, xy = 0$는 둘 다 참이다.

2. 명제함수 $P(n)$을

$$\sum_{i=1}^{n} f(i, m) = f(n, m+1) - 1$$

   이라 하면

   (i) $f(1, m) = {}_mH_1 = {}_{m+1-1}C_1 = {}_mC_1 = m,$

$$\begin{aligned}
f(1, m+1) - 1 &= {}_{m+1}H_1 - 1\\
&= {}_{m+1+1-1}C_1 - 1\\
&= {}_{m+1}C_1 - 1\\
&= (m+1) - 1
\end{aligned}$$

$$= m$$

이므로 $P(1)$은 참이다.

(ii) $P(n-1)$이 참이면

$$\sum_{i=1}^{n-1} f(i,\ m) = f(n-1,\ m+1) - 1$$

이다. 그러므로

$$\begin{aligned}\sum_{i=1}^{n} f(i,\ m) &= f(n-1,\ m+1) + f(n,\ m) - 1 \\ &= {}_{m+1}H_{n-1} + {}_{m}H_{n} - 1 \\ &= {}_{(m+1)+(n-1)-1}C_{n-1} + {}_{m+n-1}C_{n} - 1 \\ &= {}_{m+n-1}C_{n-1} + {}_{m+n-1}C_{n} - 1 \\ &= {}_{m+n}C_{n} - 1 \ (\because\ {}_{s}C_{t} = {}_{s-1}C_{t-1} + {}_{s-1}C_{t-1},\ 1 \le t \le s-1) \\ &= {}_{m+n+1-1}C_{n} - 1 \\ &= {}_{(m+1)+n-1}C_{n} - 1 \\ &= {}_{m+1}H_{n} - 1 \\ &= f(n,\ m+1) - 1.\end{aligned}$$

그러므로 모든 자연수 $n \in \mathbb{N}$에 대해 $\sum_{i=1}^{n} f(i,\ m) = f(n,\ m+1) - 1$이다.

5. (i) 집합 $S = \{n \in \mathbb{N} : 0 < n < 1\}$가 공집합이 아니면 $S \subset \mathbb{N}$이므로 S는 가장 작은 원소 $m \in \mathbb{N}$을 가진다. $0 < m < 1$이므로 $0 < m^2 < m < 1$이 되어 m보다 작은 자연수 $m^2 \in S$이 존재한다. 이것이 모순이므로 S는 공집합이다.

   (ii) 어떤 자연수 m이 동시에 짝수이고 홀수이면 $m = 2p = 2q-1$인 자연수 p와 q가 존재한다. 따라서 $0 < q-p = \frac{1}{2} < 1$가 되어 (i)에 모순이다.

연습문제 1.3

1. 만일 $x_1 \neq x_2 \in X$이면 f가 단사이므로 $f(x_1) \neq f(x_2)$이다. 또 g가 단사이므로 $g(f(x_1)) \neq g(f(x_2))$이다. 따라서 $g \circ f$는 단사이다. 한편, 만일 $z \in Z$이면, g가 전사이므로 $z = g(y)$인 $y \in Y$가 존재한다. 또 f가 전사이므로 $z = f(x)$인 $x \in X$가 존재한다. 결과적으로 임의 $z \in Z$에 대해 $Z = g(y) = g(f(x)) = (g \circ f)(x)$인 $x \in X$가 존재한다. 고로 $g \circ f$는 전사이다.

2. (i) $$\begin{aligned} x \in f^{-1}(B^c) &\Leftrightarrow f(x) \in B^c \\ &\Leftrightarrow f(x) \notin B \\ &\Leftrightarrow x \notin f^{-1}(B) \\ &\Leftrightarrow x \in (f^{-1}(B))^c \end{aligned}$$

   (iv) $$\begin{aligned} x \in f^{-1}(A \setminus B) &\Leftrightarrow f(x) \in A \setminus B \\ &\Leftrightarrow f(x) \in A \wedge f(x) \notin B \end{aligned}$$

$\Leftrightarrow x \in f^{-1}(A) \wedge x \notin f^{-1}(B)$

$\Leftrightarrow x \in f^{-1}(A) \setminus f^{-1}(B)$

3. $f(x) = \cos x$, $A = [0, \pi]$

연습문제 1.4

1. $\mathbb{Q}^c$가 가산이면, $\mathbb{R} = \mathbb{Q} \cup \mathbb{Q}^c$도 가산이다. 이것은 모순이다.
2. (i) $x \in A \setminus (\bigcup_{\lambda \in \Lambda} A_\lambda)$

$\Leftrightarrow x \in A \wedge x \notin \bigcup_{\lambda \in \Lambda} A_\lambda$

$\Leftrightarrow x \in A \wedge x \notin A_\lambda, \ \forall \lambda \in \Lambda$

$\Leftrightarrow x \in A \setminus A_\lambda, \ \forall \lambda \in \Lambda$

$\Leftrightarrow x \in \bigcap_{\lambda \in \Lambda} (A \setminus A_\lambda)$

(ii) $x \in A \setminus \left(\bigcap_{\lambda \in \Lambda} A_\lambda\right)$

$\Leftrightarrow x \in A \wedge x \notin \bigcap_{\lambda \in \Lambda} A_\lambda$

$\Leftrightarrow x \in A \wedge x \notin A_\lambda$ for some $\lambda \in \Lambda$

$\Leftrightarrow x \in A \setminus A_\lambda$ for some $\lambda \in \Lambda$

$\Leftrightarrow x \in \bigcup_{\lambda \in \Lambda} (A - A_\lambda)$

3. (i) $x \in f^{-1}\left(\bigcup_{i=1}^{\infty} B_i\right)$

$\Leftrightarrow f(x) \in \bigcup_{i=1}^{\infty} B_i$

$\Leftrightarrow f(x) \in B_i$ for some i

$\rightleftarrows x \in f^{-1}(B_i)$ for some i

$\Leftrightarrow x \in \cup f^{-1}(B_i)$

$\therefore f^{-1}\left(\bigcup_{i=1}^{\infty} B_i\right) \subset \bigcup_{i=1}^{\infty} f^{-1}(B_i)$

[참고] $f : \mathbb{R} \to \mathbb{R}$, $f(x) = x^2$, $B_i = [0, 2]$인 경우

$B_i \subsetneq f^{-1}(f(B_i)) = [-2, 2]$

[예] $f(x) = x^2 : [-3, 2] \to [4, 9]$

$B_1 = [4, 7]$, $B_2 = [6, 9]$라 하면

$B_1 \cup B_2 = [4, 9]$, $f^{-1}(B_1) = [-\sqrt{7}, -2] \cup \{2\}$,

$f^{-1}(B_2) = [-3, -\sqrt{6}]$,

$$f^{-1}(B_1 \cup B_2) = [-3, -2]$$
$$f^{-1}(B_1) \cup f^{-1}(B_2) = [-3, -2] \cup \{2\}$$
$$\therefore\ f^{-1}(B_1 \cup B_2) \subsetneq f^{-1}(B_1) \cup f^{-1}(B_2).$$

(ii) $x \in f^{-1}\left(\bigcap_{i=1}^{\infty} B_i\right) \Leftrightarrow f(x) \in \bigcap_{i=1}^{\infty} B_i$

$\Leftrightarrow f(x) \in B_i$ for all i

$\Leftrightarrow x \in f^{-1}(B_i)$ for all i

$\Leftrightarrow x \in \bigcap_{i=1}^{\infty} f^{-1}(B_i).$

연습문제 풀이 – 2장

연습문제 2.1

1. $c+(-c)=0$이므로 c는 $-c$의 덧셈에 관한 역원이다. 따라서 $c=-(-c)$이다.

2. $\frac{a}{b}=x$, $\frac{c}{d}=y$라 하면 $a=bx$, $c=dy$이다.
   (i) $ac=(bx)\cdot(dy)=(bd)(xy)$이고 $bd \neq 0$이므로 $xy=\frac{ac}{bd}$이다.
   (ii) $ad=(bx)d=(bd)x$, $bc=b(dy)=(bd)y$이므로

   $$ad+bc=(bd)x+(bd)y=(bd)(x+y)$$

   이다. $bd \neq 0$이므로 $x+y=\frac{ad+bc}{bd}$

3. (i) $a=0$라 하자. $0\cdot b=(0+0)\cdot b=0\cdot b+0\cdot b$이므로
   $-(0\cdot b)+0\cdot b=-(0\cdot b)+(0\cdot b+0\cdot b)$이다. 따라서

   $$\begin{aligned}0&=((-0\cdot b)+(0\cdot b))+0\cdot b\\&=0+0\cdot b\\&=0\cdot b\end{aligned}$$

   이므로 $a\cdot b=0\cdot b=0$이다.
   $b=0$일 때는 $ab=b\cdot a=0\cdot a=0$이다.

   (ii) $$\begin{aligned}(ab)(b^{-1}\cdot a^{-1})&=a(b\cdot b^{-1})a^{-1}\\&=a\cdot 1\cdot a^{-1}\\&=a\cdot a^{-1}\\&=1\end{aligned}$$

   이므로 ab의 곱셈에 관한 역원은 $b^{-1}a^{-1}$이다.

4. (i) $$\begin{aligned}a-(b+c)&=a+(-1)(b+c)\\&=a+((-1)b+(-1)c)\end{aligned}$$

$$
\begin{aligned}
&= (1+(-1)b)+(-1)c \\
&= (a-b)-c
\end{aligned}
$$

(ii) $a-(b-c) = a+(-1)(b+(-1)c)$

$$
\begin{aligned}
&= a+(-1)b+(-1)(-1)c \\
&= a+(-b)+(-1)(-c) \\
&= a-b-(-c) \\
&= a-b+c
\end{aligned}
$$

연습문제 2.2

1. (i) $a \neq 0$이므로 $\frac{1}{a} \neq 0$이다. $\frac{1}{a} < 0$이면 $1 = a \cdot \frac{1}{a} < 0$이 되어 모순이다.
   (ii) $\frac{1}{a} > 0$이면 $1 = a \cdot \frac{1}{a} < 0$이 되어 모순이다.
2. $a > 0$, $b > 0$인 경우 $a^2 - b^2 = (a+b)(a-b)$이고 $a+b > 0$이므로 $a^2 > b^2$과 $a > b$는 서로 동치.
   $a-b = (\sqrt{a}+\sqrt{b})(\sqrt{a}-\sqrt{b})$이고 $\sqrt{a}+\sqrt{b} > 0$이므로 $a > b$와 $\sqrt{a} > \sqrt{b}$는 서로 동치.
3. $a \neq 0$ 혹은 $b \neq 0$이면 $a^2 > 0$ 혹은 $b^2 > 0$이다.

연습문제 2.3

1. $x-a > 0$이고 $b-y > 0$이므로 $(x-a)+(b-y) > 0$이다. 따라서 $b-a > y-x$이다. 한편, $b-x > 0$이고 $y-a > 0$이므로 $(b-x)+(y-a) > 0$이다. 따라서 $b-a > x-y$이다. 그러므로 $|x-y| < b-a$가 성립한다.
2. ($\Rightarrow$) $|x-y|+|y-z| = y-x+z-y$
   $$
   \begin{aligned}
   &= z-x \\
   &= |z-x|
   \end{aligned}
   $$
   ($\Leftarrow$) 만일 $y < x \le z$이면 $x-y+z-y = z-x$로부터 $x=y$이다. 이것은 모순이다.
3. $|a+b|^2 = (a+b)^2 = a^2+b^2+2ab$이고
   $$(|a|+|b|)^2 = |a|^2+|b|^2+2|a||b| = a^2+b^2+2|ab|$$
   이므로 $ab = |ab|$이다. 따라서 $ab \ge 0$이다. 한편, $ab \ge 0$이면 $ab = |ab|$이므로
   $$|a+b|^2 = (|a|+|b|)^2$$
   이다. 따라서 $|a+b| = |a|+|b|$이다.

연습문제 2.4

1. 정리 2.17의 증명을 참고하시오.
2. (i) $a < 0 < b$의 경우, K를 $|a|$보다 큰 자연수라고 하면, $0 < a+K < b+K$이다. 따라서 정리 2.17에 의해 유리수 r이 존재해서 $a+K < r < b+K$가 성립한다. 그러므로 $a < r-K < b$를 만족

하는 유리수 $r-K$가 존재한다.

(ii) $a<b<0$의 경우 정리 2.17에 의해 $-b<r<-a$를 만족하는 유리수 r이 존재한다. 따라서 $a<-r<b$가 성립한다.

3. (i) $0<a<b$인 경우 c를 양의 무리수라고 하면 $0<\frac{a}{c}<\frac{b}{c}$이다. 따라서 정리 2.17에 의해 $\frac{a}{c}<r<\frac{b}{c}$를 만족하는 유리수 r이 존재한다. 그러므로 $a<cr<b$를 만족하는 무리수 cr이 존재한다.

(ii) $a<0<b$인 경우와 $a<b<0$인 경우 문제 풀이 2 (i), (ii)의 풀이를 이용하여 증명하면 된다.

4. 집합 A의 상계 a가 A의 상한(즉, $a=\sup A$)일 필요충분조건은 $\forall\varepsilon>0,\ \exists a_\varepsilon\in A\,;\,a-\varepsilon<a_\varepsilon$이다. $-a$가 집합 $-A$의 하계이며 $\forall\varepsilon>0,\ \exists -a_\varepsilon\in -A\,;\,-a+\varepsilon>-a_\varepsilon$이므로 $-a$는 $-A$의 하한이다. 즉 $-a=\inf(-A)$이다. 따라서 $\inf(-A)=-a=-\sup A$이다.

5. (a) 1은 S의 상계이며, 임의 양수 ε에 대해 $\frac{1}{2^{n-1}}<\varepsilon$을 만족하는 짝수 $n\in 2\mathbb{N}$이 존재하며 $1-\varepsilon<1-\frac{1}{2^{n-1}}=(-1)^n\left(1-\frac{1}{2^{n-1}}\right)<1$이므로 $\sup S=1$이다.

(b) -1은 S의 하계이며, 임의 양수 ε에 대해 $\frac{1}{2^{n-1}}<\varepsilon$을 만족하는 홀수 $n\in 2\mathbb{N}-1$이 존재하며 $-1<(-1)^n\left(1-\frac{1}{2^{n-1}}\right)<-1+\varepsilon$이므로 $\inf S=-1$이다.

6. 집합 $A=\{x\in\mathbb{Q}:0\le x<\sqrt{2}\}$는 위로 유계이다. 예를 들면, 2가 하나의 상계이다. 만일 $\sup A=u$가 존재한다면, $u<\sqrt{2}$이다. 그러나 구간 $(u,\ \sqrt{2})$에는 무수히 많은 유리수가 존재하므로 $u=\sup A$는 모순이다. 따라서 $\sup A$는 존재하지 않는다.

7. 만일 $\sup A=b<1$이면 $\varepsilon=1-b$에 대해 적당한 $m\in\mathbb{N}$이 존재해서 $\frac{1}{m}<1-b$가 성립한다. 따라서 $b<1-\frac{1}{m}$이 되어 모순이다.
1은 집합 A의 상계이므로 $\sup A=1$이다.

9. $A\subset B$이므로 연습문제 4에 의해 $-A\subset -B$이고 $-B$가 위로 유계이다. 따라서 정리 2.14에 의해

$$\sup(-A)\le\sup(-B)$$

이므로 연습문제 4에 의해

$$\inf A\ge \mathrm{ifn} B$$

이다.

10. (i) 등식이 성립하는 예

$$A=[0,\ 1],\ f(x)=x+1,\ g(x)=x-3$$

부등식이 성립하는 예

$$A=[-1,\ 1),\ f(x)=x^2,\ g(x)=-x^2+1$$

(ii) 등식이 성립하는 예

$$A=[0,\ 1],\ f(x)=2x+1,\ g(x)=x+3$$

부등식이 성립하는 예

$$A=[-1,\ 1),\ f(x)=x^2,\ g(x)=-x^2+1$$

연습문제 2.5

1. $\forall n\in\mathbb{N}$, $(0,\ 1]\subset\left(0,\ 1+\dfrac{1}{n}\right)$이므로 $(0,\ 1]\subset\bigcap_n\left(0,\ 1+\dfrac{1}{n}\right)=\bigcap_n G_n$이다. 역으로, 만일 $x\in\bigcap_n G_n$이면 모든 자연수 n에 대해 $0<x<1+\dfrac{1}{n}$이므로 $0<x\le\lim\limits_{n\to\infty}\left(1+\dfrac{1}{n}\right)=1$이 되어 $x\in(0,\ 1]$이다.

2. $A=\{a_1,\ a_2,\ \cdots,\ a_n\}$이라 하면, $\{a_1\}^c=(-\infty,\ a_1)\cup(a_1,\ \infty)$은 열린집합이므로 $\{a_1\}$은 닫힌집합이다. 따라서 $A=\bigcup_{i=1}^{n}\{a_i\}$은 닫힌집합이다.

3. $\dfrac{3}{2}$의 모든 ε-근방 $N\left(\dfrac{3}{2},\ \varepsilon\right)$은 무리수의 조밀성에 의해 무리수를 포함하고 있으므로 $N\left(\dfrac{3}{2},\ \varepsilon\right)\not\subset\mathbb{Q}$이다. 따라서 $\mathbb{Q}$는 열린집합이 아니다. 한편, 무리수 $\sqrt{3}$의 모든 ε-근방 $N(\sqrt{3},\ \varepsilon)$은 유리수의 조밀성에 의해 유리수를 포함하고 있으므로 $N(\sqrt{3},\ \varepsilon)\not\subset\mathbb{Q}^c$이다. 따라서 $\mathbb{Q}$는 닫힌집합이 아니다.

[별해] (i) 만일 $\mathbb{Q}$가 열린집합이면 $\forall r\in\mathbb{Q}$, $\exists N(r,\ \varepsilon)\subset\mathbb{Q}$, 이것은 $\mathbb{Q}^c$의 조밀성에 의해 $N(r,\ \varepsilon)\cap\mathbb{Q}^c\ne\varnothing$이라는 사실에 모순이다.

(ii) 만일 $\mathbb{Q}^c$가 열린집합이면 $\forall t\in Q^c$, $\exists N(t,\ \varepsilon)\subset\mathbb{Q}^c$, 이것은 $\mathbb{Q}$의 조밀성에 의해 $N(t,\ \varepsilon)\cap\mathbb{Q}^c\ne\varnothing$이라는 사실에 모순이다.

연습문제 풀이– 3장

연습문제 3.1

1. 수열 $\langle x_n\rangle$의 극한을 a, 수열 $\langle x_n+y_n\rangle$의 극한을 b라 하면 임의 양수 $\varepsilon>0$에 대해

$$\exists N_1\in\mathbb{N}\ ;\ n\ge N_1\ \Rightarrow\ |x_n-a|<\frac{\varepsilon}{2}$$
$$\exists N_2\in\mathbb{N}\ ;\ n\ge N_2\ \Rightarrow\ |x_n+y_n-b|<\frac{\varepsilon}{2}$$

이다. 따라서 $n\ge\max(N_1,\ N_2)$이면,

$$\begin{aligned}|y_n-(b-a)|&=|x_n+y_n-x_n-b+a|\\&\le|x_n+y_n-b|+|x_n-a|\\&\le\frac{\varepsilon}{2}+\frac{\varepsilon}{2}\\&=\varepsilon\end{aligned}$$

이 되어 수열 $\langle y_n \rangle$은 수렴한다.

[별해] $\langle x_n \rangle$, $\langle x_n \rangle \oplus \langle y_n \rangle \in CS(\mathbb{R})$이므로 $\langle y_n \rangle = \langle x_n \oplus y_n \rangle - \langle x_n \rangle \in CS(\mathbb{R})$.

2. $\varepsilon = \frac{1}{2}x$라 하면, $\exists K \in \mathbb{N}\ ; n \geq K \Rightarrow |x_n - x| < \frac{1}{2}x$이다.
따라서 $\frac{1}{2}x < x_n < \frac{3}{2}x < 2x$.

3. 서로 다른 두 극한 x_1, x_2가 존재한다면 서로 소인 두 근방 $N(x_1, \varepsilon_1)$과 $N(x_2, \varepsilon_2)$이 존재한다. 한편, 수렴의 정의에 의해 적당한 자연수 $K_1(\varepsilon_1)$과 $K_2(\varepsilon_2)$가 존재해서 $n > K_1(\varepsilon_1)$이면 $x_n \in N(x_1, \varepsilon_1)$이고 $n > K_2(\varepsilon_2)$이면 $x_n \in N(x_2, \varepsilon_2)$이다. $K = \max\{K_1(\varepsilon_1), K_2(\varepsilon_2)\}$이라 하면 $n > K$인 모든 자연수 n에 대해

$$x_n \in N(x_1, \varepsilon_1) \cap N(x_2, \varepsilon_2) = \varnothing$$

이다. 이것은 모순이다.

[별해] 두 극한을 L, M이라 하고 $L > M$이라 가정하자. $\varepsilon = \frac{L-M}{3}$에 대하여,

$$\exists K_1 \in \mathbb{N}\ ;\ n \geq K_1 \Rightarrow |L - x_n| < \frac{L-M}{3}$$
$$\exists K_2 \in \mathbb{N}\ ;\ n \geq K_2 \Rightarrow |M - x_n| < \frac{L-M}{3}$$

그러면 $n \geq \max(K_1, K_2)$일 때

$$\begin{aligned} |L-M| &= |L - x_n - M + x_n| \\ &\leq |L - x_n| + |M - x_n| \\ &< \frac{L-M}{3} + \frac{L-M}{3} = \frac{2(L-M)}{3} \end{aligned}$$

이 되어 모순이다. 따라서 $M = L$이다.

4. $q-1$과 $q-\frac{1}{2}$ 사이에 존재하는 유리수를 택하여 그것을 r_1라 하자. 다음에 $q-\frac{1}{2}$과 $q-\frac{1}{3}$ 사이에 존재하는 유리수를 r_2라 하자. 이런 식으로 임의 각 구간 $\left(q-\frac{1}{n},\ q-\frac{1}{n+1}\right)$에 존재하는 유리수 $r_n (n \in \mathbb{N})$을 취하면 각 r_n은 부등식

$$q - \frac{1}{n} < r_n < q - \frac{1}{n+1}$$

을 만족하는 증가하는 유리수열 $\langle r_n \rangle$이 된다. 양변에 극한을 취하면

$$q \leq \lim_n r_n \leq g$$

이다. 따라서 $\lim r_n = q$이다.

5. r을 유리수라 하면 $\sqrt{2}\,r$은 무리수이다. 따라서 문제 2.4에 의해 $\sqrt{2}\,r$에 수렴하는 증가하는 유리수열 $\langle q_n \rangle$이 존재한다. 그러므로 $\left\langle \frac{q_n}{\sqrt{2}} \right\rangle$은 유리수 r에 수렴하는 증가하는 무리수열이다.

연습문제 3.2

1. 수열 $\langle s_n \rangle$은 감소함을 알 수 있다. 먼저 infimum의 정의에 의해 $n\in\mathrm{N}$에 대해 적당한 자연수 $m_n\in\mathrm{N}$을 잡아 $s \le s_{m_n} < s+\frac{1}{n}$ $(n\in\mathrm{N})$이 되게 한다. 또한 supremum의 정의에 의해 적당한 $k_n \ge m_n$ $(n\in\mathrm{N})$을 잡아 $s_{m_n}-\frac{1}{n}< x_{k_n} \le s_{m_n}(n\in\mathrm{N})$이 되게 한다. 그러므로 $s-\frac{1}{n}\le s_{m_n}-\frac{1}{n}< x_{k_n} \le s_{m_n} < s+\frac{1}{n}$의 양변에 극한을 취하면 $\lim_{n\to\infty} x_{k_n} = s$이다.
2. $\langle x_n \rangle = \left\langle 1,\ \frac{1}{2},\ 3,\ \frac{1}{4},\ 5,\ \frac{1}{6},\ 7,\ \frac{1}{8},\ \cdots \right\rangle$
3. 첨자가 $n_1 \ge 1$, $n_{k+1} > n_k$ $(k\in\mathrm{N})$을 만족하고 부등식 $|x_{n_k}| > k$를 만족하는 부분수열 $\langle x_{n_k} \rangle$는

$$0 \le \lim_{k\to\infty}\frac{1}{x_{n_k}} \le \lim_{k\to\infty}\frac{1}{k} = 0$$

를 만족한다. 따라서 $\lim_{k\to\infty}\frac{1}{x_{n_k}} = 0$.

4. $g(k) = k+2$, $k\in\mathrm{N}$.

연습문제 3.5

2. 임의 양수 ε에 대해 $\frac{1}{2^{K(\varepsilon)}} < \frac{\varepsilon}{2}$을 만족하는 적당한 자연수 $K(\varepsilon)$이 존재해서 $m > n > K(\varepsilon)$이면

$$\begin{aligned}|x_m - x_n| &= \left|\frac{(-1)^{n+2}}{(n+1)!}+\frac{(-1)^{n+3}}{(n+2)!}+\cdots+\frac{(-1)^{m+1}}{m!}\right| \\ &\le \frac{1}{(n+1)!}+\frac{1}{(n+2)!}+\cdots+\frac{1}{m!} \\ &\le \frac{1}{2^n}+\frac{1}{2^{n+1}}+\cdots+\frac{1}{2^{m-1}} \\ &< \frac{1}{2^{n-1}} < \frac{1}{2^{K(\varepsilon)-1}} < \varepsilon\end{aligned}$$

이다.

연습문제 3.6

1. 집합족 $\mathscr{A} = \{O_\lambda : \lambda\in\Lambda\}$를 집합 A의 임의의 열린덮개라고 하면, A의 각 원소 a_i에 대해 $a_i \in O_{\lambda_i}$인 $\mathscr{A}$의 원소 O_{λ_i}가 존재하므로 $E \subset \bigcup_{i=1}^{n} O_{\lambda_i}$이다.
3. 집합족 $\mathscr{A} = \{I_n = (n,\ n+2) : n\in\mathbb{Z}\}$은 $\mathbb{R}$의 열린덮개이지만, $\mathscr{A}$의 어떠한 유한 개의 부분족도 $\mathbb{R}$을 덮을 수 없다. 만약 $\mathscr{B} = \{I_{n_i} : i=1,\ 2,\ \cdots,\ k\}$이라 하고, $\ell = \min\{n_1,\ n_2,\ \cdots,\ n_k\}$, $m = \max\{n_1,\ n_2,\ \cdots,\ n_k\}$이라 하면

$$\bigcup_{i=1}^{k} I_{n_i} \subset (\ell,\ m+2) \subsetneq \mathbb{R}$$

이다.

연습문제 풀이– 4장

연습문제 4.1

1. $rS_n = r + r^2 + \cdots + r^n + r^{n+1}$

   이므로, $S_n(1-r) = 1 - r^{n+1}$된다. 따라서

$$S_n - \frac{1}{1-r} = -\frac{r^{n+1}}{1-r}$$

   이 되어

$$\left|S_n - \frac{1}{1-r}\right| \le \frac{|r|^{n+1}}{|1-r|}$$

   이 성립한다. $\lim_n |r|^{n+1} = 0$이므로 $\lim_n S_n = \dfrac{1}{1-r}$이다.

2. (1) 무한급수 $\sum x_n$, $\sum y_n$, $\sum (x_n + y_n)$의 부분합을 각각 S_n, T_n, W_n이라고 하면

   $W_n = S_n + T_n \ (n \in \mathrm{N})$이고 $\lim_n S_n = S$, $\lim_n T_n = T$이므로

$$\lim_n W_n = \lim_n S_n + \lim_n T_n = S + T$$

   이다.

   (2) $\sum x_n$의 부분합을 S_n, $\sum cx_n$의 부분합을 Y_n이라 하면 $Y_n = cS_n \ (n \in \mathrm{N})$이므로

$$\lim_n Y_n = \lim_n cS_n = c\lim_n S_n = cS$$

   이다.

연습문제 4.2

2. $a_n = \dfrac{1}{n^2 - n + 1}$, $b_n = \dfrac{1}{n^2}$이라고 하면

$$\frac{a_n}{b_n} = \frac{n^2}{n^2 - n + 1} = \frac{1}{1 - \left(\frac{1}{n}\right) + \left(\frac{1}{n^2}\right)}$$

   이므로 $\lim_n \dfrac{a_n}{b_n} = 1 > 0$이다. 무한급수 $\sum b_n = \sum \dfrac{1}{n^2}$은 수렴하므로 극한 비교 판정법에 의해 무한급수 $\sum a_n = \sum \dfrac{1}{n^2 - n + 1}$은 수렴한다.

3. $n \ge 4$인 모든 자연수 n에 대해 $0 < \dfrac{1}{n!} < \dfrac{1}{n^2}$이 성립함을 이용한다.

   $a_n = \dfrac{1}{n!}$, $b_n = \dfrac{1}{n^2}$ $(n \ge 4)$라 하면

$$0 \le \frac{a_n}{b_n} = \frac{n^2}{n!} = \frac{n}{1 \cdot 2 \cdot \cdots \cdot (n-1)} < \frac{1}{n-2}$$

   이므로 $\lim_n \dfrac{a_n}{b_n} = 0$이다. $\sum \dfrac{1}{n^2}$이 수렴하므로 극한 비교 판정법에 의해 $\sum \dfrac{1}{n!}$은 수렴한다.

연습문제 4.3

1. $\sum a_n = \sum (-1)^{n+1}\frac{1}{n}$, $\langle b_n \rangle = \langle (-1)^{n+1} \rangle$이라 하면

$\sum a_n b_n = \sum |a_n| = \sum \frac{1}{n}$이다.

2. $S_{2n} - S_n = \sum_{k=n+1}^{2n} a_k \geq n \cdot a_{2n} = \frac{1}{2}(2na_{2n})$이므로 $\lim_n (2na_{2n}) = 0$이다. 또한

$S_{2n+1} - S_n = \sum_{k=n+1}^{2n+1} a_k \geq (n+1) \cdot a_{2n+1} \geq \frac{1}{2}(2n+1)a_{2n+1}$이므로

$$\lim_n (2n+1)a_{2n+1} = 0$$

이다. 따라서

$$\lim_n na_n = 0$$

이다.

3. 음의 항의 첨자가 제일 큰 항을 a_p라 하자. 그러면 $a_n \geq 0,\ n > p$이다. $\sum a_n$의 부분합 수열을 $\langle S_n \rangle$, $\sum |a_n|$의 부분합 수열을 $\langle T_n \rangle$이라고 하면, $m > n > p$일 때 $T_m - T_n = S_m - S_n$이다. 따라서 코시 판정법에 의해 $\sum |a_n|$은 수렴한다.

연습문제 4.4

1. $x_n = \frac{(2n-1)!}{(2^n \cdot n!)^2}$라 하면

$$(2n-1)! = 2^{n-1} \cdot (n-1)! \times 1 \cdot 3 \cdot 5 \cdot 7 \cdot \cdots \cdot (2n-1),$$
$$(2^n \cdot n!)^2 = 2^n \cdot n! \cdot 2^n \cdot n!$$
$$= 2^n \cdot n! \times 2 \times 4 \cdot 6 \times 8 \cdots 2n$$

이므로

$$x_n = \frac{1}{2} \times \frac{3}{4} \times \cdots \times \frac{2n-1}{2n} \times \frac{1}{2n}$$
$$x_{n+1} = \frac{1}{2} \times \frac{3}{4} \times \cdots \times \frac{2n-1}{2n} \times \frac{2n+1}{2(n+1)} \times \frac{1}{2(n+1)}$$

이다. 따라서 $\frac{x_{n+1}}{x_n} = \frac{4n^2+2n}{4(n+1)^2} < 1$이 되어 수열 $\langle x_n \rangle$은 감소하며 $\lim_{x\to\infty} x_n = 0$이다. 따라서 교대급수판정법에 의하여 $\sum_{n=1}^{\infty} (-1)^n \frac{(2n-1)!}{(2^n \cdot n!)^2}$은 수렴한다.

2. 귀납법에 의해 $S_2 < S_4 < S_6 < \cdots < S_5 < S_3 < S_1$이 성립한다. 부분합 수열 $\langle S_n \rangle$의 극한을 S라 하면, S는 S_n항과 S_{n+1}항 사이에 있으므로

$$|s - S_n| < |S_{n+1} - S_n| = x_{n+1} \quad (n \in \mathrm{N})$$

이다.

3. (1) $r < r_1 < 1$를 만족하는 r_1에 대해 적절한 자연수 $K(r_1)$이 존재해서 $n \ge K(r_1)$이면 $\left|\frac{a_{n+1}}{a_n}\right| \le r_1$이 성립한다.

(2) $r > 1$이면 적절한 자연수 $K(r)$이 존재해서 $n \ge K(r)$이면 $\left|\frac{a+1}{a_n}\right| > 1$이 성립한다.

연습문제 풀이 – 5장

연습문제 5.1

1. 먼저 c가 $\mathbb{R}$의 집적점임을 알 수 있다. 실제로, 함수 $g: \mathbb{R} \to \mathbb{R}$이 $g(x) = \frac{1}{x}$일 때 임의 양수 ε에 대해 $\left|\frac{1}{x} - \frac{1}{c}\right| < \varepsilon$이 되도록 $|x-c|$를 충분히 작게 조절할 수 있으면 된다. 만일 $|x-c| < \frac{1}{2}c$이면 $\frac{1}{2}c < x < \frac{3}{2}c$가 성립한다. 따라서 $0 < \frac{1}{cx} < \frac{2}{c^2}$이므로 $|x-c| < \frac{1}{2}c$를 만족하는 x에 대해

$$\left|\frac{1}{x} - \frac{1}{c}\right| \le \frac{2}{c^2}|x-c|$$

이므로 부등식 $\frac{2}{c^2}|x-c| < \varepsilon$이 성립하게 하려면 $|x-c| < \frac{1}{2}c^2\varepsilon$이어야 한다. 따라서

$$\delta(\varepsilon) = \min\left\{\frac{1}{2}c,\ \frac{1}{2}c^2\varepsilon\right\}$$

으로 잡으면 된다.

2. $\mathbb{R}$에서 정의된 실가함수 $g(x) = \frac{x^3+4}{x^2+1}$에 대해

$$\begin{aligned}\left|g(x) - \frac{12}{5}\right| &= \left|\frac{x^3+4}{x^2+1} - \frac{12}{5}\right| \\ &= \frac{|5x^3 - 12x^2 + 8|}{5(x^2+1)} \\ &= \frac{|5x^2 - 2x - 4|}{5(x^2+1)}|x-2|\end{aligned}$$

이다. $\frac{3}{2} < x < \frac{5}{2}$으로 x를 제한하면

$$5x^2 - 2x - 4 \le 5 \cdot \left(\frac{5}{2}\right)^2 - 2 \cdot \frac{5}{2} - 4 = \frac{89}{4}$$

이고

$$5(x^2+1) \ge 5\left(\frac{9}{4} + 1\right) = \frac{65}{4}$$

이므로

$$\left|g(x) - \frac{12}{5}\right| \le \frac{39}{65}|x-2|$$

이다. 따라서 임의 양수 ε에 대해

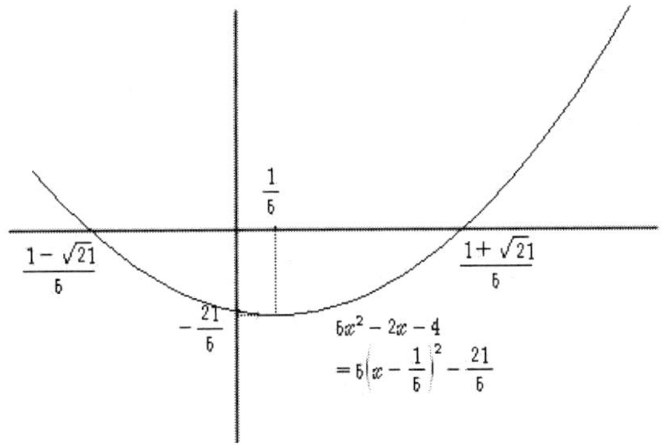

$$\delta = \min\left\{\frac{1}{2},\ \frac{65}{39}\varepsilon\right\}$$

을 취하면, $0<|x-2|<\delta$이면

$$\left|g(x)-\frac{12}{5}\right| \le \frac{39}{65}|x-2| < \varepsilon$$

이 성립한다.

3. 수열 $\langle(-1)^n/n\rangle$은 0에 수렴하지만 그 상의 열

$$\left\langle f\left(\frac{(-1)^n}{n}\right)\right\rangle = \langle(-1)^n\rangle$$

은 발산한다. 따라서 $\lim\limits_{x\to0} f(x)$는 존재하지 않는다. 그러나, 함수 $f:\mathbb{R}\to\mathbb{R}$의 정의역을 $(0,\infty)$로 제한하면 $\lim\limits_{x\to0} f(x)=1$이고 $(-\infty, 0)$로 제한하면 $\lim\limits_{x\to0} f(x)=-1$이 되어 각각 우극한과 좌극한을 가진다.

연습문제 5.2

2. 점 c의 임의 근방 $N(c,\delta)$에 어떤 $x_0\in N(c,\delta)$가 존재해서 $f(x_0)\le 0$라고 가정하자. 그러면 임의 자연수 n에 대해 $N\left(c, \frac{1}{n}\right)$에 x_n이 존재하여 $f(x_n)\le 0$이다.

$|c-x_n|<\frac{1}{n}$ $(n\in\mathrm{N})$이므로 $c=\lim\limits_{n} x_n$이다. 함수 f가 c에서 연속이므로

$$f(c) = f\left(\lim_n x_n\right) = \lim_n f(x_n) \le 0$$

이 되어 가정에 모순이다.

3. (i) 임의 실수 x에 대해 $f(2x)=f(x+x)=2f(x)$이므로

$\lim\limits_{x\to0} f(2x) = \lim\limits_{2x\to0} f(2x) = \lim\limits_{t\to0} f(t) = L$이고 $\lim\limits_{x\to0} 2f(x) = 2\lim\limits_{2x\to0} f(x) = 2L$이다. 따라서 $L=0$이다. 한편, $f(x)=f(x-c)+f(c)$이므로

$$\lim_{x\to c} f(x) = \lim_{x\to c} f(x-c) + f(c)$$

$$= \lim_{t\to0} f(t) + f(c)$$

$$= L + f(c) = f(c)$$

이다. 따라서 f는 c에서 극한을 가진다.

(ii) $\lim\limits_{x\to 0} f(x) - f(0) = \lim\limits_{x\to 0} f(x-0) = \lim\limits_{(x-x_0)\to 0} f(x-x_0-0)$

$$= \lim_{x\to x_0} f(x-x_0) = \lim_{x\to x_0}(f(x)-f(x_0)) = 0$$

이다. 따라서 f가 $x = x_0$에서 연속이면 f는 $x=0$에서 연속이고 (i)에 의해서 모든 점에서 연속이다.

4. c가 A의 고립점이므로 어떤 양수 δ가 존재해서 $N(c, \delta) \cap (A \setminus \{c\}) = \phi$이다. $|x-c| < \delta$이고, $x \in A$이면 $x = c$이므로 어떠한 양수 ϵ에 대해서도 $|f(x)-f(c)| = |f(c)-f(c)| = 0 < \epsilon$이다. 따라서 f는 점 $x=c$에서 연속이다.

연습문제 5.3

1. $x' = L(x) \in \mathbb{R}^m$, $y' = L(y) \in \mathbb{R}^m$이라 하면

$$(1-t)x' + ty' = (1-t)L(x) + tL(y)$$
$$= L((1-t)x + ty)$$

3. f가 I에서 연속이므로 $-f$도 I에서 연속이다. 따라서 (1)에 의해

$$(-f)(x_*) = \sup\{(-f)(x) : x \in I\}$$

를 만족하는 x_*가 I에 존재한다.

$$\therefore\ -f(x_*) = -\inf\{f(x) : x \in I\}$$

가 되어 $f(x^*) = \inf\{f(x) : x \in I\}$이다.

4. $x \in A^c$이라 가정하자. A^c는 열린집합이므로 정리 2.27에 의해 x를 품고 A^c에 포함되는 열린구간 I_x가 존재한다.($x \in I_x \subset A^c$). I_x는 열린구간이므로 정리 2.22에 의해 $x \in N(x, \epsilon_o) \subset I_x$를 만족하는 x의 ϵ_0-근방이 존재한다. $\lim\limits_n x_n = x$이므로 적당한 자연수 $k \in N$이 존재해서 $n \geq K$이면 $x_n \in N(x, \epsilon_o)$가 성립한다. 따라서 $x_n \in I_x \subset A^c$가 되어 모든 $x_n\,(n \in N)$이 A에 속한다는 사실에 모순된다.

연습문제 5.4

1. 임의 실수 x, y에 대해

$$|f(x)-f(y)| = \left|\frac{1}{1+x^2} - \frac{1}{1+y^2}\right| \leq \frac{|x^2-y^2|}{(1+x^2)(1+y^2)} \leq \frac{|x+y|}{(1+x^2)(1+y^2)}|x-y|$$
$$\leq \frac{|x|+|y|}{(1+x^2)(1+y^2)}|x-y| \leq \left(\frac{1}{2}+\frac{1}{2}\right)|x-y| \leq |x-y|$$

이다. 따라서 f는 $\mathbb{R}$에서 Lipschitz 조건을 만족한다.

2. 임의의 $x \in A$에서 $|f(x)| < M_f$, $|g(x)| < M_g$라 하자. 정의에 의해 임의의 양수 ε에 대해 적당한 양수 δ_f와 δ_g가 존재해서

$$x,\ y\in A\text{이고 } |x-y|<\delta_f\text{이면 } |f(x)-f(y)|<\frac{\varepsilon}{2M_g}$$

$$x,\ y\in A\text{이고 } |x-y|<\delta_g\text{이면 } |g(x)-g(y)|<\frac{\varepsilon}{2M_f}$$

가 성립한다. $\delta=\min\{\delta_f,\ \delta_g\}$라 하면 $x,\ y\in A$이고 $|x-y|<\delta$이면

$$\begin{aligned}|f(x)g(x)-f(y)g(y)| &\le f(x)||g(x)-g(y)|+|g(y)||f(x)-f(y)|\\ &\le M_f|g(x)-g(y)|+M_g|fx)-f(y)|\\ &\le \frac{\varepsilon}{2}+\frac{\varepsilon}{2}=\varepsilon\end{aligned}$$

이다. 따라서 fg는 A에서 평등연속이다.

3. 평등연속정리에 의해 $\varepsilon=1$에 대해 적당한 양수 δ가 존재해서 $x,\ u\in A,\ |x-u|<\delta$이면 $|f(x)-f(u)|<1$이 성립한다. A가 유계이므로 $A\subset\bigcup_{i=1}^{n}I_i$이 되게 길이가 δ인 유한개의 구간 I_i $(i=1,\ 2,\ \cdots,\ n)$을 잡을 수 있다. $x\in A$이면 어떤 i에 대해 $x\in I_i$이므로 I_i에 속하는 모든 u에 대해 $|x-u|<\delta$이다. 그러므로 $|f(x)-f(u)|<1$이고 $f(u)-1<f(x)<f(u)+1$가 되어 f는 A에서 유계이다.

4. A에 속하는 임의 $x,\ u$에 대해

$$|f(x)-f(u)|\le|f(x)-g_\varepsilon(x)|+|g_\varepsilon(x)-g_\varepsilon(u)|+|g_\varepsilon(u)-f(u)|$$

가 성립한다.

연습문제 5.6

1. (i) 만일 $0\le f(x_1)\le f(x_2),\ 0\le g(x_1)\le g(x_2)$이면

$$f(x_1)g(x_1)\le f(x_2)g(x_2)\text{이다.}$$

(ii) $I=[0,\ 1],\ f(x)=x,\ g(x)=x-1$라 하면 $(fg)(\lambda)=x(x-1)$이다.

2. $$\begin{aligned}j_f(c)&=\lim_{x\to c^+}f-\lim_{x\to c^-}f\\ &=\inf\{f(y):y\in I,\,y>c\}-\sup\{f(x):\ x\in I,\ x<c\}\\ &=\inf\{f(y):y\in I,\,y>c\}+\inf\{-f(x):\ x\in I,\ x<c\}\\ &=\inf\{f(y)-f(x):\ x,y\in I,\ x<c<y\}\end{aligned}$$

3. (i) 만일 $x\in\mathbb{Q}\cap I$이면, $f(x)=x\in\mathbb{Q}\cap I$이다. 따라서 $f(f(x))=f(x)=x$이고, 만일 $x\in\mathbb{Q}^c\cap I$이면, $f(x)=1-x\in\mathbb{Q}^c\cap I$이다. 따라서 $f(f(x))=1-(1-x)=x$이다.

(ii) $x_1\ne x_2,\ x_1,\ x_2\in I$라 하자. 첫째, $x_1\in\mathbb{Q}\cap I,\ x_2\in\mathbb{Q}^c\cap I$이면

$f(x_1)=x_1\in\mathbb{Q}\cap I$

$f(x_2)=1-x_2\in\mathbb{Q}^c\cap I$이다.

둘째, $x_1\in\mathbb{Q}^c\cap I,\ x_2\in\mathbb{Q}\cap I$인 경우는 증명이 같다.

셋째, $x_1,\ x_2\in\mathbb{Q}\cap I$인 경우 $f(x_1)=x_1\ne x_2=f(x_2)$

넷째, $x_1,\ x_2\in\mathbb{Q}^c\cap I$인 경우 $f(x_1)=1-x_1\ne 1-x_2=f(x_2)$

(iii) 첫째, $x \neq \frac{1}{2}$, $x \in \mathbb{Q}$인 경우

x에 수렴하는 무리수열 $\langle y_n \rangle$을 $\mathbb{Q}^c \cap I$에서 잡으면, $f(y_n) = 1 - y_n \to 1 - x \neq x = f(x)$이다.

둘째, $x \neq \frac{1}{2}$, $x \in \mathbb{Q}^c$인 경우

x에 수렴하는 유리수열 $\langle y_n \rangle$을 $\mathbb{Q} \cap I$에서 잡으면, $f(y_n) = y_n \to x \neq 1 - x = f(x)$이다.

셋째, $x = \frac{1}{2}$인 경우

x에 수렴하는 무리수열 $\langle y_n \rangle$을 $\mathbb{Q}^c \cap I$에서 잡으면 $f(y_n) = 1 - y_n \to 1 - x = x = f(x)$

4. I에 속하는 x_1, x_2가 각각 $y = f(x_1)$, $y = g(x_2)$를 만족한다고 하자. 만일 $g^{-1}(y) \leq f^{-1}(y)$이면 $x_2 \leq x_1$이므로 $y = g(x_2) < f(x_2) \leq f(x_1) = y$가 되어 모순이다.

5. ($\Rightarrow$) c를 중심으로 좌우순서대로 c에 수렴하는 수열 $\langle x_n \rangle$을 잡으면 f가 c에서 연속이므로 $f(c) = \lim_{n\to\infty} f(x_n)$이다.

($\Leftarrow$) $0 \leq j_f(c) \leq f(x_{2n}) - f(x_{2n-1})$
$= f(x_{2n}) - f(c) + f(c) - f(x_{2n-1})$
$\to 0 \ (n \to \infty)$

이므로 $j_f(c) = 0$이다. 따라서 정리 5.47에 의해 f는 점 c에서 연속이다.

연습문제 풀이 – 6장

연습문제 6.1

1. $\lim_{x\to 0}\left|\frac{f(x)-f(0)}{x-0}\right| = \lim_{x\to 0}\left|\frac{f(x)-1}{x}\right| \leq \lim_{x\to 0}\left|\frac{x^2}{x}\right| = \lim_{x\to 0}|x| = 0.$

그러므로 $f(x)$는 $x=0$에서 미분가능하고 $f'(0) = \lim_{x\to 0}\frac{f(x)-f(0)}{x-0} = 0$이다.

2. (i) $\lim_{x\to 0} f'(x) = 0$이기 위해서는 임의 양수 ε에 대해 적당한 양수 δ가 존재해서 $|x| < \delta$이면 $|f'(x)| < \varepsilon$이 성립해야 한다. $|f'(x)| \leq |nx^{n-1}|$이므로 $|x| < \delta$이면 $|nx^{n-1}| < \varepsilon$이 성립하면 된다. 따라서 $\delta^{n-1} \leq \frac{\varepsilon}{|n|}$이기 위해서는 $n=1$이면 $\varepsilon > 1$이어야 하므로 모순이며, $n \geq 2$일 때 $\delta \leq \left(\frac{\varepsilon}{|n|}\right)^{\frac{1}{n-1}}$이다.

(ii) $\lim_{x\to 0}\left|\frac{f'(x)-f'(0)}{x-0}\right| = \lim_{x\to 0}\left|\frac{f'(x)}{x}\right| \leq \lim_{x\to 0}\left|\frac{nx^{n-1}}{x}\right| = \lim_{x\to 0}|nx^{n-2}|$

이므로 $n=1$일 때 극한이 존재하지 않으며, $n=2$일 때 역시 극한이 존재하지 않으며, $n \geq 3$일 때 극한은 0이다.

3. $\lim_{x\to 0}\left|\frac{f(x)-f(0)}{x-0}\right|=\lim_{x\to 0}\left|\frac{x^r\sin\left(\frac{1}{x}\right)}{x}\right|=\lim_{x\to 0}\left|x^{r-1}\sin\left(\frac{1}{x}\right)\right|\le \lim_{x\to 0}|x^{r-1}|$

이므로 $r>1$이면 $\lim_{x\to 0}|x^{r-1}|=0$이 되어 $f'(0)=0$이다. 만일 $r\le 1$이면 극한은 발산하거나 존재하지 않는다.

연습문제 6.2

1. $x<y$라 하면 $f(t)=\sin t$는 구간 $[x, y]$에서 연속이므로 평균값정리에 의해

$$\frac{\sin y-\sin x}{y-x}=f'(c)=\cos c$$

을 만족하는 $c\in[x, y]$가 존재한다.

$$\left|\frac{\sin x-\sin y}{x-y}\right|=\left|\frac{\sin y-\sin x}{y-x}\right|=|\cos c|\le 1$$

이므로 $|\sin x-\sin y|\le|x-y|$가 성립한다.

2. 등식이 성립할 필요충분조건은 $\alpha=0$이다.

(i) $\alpha\ge 1$인 경우,

(1) 만일 $x>0$이면 구간 $[0, x]$에서 함수 $h(x):=(1+x)^\alpha$에 평균값정리를 적용하면 $h(x)-h(0)=h'(c)(x-0)$를 만족하는 점 $c\in(0, x)$가 존재한다. 따라서

$$(1+x)^\alpha-1=\alpha(1+c)^{\alpha-1}x\ge\alpha x$$

가 되어

$$(1+x)^\alpha\ge\alpha x+1$$

이다.

(2) 만일 $x\in(-1, 0)$이면 구간 $[x, 0]$에 평균값정리를 적용하여

$$(1+x)^\alpha>\alpha x+1$$

를 얻는다.

(ii) $1>\alpha>0$인 경우, $f(x):=x^\alpha$에 평균값정리를 적용하면

$$f(1+a)=f(1)+\alpha\cdot a\cdot x_0^{\alpha-1}$$

를 만족하는 점 $x_0\in(1, 1+a)$가 존재한다.

만일 $a>0$이면 $x_0>1$이므로 $0<\alpha\le 1$일 때 $x_0^{\alpha-1}<1$이 성립하여

$$ax_0^{\alpha-1}<a$$

이 된다. 만일 $-1<a<0$이면, $x_0\in(1+a, 1)$이므로 $x_0^{\alpha-1}>1$이 되어

$$f(1)=f(1+a)+\alpha(-a)\cdot x_0^{\alpha-1}$$

이 되어

$$1=(1+a)^\alpha-\alpha a\cdot x_0^{\alpha-1}$$

이다. 따라서

$$(1+a)^\alpha=1+\alpha a\cdot x_0^{\alpha-1}\le 1+\alpha a$$

가 성립한다.

3. (1) 모든 실수 x에 대해 $f'(x)=h(x)$인 미분가능한 함수 $f: \mathbb{R} \to \mathbb{R}$이 존재한다고 하자. f는 역시 구간 $[-1, 1]$에서 미분가능하다. 또한

$$f'(-1)=h(-1)=0$$
$$f'(1)=h(1)=1$$

이므로 Darboux의 중간값정리에 의해 구간 $(0, 1)$에 속하는 실수 $\frac{1}{2}$에 대해 $f'(c)=\frac{1}{2}$를 만족하는 c가 구간 $(-1, 1)$에 존재한다. 그러므로 $h(c)=\frac{1}{2}$이 되어 모순이다.

(2) 함수 $f: \mathbb{R} \to \mathbb{R}$을

$$f(x)=\begin{cases} a, & x<0 \\ x+b, & x \geq 0 \end{cases}$$

로 정의하면 $\mathbb{R} \setminus \{0\}$에서 $f'=h$이다.

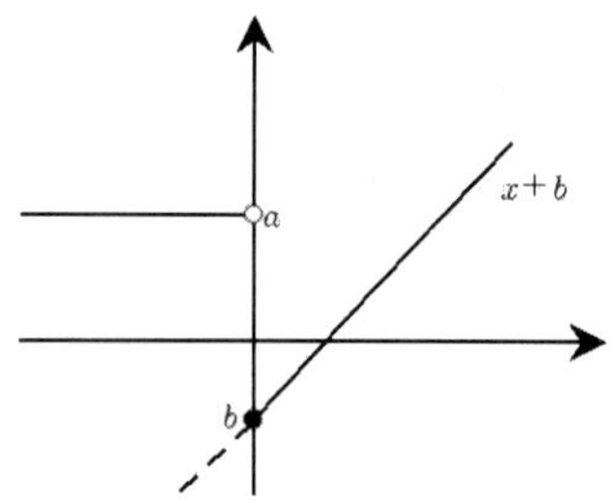

연습문제 6.3

1. 0.
2. 0.
3. 0.
4. e^3.

연습문제 6.4

2. Taylor 정리에서 $f(x)=\cos x$, $c=0$라 하면

$$P_2(x)=1-\frac{1}{2}x^2$$
$$R_2(x)=\frac{f'''(d)}{3!}x^3=\frac{\sin d}{6}x^3 \quad (0<d<x)$$

이다.

(i) $|x| \leq \pi$인 경우,

$$0 \leq x \leq \pi\text{이면 } 0 \leq d < \pi\text{이므로 } R_2(x) \geq 0,$$
$$-\pi \leq x \leq 0\text{이면 } -\pi \leq d < 0\text{이므로 } R_2(x) \geq 0$$

이다. 따라서 $1-\frac{1}{2}x^2 \leq \cos x$이다.

(ii) $|x| \geq \pi$인 경우, 항상 $1-\frac{1}{2}x^2 < -3 \leq \cos x$이다.

그러므로 (i)과 (ii)에서 모든 실수 x에 대해 $1-\frac{1}{2}x^2 \leq \cos x$가 성립한다.

3. $f(x)=\ln(1+x)$의 $c=0$에서의 n차 다항식 $P_n(x)$와 나머지 $R_n(x)$은

$$P_n(x)=x-\frac{1}{2}x^2+\cdots+(-1)^{n-1}\frac{1}{n}x^n$$

$$R_n(x)=\frac{(-1)^n d^{n+1}}{n+1}x^{n+1},\ 0<d<x$$

이다.

$$n=2k\text{이면 } R_{2k}(x)>0\text{이고}$$

$$n=2k+1\text{이면 } R_{2k+1}(x)<0$$

이므로 $\ln(1+x)=P_n(x)+R_n(x)$로 부터

$$x-\frac{1}{2}x^2+\cdots-\frac{1}{2k}x^{2k}<\ln(1+x)<x-\frac{1}{2}x^2+\cdots+\frac{1}{2k+1}x^{2k+1}$$

이 성립한다.

연습문제 풀이 – 7장

연습문제 7.1

1. 닫힌구간 $[0, 1]$에서 f가 연속이므로 f는 평등연속이다. 따라서 임의의 $\varepsilon>0$에 대하여 모든 x, $y\in[0, 1]$에서 $|x-y|<\delta$이면 $|f(x)-f(y)|<\varepsilon$을 만족하는 $\delta>0$가 존재한다. 자연수 n에 대하여 분할 $P=\left\{0, \frac{1}{n}, \frac{2}{n}, \cdots, \frac{n}{n}\right\}$을 잡으면 각 $k=1, 2, 3, \cdots, n$에 대하여 $\frac{k}{n}-\frac{k-1}{n}<\delta$가 되도록 하자. 그러면 구간 $\left[\frac{k}{n}, \frac{k-1}{n}\right]$에서 최댓값과 최솟값의 차이는 기껏해야 ε이다. 상합 $U(f, P)$과 하합 $L(f, P)$에 대하여

$$U(f, P)-L(f, P)<\sum_{i=1}^{n}\varepsilon\left(\frac{k}{n}-\frac{k-1}{n}\right)=\varepsilon$$

이므로 리만적분의 정의에 의해서 f는 리만적분 가능하다. 이때

$$L(f, P)\leq\frac{1}{n}\sum_{k=1}^{n}f\left(\frac{k}{n}\right)\leq U(f, P)$$

을 만족하므로

$$\lim_{n\to\infty}\frac{1}{n}\sum_{k=1}^{n}f\left(\frac{k}{n}\right)=\int_0^1 f(x)dx$$

가 존재한다. 따라서 주어진 극한은 존재한다.

연습문제 7.2

1. $M=\max f(x)$ 그리고 $m=\min f(x)$이라 하면 $x^n\geq 0\ \ \forall x\in[0, 1]$이므로

$m \cdot x^n \le f(x) \cdot x^n \le M \cdot x^n \quad \forall x \in [0, 1]$이다.

따라서 $m\int_0^1 x^n dx \le \int_0^1 f(x) \cdot x^n dc \le \int_0^1 M \cdot x^n dx$.

그러나 $m \le \dfrac{\int_0^1 f(x) \cdot x dx}{\int_0^1 x^n dx} \le M$ 이다.

$\therefore$ Bolzano의 중간값정리에 의해

$$f(c) = \frac{\int_0^1 f(x) \cdot x^n dx}{\int_0^1 x^n dx} = \frac{\int_0^1 f(x) \cdot x^n dx}{\frac{1}{(n+1)}}$$

$$= (n+1)\int_0^1 f(x) \cdot x^n dx$$

을 만족하는 $c \in [0, 1]$에 존재한다.

4. 만일 함수 f가 $[a, b]$에서 감소하면, $-f$는 $[a, b]$에서 증가한다. 그러므로 정리 7.9(i)에 의해서 임의 양수 ϵ에 대해 부등식

$$U(-f, P) - L(-f, P) < \varepsilon$$

을 만족하는 $[a, b]$의 분할 $P = \{x_0, x_1, \cdots, x_n\} \in \wp[a, b]$가 존재한다. 한편,

$$U(-f, P) = \sum_{i=1}^{n} [\sup_{x \in [x_{i-1}, x_i]} (-f(x))] \cdot \Delta x_i$$
$$= -\sum_{i=1}^{n} [\inf_{x \in [x_{i-1}, x_i]} f(x)] \cdot \Delta x_i]$$
$$= -L(f, P)$$

이고

$$L(-f, P) = \sum_{i=1}^{n} [\inf_{x \in [x_{i-1}, x_i]} (-f(x))] \cdot \Delta x_i$$
$$= -\sum_{i=1}^{n} [\sup_{x \in [x_{i-1}, x_i]} f(x)] \cdot \Delta x_i$$
$$= -U(f, P)$$

이므로

$$U(f, P) - L(f, P) = U(-f, P) - L(-f, P) < \varepsilon.$$

따라서 f는 $[a, b]$에서 적분가능하다.

연습문제 7.3

2. $g(t) = 1 + t^2$이라 두면 $[1, 2]$에서 g는 미분가능하고 $g'(t) = 2t$이다. $g(1) = 2$이고 $g(2) = 5$이므로 $x = g(t)$, $f(x) = \frac{1}{2x}$라 두면 f는 $[2, 5]$에서 연속이며 치환적분법에 의해 다음이 성립한다.

$$\int_1^2 \frac{t}{1+t^2}dx = \int_1^2 \frac{1}{2g(t)}\, g'(t)\, dt$$
$$= \int_1^2 f(g(t))\ g'(t)dt$$
$$= \int_2^5 f(x)dx$$
$$= \int_2^5 \frac{1}{2x}\, dx = \frac{1}{2}\,[\log x]_2^5 = \frac{1}{2}\log\frac{5}{2}$$

3. $\phi(x)=x^2$ 라 하면, f는 $\phi([-1,\ 1])=[0,\ 1]$에서 연속이다.
$\int_{-1}^1 xf(x^2)dx = \frac{1}{2}\int_{-1}^1 f(\phi(x))\phi'(x)dx = \frac{1}{2}\int_1^1 f(t)dt = 0.$

연습문제 7.4

1. 구간 $(0,\ 1]$에서 $0 \le f(x) = |\sin x/\sqrt{x^3}| \le |x|/x^{3/2}$ 이고 $1/\sqrt{x}$ 은 $(0,\ 1]$에서 이상 적분가능하다. 따라서 비교정리에 의해서 $f(x)$는 $(0,\ 1]$에서 이상 적분가능하다.
2. 함수 $g(x)=\frac{1}{x}$이 $(0,\ 1]$에서 정의되었다고 하자. 임의 $c\in(0,\ 1)$에 대해
$$\int_c^1 \frac{1}{x}dx = \ln 1 - \ln c = -\ln c$$
이므로
$$\lim_{c\to 0^+}(-\ln c) = \infty$$
이다. 따라서 이상 적분 $\int_0^1 \frac{1}{x}dx$는 ∞로 발산한다. 즉 $\int_0^1 \frac{1}{x}dx = \infty$이다.
3. 임의 $c>0$에 대해
$$\lim_{c\to\infty}\int_0^c \cos x\ dx = \lim_{c\to\infty}\sin x\Big|_0^c$$
$$= \lim_{c\to\infty}\sin c$$
는 존재하지 않는다. 따라서 $\int_0^\infty \cos x\ dx$ 는 이상 적분이 아니며 수학적 의미가 없다.

연습문제 풀이– 8장

연습문제 8.1

1. $0<x<1$일 때
$$\lim_{n\to\infty}|f_n(x)| = \lim_{n\to\infty}|n(1-x)x^n| \le \lim_{n\to\infty}|nx^n| = 0$$
이므로 각 점 $x\in[0,\ 1]$에 대하여 $f(x)=\lim_{n\to\infty}f_n(x)=0$이다. 따라서 $\langle f_n(x)\rangle$의 점별수렴극한함

수는 $f \equiv 0$이다.

2. 각 점 $x \in \mathbb{R}$와 임의 양수 ε에 대해 부등식 $K(x, \varepsilon) > \dfrac{x^2}{2\varepsilon}$를 만족하는 적절한 자연수 $K(x, \varepsilon)$을 택해서 $n \geq K(x, \varepsilon)$이면

$$\begin{aligned} |f_n(x) - f(x)| &= \left|\frac{x^2}{2n} - 0\right| \\ &= \left|\frac{x^2}{2n}\right| < \varepsilon \end{aligned}$$

이다.

3. $\lim\limits_{n\to\infty} f_n(x) = \lim\limits_{n\to\infty}\sum\limits_{k=0}^{n} x^k = \lim\limits_{n\to\infty}\dfrac{1-x^n}{1-x} = \dfrac{1}{1-x}$

연습문제 8.2

1. $0 \leq x < 1 \rightarrow f = 0$

$x = 1 \rightarrow f = 1$

$1 < x \leq 2 \rightarrow f = \dfrac{3}{2}$

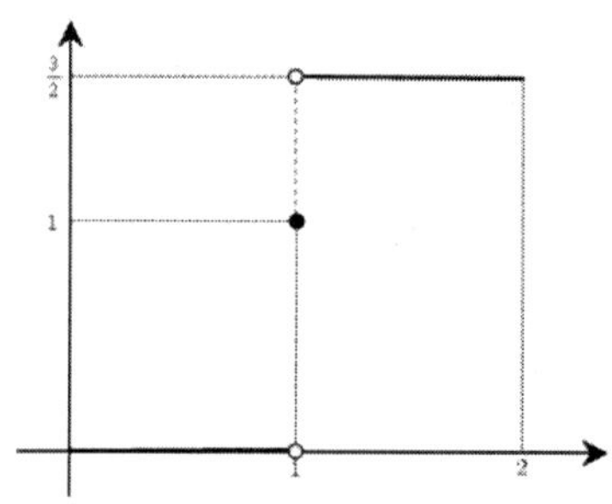

$$f_n(x) = \frac{3x^n}{2x^n + 1}$$

$$\begin{aligned} f_n'(x) &= \frac{3nx^{n-1}(2x^n+1) - 3x^n(2n \cdot x^{n-1})}{(2x^n+1)^2} \\ &= \frac{6nx^{2n-1} + 3n \cdot x^{n-1} - 6nx^{2n-1}}{4x^{2n} + 4x^n + 1} \\ &= \frac{3nx^{n-1}}{4x^{2n} + 4x^n + 1} \end{aligned}$$

$$\begin{aligned} f_n''(x) &= \frac{3n(n-1)x^{n-2}(4x^{2n}+4x^n+1) - 3nx^{n-1}(8nx^{2n-1}+4nx^{n-1})}{(4x^{2n}+4x^n+1)^2} \\ &= \frac{12n(n-1)x^{3n-2} + 12n(n-1)x^{2n-2} + 3n(n-2)x^{n-2} - 24n^2x^{3n-2} - 12n^2x^{2n-2}}{(4x^{2n}+4x^n+1)^2} \\ &= \frac{-(12n^2+12n)x^{3n-2} - 12nx^{2n-2} + 3n(n-1)x^{n-2}}{(4x^{2n}+4x^n+1)^2} \end{aligned}$$

$$\therefore f_1''(x)=\frac{-24x-12x^0}{(4x^{2n}+4x+1)^2}<0$$

$$f_2''(x)=\frac{-72x^4-24x^2+6x^0}{(4x^4+4x^2+1)^2}=\frac{-72x^4-24x^2+6}{(4x^4+4x^2+1)^2}$$

$g(x)=-72x^4-24x^2+6=-6(12x^4+4x^2-1)$이라 두자.

$g\left(\frac{4}{12}\right)>0$ (실제로, $\forall x\le\frac{4}{12}$, $g(x)>0$)

$g\left(\frac{5}{12}\right)<0$ (실제로, $\forall x\ge\frac{5}{12}$, $g(x)<0$)

$f_1(x)=\frac{3x}{2x+1}$ $\left(f_1(1)=1,\ f_1(2)=\frac{6}{5}\right)$

$f_1'(x)=\frac{3}{4x^3+4x+1}>0$

$f_1''(x)<0$

$f_2(x)=\frac{3x^2}{2x^2+1}$ $\left(f_2(1)=1,\ f_2(2)=\frac{12}{9}\right)$

$f_2'(x)>0$

$f_2''\left(\frac{4}{12}\right)>0$

$f_2''\left(\frac{5}{12}\right)<0$

$\therefore$ 변곡점이 $\left(\frac{4}{12},\ \frac{5}{12}\right)$에 있다.

$f_3(x)=\frac{3x^3}{2x^3+1}$ $\left(f_2(1)=1,\ f_2(2)=\frac{24}{17}\right)$

$f_3'(x)>0$

$$f_3''(x)=\frac{-144x^7-36x^4+18x}{(4x^6+4x^2+1)^2}$$

$h(x)=-144x^7-36x^4+18x=-18x(8x^6+2x^3-1)$이라 두자.

$h\left(\frac{1}{2}\right)=-18\cdot\frac{1}{2}\left(8\cdot\frac{1}{64}+\frac{2}{8}-1\right)>0$

$h\left(\frac{3}{4}\right)=-18\cdot\frac{3}{4}\left(\left(\frac{3}{4}\right)^6+\left(\frac{3}{4}\right)^3-1\right)<0$

$\therefore$ 변곡점이 $\left(\frac{1}{2},\ \frac{3}{4}\right)$에 있다.

이런 식으로 하면 변곡점열이 오른쪽, 위쪽으로 이동한다.

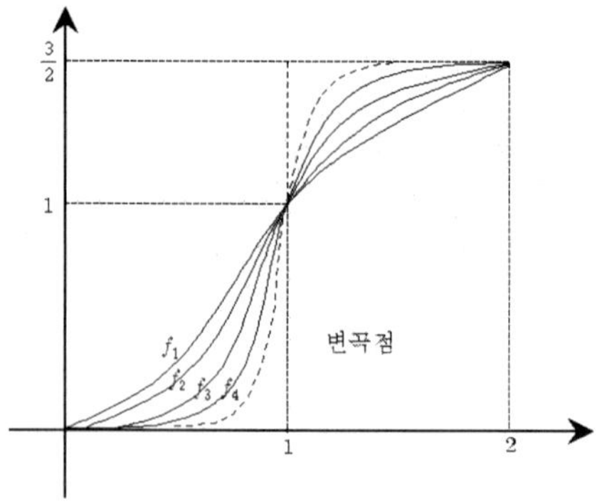

반면에,

$$\begin{aligned} \| f_n - f \| &= \sup_{x \in [0,\,1]} |f_n(x) - f(x)| \\ &= \sup_{x \in [0,\,1]} \left| \frac{3x^n}{2x^n+1} - f(x) \right| \\ &= \max\left(\sup_{x \in [0,\,1]} \left| \frac{3x^n}{2x^n+1} - 0 \right|,\ \left| \frac{3}{2+1} - 1 \right|,\ \sup_{x \in (1,\,2]} \left| \frac{3x^n}{2x^n+1} - \frac{3}{2} \right| \right) \\ &= \max\left(1,\ 0,\ \frac{1}{2}\right) \\ &= 1 \not\to 0 \end{aligned}$$

따라서 $\langle f_n \rangle$은 f로 평등수렴하지 않는다.

2. 함수열 $\{f_n\}$이 f로 평등수렴(uniform convergence)한다고 하자. 그러면 평등수렴의 정의에 의해서 임의의 $\varepsilon > 0$에 대하여 충분히 큰 자연수 $N = N(\varepsilon,\ x_0)$이 존재해서 모든 점 $x \in [0,\ 1]$에서 $n > N$이면 $|f_n(x_0) - f(x_0)| < \varepsilon$을 만족해야 한다. 이때 $\varepsilon = \dfrac{1}{5}$이라 하고 $x = 1 - \dfrac{1}{n}$ $(0 < x < 1)$이라 하자. 그러면

$$\begin{aligned} |f_n(x) - f(x)| &= \left| n\left(1 - \left(1 - \frac{1}{n}\right)\right)\left(1 - \frac{1}{n}\right)^n - 0 \right| \\ &= \left| \left(1 - \frac{1}{n}\right)^n \right| = \frac{1}{e} > \frac{1}{5} = \varepsilon \end{aligned}$$

이므로 모순이다. 따라서 $\{f_n\}$은 $f(x) = 0$로 평등수렴하지 않는다.

연습문제 풀이 - 9장

연습문제 9.1

1. 함수열 $f_n : \mathbb{R} \to \mathbb{R}\ (n \in \mathbb{N})$을

$$f_n(x) = \begin{cases} \dfrac{1}{n}, & x\text{는 유리수} \\ 0, & x\text{는 무리수} \end{cases}$$

로 정의하면, $f_n (n \in \mathbb{N})$은 모든 점에서 불연속이며, $f(x)=0$, $x \in \mathbb{R}$로 정의된 함수 $f: \mathbb{R} \to \mathbb{R}$에 대해서는

$$\begin{aligned}\lim_{n\to\infty}\|f_n - f\|_{\mathbb{R}} &= \lim_{n\to\infty}\sup_{x\in\mathbb{R}}|f_n(x)-f(x)| \\ &= \lim_{n\to\infty}\frac{1}{n} \\ &= 0\end{aligned}$$

이므로 함수열 $\langle f_n \rangle$은 f에 평등수렴한다.

2. f가 $\mathbb{R}$에서 평등연속이므로 주어진 양수 ε에 대해 적절한 양수 δ가 존재해서 임의 실수 x, $y \in \mathbb{R}$에 대해 $|x-y|<\delta$이면 $|f(x)-f(y)|<\varepsilon$이 성립한다. Archimedean 정리에 의해 $\frac{4}{K}<\delta$를 만족하는 자연수 K가 존재하므로 $x \in \mathbb{R}$이고 $n \geq K$이면 $\left(x+\frac{4}{n}\right)-x=\frac{4}{n} \leq \frac{4}{K}<\delta$이므로

$$|f_n(x)-f(x)| = \left|f\left(x+\frac{4}{n}\right)-f(x)\right| < \varepsilon$$

이 성립한다. 따라서 $f_n \xrightarrow{u} f$이다.

3. $0 \leq x \leq 1$일 때 $\lim_{n\to\infty}\frac{x^n}{1+x^n}=0$

$x=1$일 때 $\lim_{n\to\infty}\frac{x^n}{1+x^n}=\frac{1}{2}$

$1<x \leq 2$일 때 $\lim_{n\to\infty}\frac{x^n}{1+x^n}=1$

이므로

$$f(x)=\begin{cases}1, & 0 \leq x<1 \\ \frac{1}{2}, & x=1 \\ 1, & 1<x \leq 2\end{cases}$$

인 극한 함수 $f: [0, 2] \to \mathbb{R}$은 불연속이다. 따라서 정리 9.7에 의해 함수열 $\langle f_n \rangle$은 $[0, 2]$에서 함수 f에 평등수렴하지 않는다.

연습문제 9.2

1. 함수 $f_n: [0, 1] \to \mathbb{R}$ $(n \in \mathbb{N})$을

$$f_n(x)=\begin{cases}nx, & 0 \leq x \leq \frac{1}{n} \\ 0, & \frac{1}{n}<x \leq 1\end{cases}$$

로 정의하면 함수 f_n $(n \in \mathbb{N})$은 모두 $[0, 1]$에서 유계이고 점 $x=\frac{1}{n}$에서 불연속이다. 또한

$$\|f_n - 0\|_{[0,\ 1]} = \max(\sup f_n(x), \sup f_n(x))$$

$$x\in\left(\frac{1}{n},\ 1\right] \qquad x\in\left[0,\ \frac{1}{n}\right]$$

$$=\max\left(\sup_{x\in\left[0,\ \frac{1}{n}\right]} nx,\ 0\right)$$

$$=\max(1,\ 0)$$

$$=1 \neq 0.$$

4. $f_n(x)=e^{-nx^2}(n \in \mathbb{N})$이라 하면 함수열 $\langle f_n(x)\rangle$는 $[1,\ 2]$에서 감소하며, 연속이고 따라서 유계이다. 한편

$$\begin{aligned}\|f_n-0\|_{[1,\ 2]} &= \|f_n\|_{[1,\ 2]}\\ &= \sup_{x\in[1,\ 2]}|f_n(x)|\\ &= \sup_{x\in[1,\ 2]}|e^{-nx}|\\ &= e^{-n}\to 0\,(n\to\infty)\end{aligned}$$

이다. 따라서 정리 9.5에 의해 유계 함수열 $\langle f_n\rangle$은 $f\equiv 0$에 평등수렴한다. 그러므로

$$\lim_{n\to\infty}\int_1^2 e^{-nx^2}dx=\int_1^2\lim_{n\to\infty}e^{-nx^2}dx=\int_1^2 0\cdot dx=0$$

연습문제 9.3

1. (i) $$\begin{aligned}\lim_{n\to\infty}\|f_n-0\|_{[0,\ 1]} &= \lim_{n\to\infty}\sup_{x\in[0,\ 1]}\|f_n(x)\|\\ &=\lim_{n\to\infty}\sup_{x\in[0,\ 1]}\left\|\frac{x^n}{n}\right\|\\ &\le \lim_{n\to\infty}\frac{1}{n}=0\end{aligned}$$

이다. 따라서 평등수렴 극한함수는 $f\equiv 0$이고 $f(1)=0$이다.

(ii) 도함수열 $\langle f_n'(x)\rangle$는 $\langle x^{n-1}\rangle$이므로 평등수렴하지 않으며 점별수렴극한함수는

$$g(x)=\begin{cases}0, & 0\le x<1\\ 1, & x=1\end{cases}$$

이다. 따라서 $g(1)=1$이다.

(iii) $\left(\lim_{n\to\infty}f_n\right)'(1)=0$이고 $\lim_{n\to\infty}f_n'(1)=1$이므로 원함수열 $\left\langle\frac{x^n}{n}\right\rangle$ 자신은 평등수렴하나 도함수열은 평등수렴하지 않는 하나의 예이다.

2. (i) $$\begin{aligned}\|f_n\|_{[0,\ 1]} &= \sup_{x\in[0,\ \infty]}|f_n(x)|\\ &= \sup_{x\in[0,\ \infty]}\left|\frac{e^{-nx}}{n}\right|\\ &=\frac{1}{n}\ \sup\left|\frac{1}{e^{nx}}\right|\end{aligned}$$

$$\le \frac{1}{n} \to 0\,(n \to \infty)$$

그러므로 $f_n \xrightarrow{u} 0\,(n\to\infty)$이다.

(ii) $f_n{}'(x) = -e^{-nx}\,(n\in\mathbb{N},\ x\in[0,\ \infty))$이므로

$$\lim_{n\to\infty} f_n{}'(x) = \begin{cases} -1, & x=0 \\ 0, & x\neq 0 \end{cases}$$

이다. 따라서 $\langle f_n{}'(x)\rangle$는 평등수렴하지 않고 점별수렴한다.

(iii) $\left(\lim_{n\to\infty} f_n\right)'(0) = 0$이고, $\lim_{n\to\infty} f_n{}'(0) = 1$이다.

연습문제 9.4

2. (i) 미적분학의 기본정리 7.18에 의해 $\int_a^x f_n{}'dt = f_n(x) - f_n(a)$이므로 정리 9.8에 의해

$$\int_a^x g(t)dt = \int_a^x (\lim_{n\to\infty} f_n{}'(t))dt = \lim_{n\to\infty}\int_a^x f_n{}'(t)dt$$
$$= \lim_{n\to\infty}(f_n(x) - f_n(a)) = f(x) - f(a).$$

(ii) 따라서 $g(x) = f'(x)$, $x\in I$가 성립한다.

찾아보기

ㅈ

ㅊ

ㅋ

ㅍ

ㅎ

예비교사를 위한
해석학 입문

지은이 이병수
펴낸이 박문규
펴낸곳 경문사
펴낸날 2013년 3월 5일 1판 1쇄
2014년 3월 5일 1판 2쇄
등 록 1979년 11월 9일 제313-1979-23호
주 소 121-818, 서울특별시 마포구 와우산로 174
전 화 (02)332-2004 팩스 (02)336-5193
이메일 kyungmoon@kyungmoon.com

값 12,000원

ISBN 978-89-6105-645-8

★ 경문사 홈페이지에 오시면 즐거운 일이 생깁니다.
http://www.kyungmoon.com

한국과학기술출판협회 회원사